Maximilian Selinka
Jörg Stark

Training Intensiv Abitur

Analytische Geometrie und Lineare Algebra

Mathematik

Mit Lern-Videos online

Klett Lerntraining

Dr. Maximilian Selinka, langjähriger Schulbuchautor, ist Lehrer für Mathematik und Physik an einem Gymnasium, Fachberater für Mathematik und Ausbilder für Schulpädagogik.

Jörg Stark, langjähriger Schulbuchautor, war Gymnasiallehrer für Mathematik und Physik und als Fachleiter für Mathematik am Seminar für Schulpädagogik in der Lehrerausbildung und Lehrerfortbildung tätig.

Bibliografische Information der Deutschen Nationalbibliothek
Die Deutsche Nationalbibliothek verzeichnet diese Publikation in der Deutschen Nationalbibliografie; detaillierte bibliografische Daten sind im Internet über http://dnb.dnb.de abrufbar.

Auflage 5 4 3 2 | 2018 2017 2016 2015
Die letzten Zahlen bezeichnen jeweils die Auflage und das Jahr des Druckes.

Dieses Werk folgt der neuesten Rechtschreibung und Zeichensetzung.

www.klett-lerntraining.de
Satz: DTP-studio Andrea Eckhardt, Göppingen
Umschlaggestaltung: Sabine Kaufmann, Stuttgart
Druck: medienhaus Plump GmbH, Rheinbreitbach
Printed in Germany
ISBN 978-3-12-949193-5

9 783129 491935

Erläuterungen zum Aufbau von Aufgaben aus der Analytischen Geometrie/Linearen Algebra in der schriftlichen Abiturprüfung

Im vorliegenden Band werden Themen aus den beiden Bereichen Analytische Geometrie und Lineare Algebra behandelt. Das Inhaltsverzeichnis folgt den Vorgaben aus den „Einheitlichen Prüfungsanforderungen in der Abiturprüfung" (EPA). Dort heißt es: „Im Sachgebiet Lineare Algebra/Analytische Geometrie können die Anforderungen, aufbauend auf dem Vektorbegriff, drei alternativen Inhaltssträngen folgen: vektorielle analytische Geometrie (A1), Anwendung von Matrizen bei Abbildungen (A2) und Anwendung von Matrizen bei mehrstufigen Prozessen (A3)".

Aufgrund dieser Alternativen A1, A2 und A3 können die Aufgaben in der schriftlichen Abiturprüfung unterschiedlich aussehen. Informieren Sie sich, aus welchen Themenbereichen die für sie vorgelegten Aufgaben in der Abiturprüfung sind.

Wichtigster Begriff für alle drei Alternativen ist der **Vektorbegriff**. Aber auch der Umgang mit **Linearen Gleichungssystemen** (LGS) sollte gut beherrscht werden, denn eine Vielzahl von Fragestellungen aus den drei Alternativen läuft auf das Lösen eines LGS hinaus. **Matrizen** sind für die Behandlung von Gleichungssystemen hilfreich, aber von großem Vorteil bei Abbildungen und mehrstufigen Prozessen.

Der Einsatz von **Taschenrechnern** ist in den einzelnen Bundesländern unterschiedlich geregelt. Auch hier sollten sich die Schülerinnen und Schüler genau informieren. Besonders bei Untersuchungen mehrstufiger Prozesse ist der Einsatz eines GTR für die Berechnung von Matrizenprodukten sehr hilfreich.

Aufgrund der drei Alternativen sind die **Aufgabentypen** festgelegt.

1) In Aufgaben aus der **Analytischen Geometrie** sind die Objekte Geraden, Ebenen und Körper. Dabei ist die Pyramide der am häufigsten auftretende Körper. In einigen Bundesländern werden auch noch der Kreis und die Kugel behandelt.

2) Aufgaben aus dem Bereich **Abbildungen** können sich auf **ebene** oder **räumliche Abbildungen** beziehen. Hier geht es um die rechnerische Behandlung von Abbildungen wie Streckungen, Spiegelungen an einer Gerade oder Ebene, Projektionen auf eine Gerade oder Ebene usw.

3) Aufgaben aus dem Bereich **mehrstufige Prozesse** sind fast immer anwendungsorientiert. In der Biologie kann man häufig die Entwicklung einer Population modellhaft als einen mehrstufigen Prozess beschreiben. Auch Käufer- und Wahlverhalten sowie die Produktion eines Produktes aus verschiedenen Grundsubstanzen können als Prozesse modelliert werden.

Seit einigen Jahren wird versucht, auch im Bereich der Analytischen Geometrie einen Anwendungsbezug herzustellen. So wurden z. B. in bisherigen Aufgaben Bahnen von Flugzeugen als Geraden und eine Landung als Schnittproblem einer Gerade und einer Ebene modelliert.

Vernetzt werden häufig die Bereiche Analytische Geometrie und Abbildungen. So können z. B. für eine Pyramide zunächst Winkel, Flächen- und Volumeninhalte berechnet werden. Weiterhin kann dann die Projektion der Pyramide auf eine Ebene untersucht werden.

Lerneinheiten

Lösungsmengen linearer Gleichungssysteme

Hier geht's zum passenden Lern-Video

In dieser Lerneinheit üben Sie
die Standardtechnik zur Bestimmung der Lösungsmenge eines linearen **Gleichungssystems.**

Ein lineares Gleichungssystem (LGS) wird nach dem **GAUSS-Verfahren** zunächst durch **Äquivalenzumformungen** auf **Stufenform** gebracht.

Äquivalenzumformungen sind:
1) Vertauschen von Gleichungen,
2) Multiplikation einer Gleichung mit einer von null verschiedenen Zahl,
3) Addition von Gleichungen.

Aus der Stufenform kann dann die Lösungsmenge ermittelt werden, indem man die Stufen **von unten** nach oben **„hochrechnet"**.

Aus
$$\begin{aligned} x_1 + x_2 - 2x_3 &= -5 \quad (1)\\ x_1 + 2x_2 + x_3 &= 3 \quad (2)\\ 4x_1 + x_2 + x_3 &= 10 \quad (3)\end{aligned}$$
folgt
$$\begin{aligned} x_1 + x_2 - 2x_3 &= -5 \quad (1)\\ x_2 + 3x_3 &= 8 \quad (4) = (2) - (1)\\ 3x_2 - 9x_3 &= -30 \quad (5) = 4\cdot(1) - (3)\end{aligned}$$

und hieraus die Stufenform
$$\begin{aligned} x_1 + x_2 - 2x_3 &= -5 \quad (1)\\ x_2 + 3x_3 &= 8 \quad (4)\\ 18x_3 &= 54 \quad (6) = 3\cdot(4) - (5)\end{aligned}$$
.

Gleichung (6) ergibt $x_3 = 3$; aus (4) folgt dann $x_2 + 3\cdot 3 = 8$ und damit $x_2 = -1$.
Gleichung (1) ergibt dann $x_1 + (-1) - 2\cdot 3 = -5$ und somit $x_1 = 2$.
Die Lösung des LGS ist $(2; -1; 3)$ und die Lösungsmenge ist $L = \{(2; -1; 3)\}$.
Ein LGS hat entweder **genau eine, keine** oder **unendlich** viele Lösungen.

$$\begin{aligned} x_1 + x_2 - 3x_3 &= 5\\ x_2 + x_3 &= 1\\ x_3 &= 4\end{aligned}$$
genau eine Lösung
$L = \{(20; -3; 4)\}$

$$\begin{aligned} x_1 + 2x_2 - x_3 &= -1\\ 5x_2 + x_3 &= 2\\ 0x_3 &= 1\end{aligned}$$
keine Lösung
$L = \{\ \}$
Die letzte Gleichung ist vom Typ $0 = 1$.

$$\begin{aligned} -x_1 + x_2 - 8x_3 &= 4\\ x_2 - 3x_3 &= -1\\ 0x_3 &= 0\end{aligned}$$
unendlich viele Lösungen
$L = \{(-5t-5; 3t-1; t),\ t \in \mathbb{R}\}$
Setzt man $x_3 = t$, erhält man x_2 und x_1 auch in Abhängigkeit von t.

Aufgabe 1 | Lösung S. 138

Bestimmen Sie die Lösung des linearen Gleichungssystems.

a) $2x_1 - x_2 = 11$
$4x_1 + 2x_2 = 2$

b) $3x_1 - 4x_2 = 12$
$21x_1 + 24x_2 = -46$

c) $4x_1 + 5x_2 = 8$
$5x_1 - 9x_2 = 16$

d)
$$\begin{aligned} x_1 - 4x_2 - x_3 &= 1 \\ x_1 + 2x_2 + 2x_3 &= 7 \\ 3x_1 + 8x_2 - 2x_3 &= -4 \end{aligned}$$

e)
$$\begin{aligned} 3x_1 - 2x_2 - x_3 &= -28 \\ x_1 + 2x_3 &= 18 \\ x_1 + 2x_2 &= 10 \end{aligned}$$

f)
$$\begin{aligned} 3x_1 - 4x_2 + 2x_3 &= -15 \\ 3x_2 - 5x_3 &= -14 \\ -3x_1 + 3x_3 &= 22 \end{aligned}$$

Aufgabe 2

Bestimmen Sie die Lösungsmenge.

a)
$$\begin{aligned} x_1 - 2x_2 - x_3 &= -4 \\ 3x_1 + 4x_2 - 8x_3 &= 8 \\ 2x_1 + x_2 - \tfrac{9}{2}x_3 &= 2 \end{aligned}$$

b)
$$\begin{aligned} x_1 + x_2 + 2x_3 &= 6 \\ 2x_1 - x_2 - x_3 &= -5 \\ 4x_1 + x_2 + 3x_3 &= 6 \end{aligned}$$

c)
$$\begin{aligned} 3x_1 - 4x_2 + 5x_3 &= 16 \\ x_1 + 2x_2 &= -3 \\ x_1 - 6x_2 + 4x_3 &= 17 \end{aligned}$$

Aufgabe 3

Das lineare Gleichungssystem hat unendlich viele Lösungen. Ermitteln Sie eine Lösung, die nur ganzzahlige Werte enthält.

a)
$$\begin{aligned} 3x_1 + 2x_2 - x_3 &= 0 \\ 4x_1 - x_2 + 2x_3 &= 0 \end{aligned}$$

b)
$$\begin{aligned} 2x_1 - x_2 + 7x_3 &= 0 \\ 5x_1 + 3x_2 - 4x_3 &= 0 \end{aligned}$$

c)
$$\begin{aligned} x_1 - 3x_2 + 5x_3 &= 0 \\ 4x_1 + 7x_2 - x_3 &= 0 \end{aligned}$$

Aufgabe 4

Für welche Werte von $a \in \mathbb{R}$ hat das lineare Gleichungssystem genau eine Lösung?

a)
$$\begin{aligned} x_1 + 3x_2 &= 0 \\ ax_1 - x_2 &= 1 \end{aligned}$$

b)
$$\begin{aligned} x_1 + ax_2 &= 1 \\ x_1 - x_2 &= 2 \end{aligned}$$

c)
$$\begin{aligned} (a-1)x_1 + 2x_2 &= 3 \\ x_1 + ax_2 &= 4 \end{aligned}$$

d)
$$\begin{aligned} x_1 + 2x_2 &= 1 \\ 8x_1 + 7x_2 - 9x_3 &= -1 \\ 2x_1 + x_2 + ax_3 &= 2 \end{aligned}$$

e)
$$\begin{aligned} x_1 + ax_2 + ax_3 &= 1 \\ ax_1 + x_2 + x_3 &= 0 \\ x_1 + ax_2 + x_3 &= 4 \end{aligned}$$

f)
$$\begin{aligned} (a-4)x_1 + 2x_2 &= 4 \\ 2ax_1 - ax_2 + x_3 &= 1 \\ x_1 - x_2 - x_3 &= 2 \end{aligned}$$

Das müssen Sie wissen:

Standardtechnik zum Lösen eines linearen Gleichungssystems

Das LGS wird zunächst nach dem **GAUSS-Verfahren** auf Stufenform gebracht; dann löst man die letzte Gleichung und ermittelt schließlich die anderen Variablen durch Einsetzen.
Ein LGS hat **genau eine, keine** oder **unendlich viele** Lösungen.
Welcher Fall vorliegt, erkennt man an der letzten Gleichung in der Stufenform.
Hat das LGS unendlich viele Lösungen, ersetzt man in der Stufenform eine Variable durch t und schreibt dann die anderen Variablen auch in Abhängigkeit von t.

Lineare Gleichungssysteme mit dem GTR

In dieser Lerneinheit üben Sie,
wie man ein lineares Gleichungssystem (LGS) mit dem GTR lösen kann.

Das LGS aus Fig. 1 soll mit dem GTR gelöst werden. Hierzu wird die zugehörige Matrix (Fig. 2) in den GTR eingegeben und in einer Matrixvariablen (hier: A) gespeichert (Fig. 3).

$$x_1 + 2x_2 + 3x_3 = 6$$
$$x_1 + 3x_2 + 7x_3 = 14$$
$$3x_1 + 3x_2 - 2x_3 = -9$$

Fig. 1

$$\begin{pmatrix} 1 & 2 & 3 & 6 \\ 1 & 3 & 7 & 14 \\ 3 & 3 & -2 & -9 \end{pmatrix}$$

Fig. 2

```
[A]
   [[1 2 3  6 ]
    [1 3 7  14]
    [3 3 -2 -9]]
■
```

Fig. 3

Mit dem Befehl *rref([A])* aus dem Math-Menü (Fig. 4) bringt der GTR die Matrix in die reduzierte Stufenform (Fig. 5), aus der man die Lösung (−25; 20; −3) ablesen kann. Fig. 6 zeigt das zugehörige LGS.

```
NAMES MATH EDIT
6↑randM(
7:augment(
8:Matr▸list(
9:List▸matr(
0:cumSum(
A:ref(
B:rref(
```

Fig. 4

```
   [[1 2 3  6 ]
    [1 3 7  14]
    [3 3 -2 -9]]
rref([A])
   [[1 0 0 -25]
    [0 1 0 20 ]
    [0 0 1 -3 ]]
■
```

Fig. 5

$$x_1 = -25$$
$$x_2 = 20$$
$$x_3 = -3$$

Fig. 6

Hat die Matrix in der reduzierten Stufenform in der **letzten Zeile außer im letzten Eintrag nur Nullen**, dann hat das LGS **keine Lösung** (Fig. 7). Der letzten Zeile in der Matrix entspricht die Gleichung $0 \cdot x_3 = 1$.

Hat die Matrix in der reduzierten Stufenform in der **letzten nicht ganz verschwindenden Zeile mehr als zwei Einträge**, dann hat das LGS **unendlich viele Lösungen** (Fig. 8). Fig. 9 zeigt das LGS zur reduzierten Matrix aus Fig. 8. Setzt man $x_3 = t$, ergibt sich $x_2 = -3t$, und dann $x_1 = t+1$.

```
[[3  -4  1  4 ]
 [-1 3   -2 1 ]
 [5  -12 7  -4]]
rref([B])
     [[1 0 -1 0]
      [0 1 -1 0]
      [0 0 0  1]]
```

Fig. 7

```
[[2 -7  6  -3]
 [5 -12 4  9 ]
 [1 -1  -2 6 ]]
rref([C])
    [[1 0 -4 9]
     [0 1 -2 3]
     [0 0 0  0]]
```

Fig. 8

$$x_1 - 4x_3 = 9$$
$$x_2 - 2x_3 = 3$$
$$0 \cdot x_3 = 0$$

Fig. 9

Aufgabe 1 | Lösung S. 139

Bestimmen Sie mit dem GTR die Lösung des linearen Gleichungssystems.

a) $\begin{aligned} x_1 - 4x_2 - 7x_3 &= -14 \\ 3x_1 + x_2 - 2x_3 &= 17 \\ x_1 + 2x_2 + x_3 &= 11 \end{aligned}$

b) $\begin{aligned} 2x_1 - 6x_2 - x_3 &= 5 \\ 4x_1 + 3x_2 + x_3 &= 6 \\ -2x_1 + 8x_2 - 3x_3 &= -9 \end{aligned}$

c) $\begin{aligned} 3x_1 - 4x_2 + 2x_3 &= -15 \\ 3x_2 - 5x_3 &= -14 \\ -3x_1 + 3x_3 &= 22 \end{aligned}$

Aufgabe 2

Bestimmen Sie mit dem GTR die Lösung des linearen Gleichungssystems.

a) $\begin{aligned} x_1 - 2x_2 - x_3 &= -4 \\ 3x_1 + 4x_2 - 8x_3 &= 8 \\ 2x_1 + x_2 - \tfrac{9}{2}x_3 &= 2 \end{aligned}$

b) $\begin{aligned} x_1 + x_2 + 2x_3 &= 6 \\ 2x_1 - x_2 - x_3 &= -5 \\ 4x_1 + x_2 + 3x_3 &= 6 \end{aligned}$

c) $\begin{aligned} 3x_1 - 4x_2 + 5x_3 &= 16 \\ x_1 + 2x_2 &= -3 \\ x_1 - 6x_2 + 4x_3 &= 17 \end{aligned}$

Aufgabe 3

Bestimmen Sie mit dem GTR die Lösung des linearen Gleichungssystems.

a) $\begin{aligned} 2x_1 + x_2 + 3x_3 &= 0 \\ 4x_1 - 4x_2 + 5x_3 &= 0 \end{aligned}$

b) $\begin{aligned} 3x_1 + 2x_2 - x_3 &= 0 \\ 4x_1 - x_2 + 3x_3 &= 0 \end{aligned}$

c) $\begin{aligned} 4x_1 + x_2 - x_3 &= 0 \\ x_1 + 5x_2 - 3x_3 &= 0 \end{aligned}$

Das müssen Sie wissen:

Genau eine Lösung

```
   [[1 2 3  6 ]
    [1 3 7  14]
    [3 3 -2 -9]]
rref([A])
   [[1 0 0 -25]
    [0 1 0 20 ]
    [0 0 1 -3 ]]
■
```

Die letzte Spalte liefert die Lösung:
$x_1 = -25;\ x_2 = 20;\ x_3 = -3$

Keine Lösung

```
[[3  -4  1  4 ]
 [-1 3   -2 1 ]
 [5  -12 7  -4]]
rref([B])
    [[1 0 -1 0]
     [0 1 -1 0]
     [0 0 0  1]]
```

Der letzten Zeile entspricht die Gleichung $0 \cdot x_3 = 1$.
Das LGS hat keine Lösung.

Unendlich viele Lösungen

```
 [[2 -7  6  -3]
  [5 -12 4  9 ]
  [1 -1  -2 6 ]]
rref([C])
     [[1 0 -4 9]
      [0 1 -2 3]
      [0 0 0  0]]
```

Der letzten Zeile entspricht die Gleichung $0 \cdot x_3 = 0$.
Mit $x_3 = t$ ergibt sich
$x_2 = 3 + 2t;\ x_1 = 9 + 4t$.

Vektoren als Menge von Pfeilen

Hier geht's zum passenden Lern-Video

In dieser Lerneinheit üben Sie,
wie man Vektoren **zeichnerisch** addiert, subtrahiert und mit einer reellen Zahl multipliziert.

Vektoren sind zueinander parallele, gleich lange und gleich gerichtete Pfeile (Fig. 1), die mit $\overrightarrow{AB}$ oder mit $\vec{a}$ bezeichnet werden. Der Vektor $-\vec{a}$ heißt **Gegenvektor.**

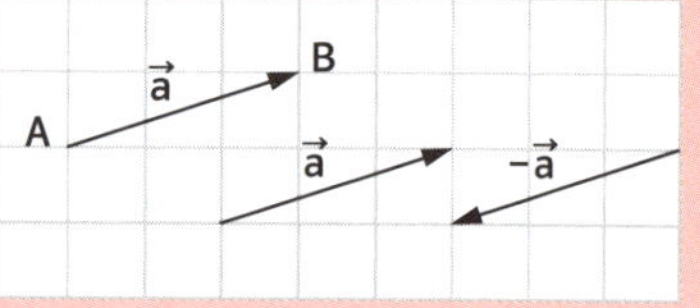

Fig. 1

Vektoren können **zeichnerisch** addiert, subtrahiert oder mit einer reellen Zahl multipliziert werden.
Vektoren werden **addiert**, indem man sie aneinandersetzt (Fig. 2). Zum gleichen Ergebnis kommt man, wenn man die „Parallelogrammregel" anwendet (Fig. 3). Vektoren werden **subtrahiert**, in dem man den Gegenvektor addiert (Fig. 4) oder die „andere" Diagonale im Parallelogramm zeichnet (Fig. 5).
Ein Vektor wird mit einer **reellen Zahl r multipliziert**, indem man den Pfeil verlängert (Fig. 6); ist r negativ, muss der Pfeil noch entgegengesetzt gerichtet werden (Fig. 7).
Einen Ausdruck wie $5 \cdot \vec{a} + 7 \cdot \vec{b}$ nennt man **Linearkombination** der Vektoren $\vec{a}$ und $\vec{b}$.

Addition

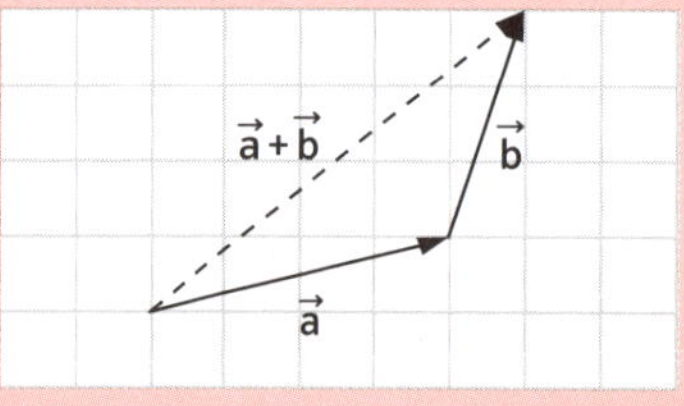

Fig. 2

oder

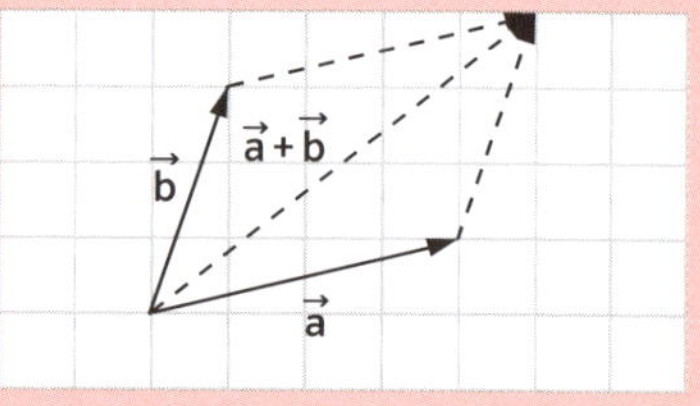

Fig. 3

Subtraktion

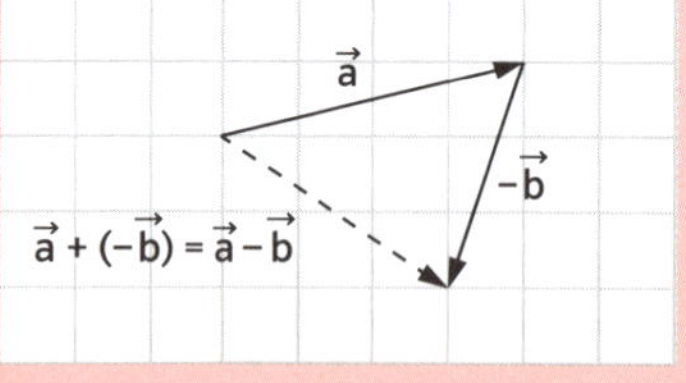

Fig. 4

oder

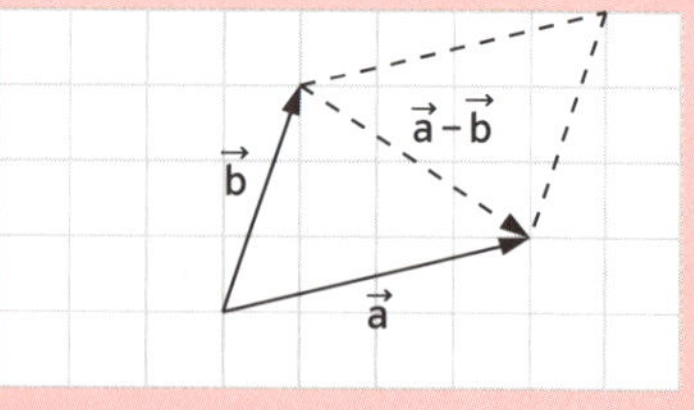

Fig. 5

Multiplikation mit einer reellen Zahl

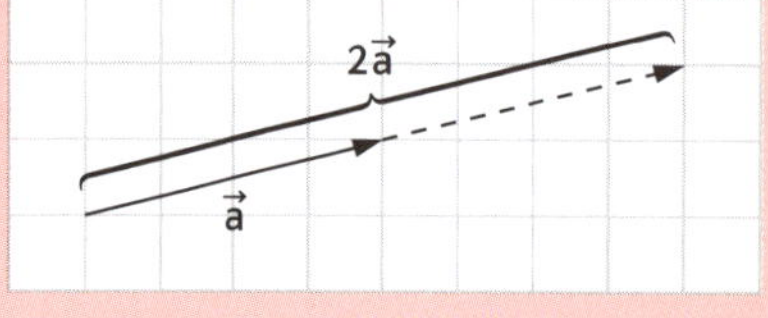

Fig. 6

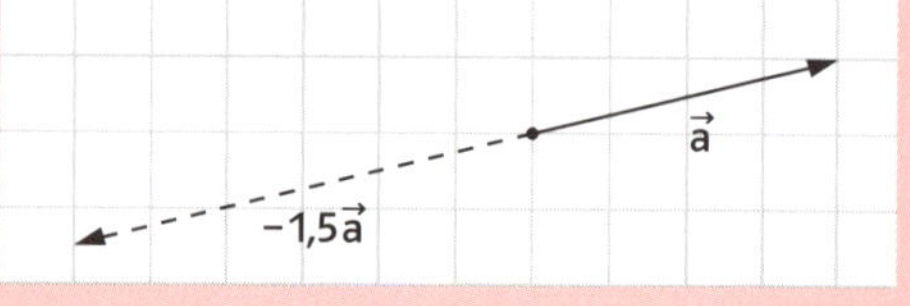

Fig. 7

Aufgabe 1 | Lösung S. 140

Fig. 8 zeigt Pfeile der Vektoren $\vec{a}$, $\vec{b}$ und $\vec{c}$.
Zeichnen Sie einen Pfeil von

a) $\vec{a} + 2\vec{b}$ b) $\vec{b} - \vec{a}$

c) $3\vec{b} - \vec{c}$ d) $\vec{a} - 2\vec{b} - \vec{c}$.

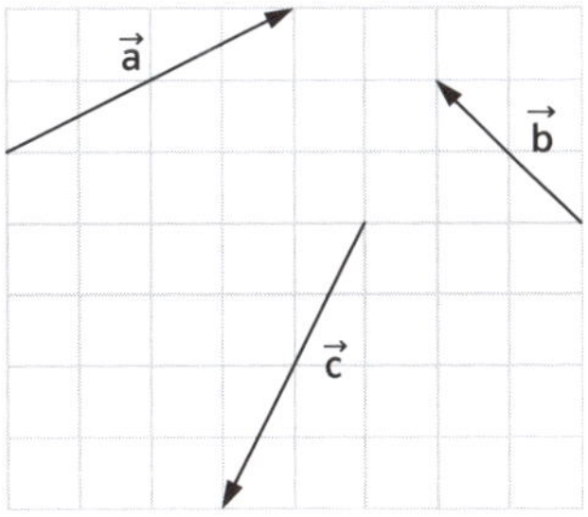

Fig. 8

Aufgabe 2

Drücken Sie für die rechteckige Pyramide in Fig. 9 die Diagonale $\overrightarrow{AC}$, die Kanten $\overrightarrow{BS}$, $\overrightarrow{CS}$ und $\overrightarrow{DS}$ sowie die Höhe $\overrightarrow{MS}$ mithilfe von $\vec{a}$, $\vec{b}$ und $\vec{c}$ aus.

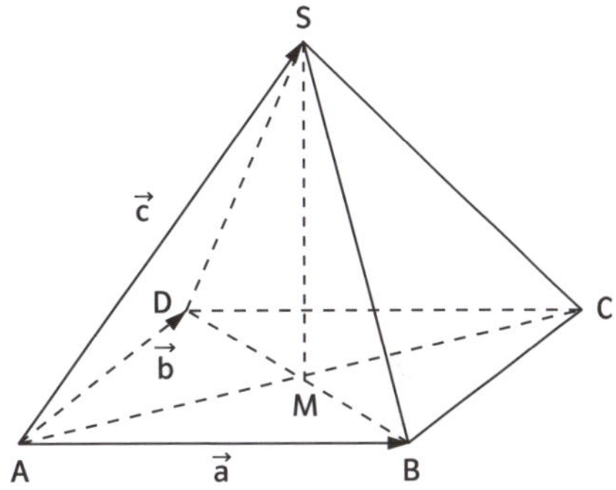

Fig. 9

Aufgabe 3

In Fig. 10 sind $\vec{a}$ und $\vec{b}$ Ortsvektoren;
M ist die Mitte der Strecke $\overline{AB}$. Drücken Sie den Ortsvektor von M durch $\vec{a}$ und $\vec{b}$ aus.

Aufgabe 4

In Fig. 11 soll das Dreieck ABC durch einen Punkt D zu dem Parallelogramm ABCD ergänzt werden. Drücken Sie den Ortsvektor von D durch die Ortsvektoren von A, B und C aus.

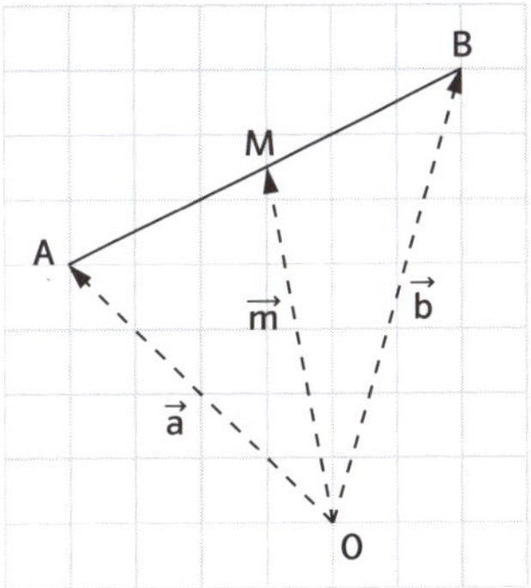

Fig. 10

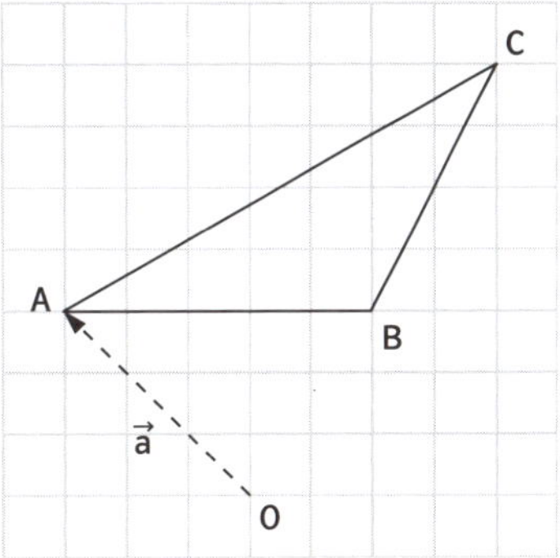

Fig. 11

Das müssen Sie wissen:

Addition, Subtraktion und Multiplikation mit einer reellen Zahl bei Vektoren

Zwei Vektoren werden **zeichnerisch**
- **addiert**, indem man sie aneinandersetzt,
- **subtrahiert**, indem man den Gegenpfeil addiert,
- mit einer **reellen Zahl multipliziert**, indem man den $|r|$-fachen Pfeil bildet und für $r < 0$ entgegengesetzt richtet.

Punkte und Vektoren im Koordinatensystem

Hier geht's zum passenden Lern-Video

In dieser Lerneinheit üben Sie,
wie man Vektoren im Koordinatensystem **rechnerisch** addiert, subtrahiert und mit einer reellen Zahl multipliziert.

In Fig. 1 sind in einem Koordinatensystem die Punkte P(1 | 2) und Q(4 | 3) gegeben. Der Vektor $\overrightarrow{PQ}$ hat die **Koordinatendarstellung**

$$\overrightarrow{PQ} = \begin{pmatrix} 4-1 \\ 3-2 \end{pmatrix} = \begin{pmatrix} 3 \\ 1 \end{pmatrix}.$$

Ist O der Koordinatenursprung, heißt der Vektor $\overrightarrow{OP}$ **Ortsvektor**.

Für diesen gilt $\overrightarrow{OP} = \vec{p} = \begin{pmatrix} 1-0 \\ 2-0 \end{pmatrix} = \begin{pmatrix} 1 \\ 2 \end{pmatrix}$.

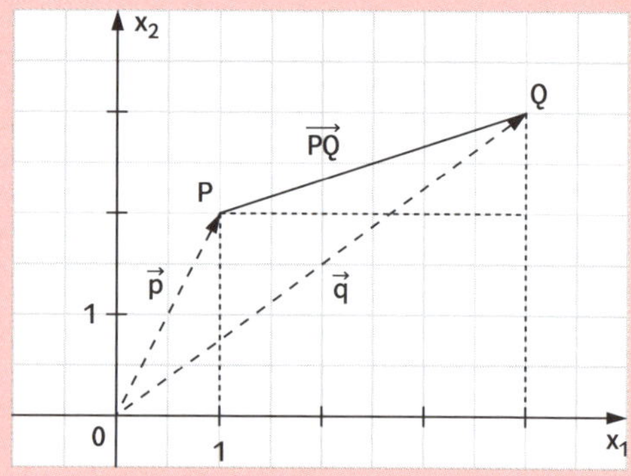

Fig. 1

Allgemein gilt für zwei Punkte $P(p_1 \mid p_2 \mid p_3)$ und $Q(q_1 \mid q_2 \mid q_3)$ im Koordinatensystem:

$$\overrightarrow{PQ} = \begin{pmatrix} q_1 - p_1 \\ q_2 - p_2 \\ q_3 - p_3 \end{pmatrix};\ \overrightarrow{OP} = \begin{pmatrix} p_1 \\ p_2 \\ p_3 \end{pmatrix};\ \overrightarrow{OQ} = \begin{pmatrix} q_1 \\ q_2 \\ q_3 \end{pmatrix}.$$

Vektoren können **rechnerisch** addiert, subtrahiert oder mit einer reellen Zahl multipliziert werden. Fig. 2 zeigt die Addition im zweidimensionalen Fall. Allgemein gilt:

Addition und **Subtraktion**

$$\vec{a} \pm \vec{b} = \begin{pmatrix} a_1 \\ a_2 \\ a_3 \end{pmatrix} \pm \begin{pmatrix} b_1 \\ b_2 \\ b_3 \end{pmatrix} = \begin{pmatrix} a_1 \pm b_1 \\ a_2 \pm b_2 \\ a_3 \pm b_3 \end{pmatrix}$$

Multiplikation mit einer reellen Zahl

$$r \cdot \vec{a} = r \cdot \begin{pmatrix} a_1 \\ a_2 \\ a_3 \end{pmatrix} = \begin{pmatrix} r \cdot a_1 \\ r \cdot a_2 \\ r \cdot a_3 \end{pmatrix};\ r \in \mathbb{R}$$

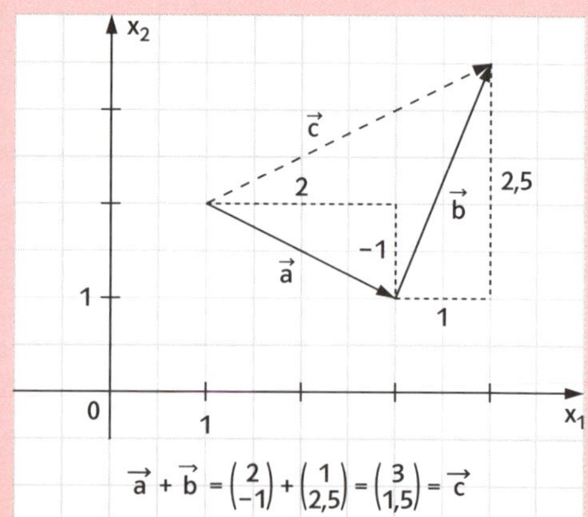

Fig. 2

Aufgabe 1 | Lösung S. 140

Berechnen Sie für A(2 | 1 | 3), B(−4 | 5 | 6) und C(−1 | 3 | 9) die Koordinaten von

a) $2 \cdot \overrightarrow{AB} + 3 \cdot \overrightarrow{BC}$ b) $4 \cdot \overrightarrow{AC} - 5 \cdot \overrightarrow{AB}$ c) $3 \cdot \overrightarrow{AB} - \overrightarrow{BC}$.

Aufgabe 2

Stellen Sie den Vektor $\vec{a}$ als Linearkombination der Vektoren $\vec{b}$ und $\vec{c}$ dar.

a) $\vec{a} = \begin{pmatrix} 1 \\ 2 \end{pmatrix}$, $\vec{b} = \begin{pmatrix} -2 \\ 5 \end{pmatrix}$, $\vec{c} = \begin{pmatrix} 4 \\ -1 \end{pmatrix}$ b) $\vec{a} = \begin{pmatrix} -3 \\ 10 \end{pmatrix}$, $\vec{b} = \begin{pmatrix} -1 \\ 4 \end{pmatrix}$, $\vec{c} = \begin{pmatrix} 0 \\ 1 \end{pmatrix}$

c) $\vec{a} = \begin{pmatrix} 33 \\ 11 \\ -25 \end{pmatrix}$, $\vec{b} = \begin{pmatrix} 3 \\ 7 \\ -2 \end{pmatrix}$, $\vec{c} = \begin{pmatrix} -9 \\ 1 \\ 7 \end{pmatrix}$

Aufgabe 3

Stellen Sie den Vektor $\vec{x}$ als Linearkombination der Vektoren $\vec{a}$, $\vec{b}$ und $\vec{c}$ dar.

a) $\vec{x} = \begin{pmatrix} 3 \\ 2 \\ 8 \end{pmatrix}$, $\vec{a} = \begin{pmatrix} 1 \\ 2 \\ 1 \end{pmatrix}$, $\vec{b} = \begin{pmatrix} -1 \\ 3 \\ 1 \end{pmatrix}$, $\vec{c} = \begin{pmatrix} 0 \\ 2 \\ 3 \end{pmatrix}$ b) $\vec{x} = \begin{pmatrix} -15 \\ -7 \\ -20 \end{pmatrix}$, $\vec{a} = \begin{pmatrix} 3 \\ -7 \\ 1 \end{pmatrix}$, $\vec{b} = \begin{pmatrix} -1 \\ 2 \\ 3 \end{pmatrix}$, $\vec{c} = \begin{pmatrix} 4 \\ -1 \\ 5 \end{pmatrix}$

Aufgabe 4

Gegeben sind die Punkte A und B. Ermitteln Sie die Koordinaten des Mittelpunktes M der Strecke $\overline{AB}$.

a) A(3 | 5 | 7), B(−1 | 9 | −5) b) A(−4 | 6 | −15), B(8 | 12 | 5) c) A(1 | 8 | −7), B(−3 | 6 | 3)

Aufgabe 5

Gegeben sind die Punkte A, B und C. Ermitteln Sie die Koordinaten des Punktes D so, dass das Viereck ABCD ein Parallelogramm ist. Bestimmen Sie die Koordinaten des Schnittpunktes der Diagonalen des Parallelogramms.

a) A(4 | 3 | 7), B(−2 | 9 | 8), C(3 | −5 | 10) b) A(−2 | 4 | 11), B(9 | −6 | −3), C(3 | 7 | −1)

Das müssen Sie wissen:

Rechnen mit Vektoren

Zwei in **Koordinatenschreibweise** gegebene Vektoren werden **addiert**, **subtrahiert**, mit einer **reellen Zahl multipliziert**, indem man die Koordinaten addiert, subtrahiert bzw. mit einer reellen Zahl multipliziert.

Betrag eines Vektors; Länge einer Strecke; Einheitsvektor

In dieser Lerneinheit üben Sie,
wie man den Betrag eines Vektors bzw. die Länge einer Strecke berechnet.
Außerdem üben Sie die Bestimmung und den Gebrauch von Einheitsvektoren.

Unter dem **Betrag** $|\vec{a}|$ eines Vektors $\vec{a}$ versteht man die Länge der zu $\vec{a}$ gehörenden Pfeile.

Für $\vec{a} = \begin{pmatrix} a_1 \\ a_2 \end{pmatrix}$ bzw. $\vec{a} = \begin{pmatrix} a_1 \\ a_2 \\ a_3 \end{pmatrix}$ gilt: $|\vec{a}| = \sqrt{a_1^2 + a_2^2}$ bzw. $|\vec{a}| = \sqrt{a_1^2 + a_2^2 + a_3^2}$.

Die **Länge** einer Strecke $\overline{PQ}$ ist gleich dem Betrag des Vektors $\overrightarrow{PQ} = \vec{q} - \vec{p}$.
Unter einem **Einheitsvektor** versteht man einen Vektor mit dem Betrag 1.
Ein Einheitsvektor zum Vektor $\vec{a}$ ist $\vec{a_0} = \frac{1}{|\vec{a}|} \cdot \vec{a}$.

Berechnung der Länge der Strecke $\overline{PQ}$ mit $P(1|5|0)$ und $Q(-1|-1|3)$:
1. Schritt: Vektor bestimmen

$$\overrightarrow{PQ} = \vec{q} - \vec{p} = \begin{pmatrix} -1 \\ -1 \\ 3 \end{pmatrix} - \begin{pmatrix} 1 \\ 5 \\ 0 \end{pmatrix} = \begin{pmatrix} -2 \\ -6 \\ 3 \end{pmatrix}$$

2. Schritt: Länge berechnen

$$|\overrightarrow{PQ}| = \sqrt{4 + 36 + 9} = \sqrt{49} = 7$$

Ermittlung eines Einheitsvektors in Richtung $\overrightarrow{PQ}$:

Mit $\overrightarrow{PQ} = \vec{a}$ ist $|\vec{a}| = 7$. Also folgt $\vec{a_0} = \frac{1}{|\vec{a}|} \cdot \vec{a} = \frac{1}{7} \cdot \begin{pmatrix} -2 \\ -6 \\ 3 \end{pmatrix}$.

Aufgabe 1 | Lösung S. 141

Berechnen Sie den Betrag des Vektors $\vec{a}$.

a) $\vec{a} = \begin{pmatrix} 3 \\ 4 \end{pmatrix}$ b) $\vec{a} = \begin{pmatrix} -2 \\ 1 \end{pmatrix}$ c) $\vec{a} = \begin{pmatrix} 2 \\ -3 \\ 5 \end{pmatrix}$ d) $\vec{a} = \begin{pmatrix} 1 \\ -1 \\ 1 \end{pmatrix}$

Aufgabe 2

Berechnen Sie die Länge der Strecke $\overline{AB}$.

a) $A(2|4)$, $B(-1|3)$ b) $A(-7|4)$, $B(5|-2)$ c) $A(10|3)$, $B(-8|5)$

Aufgabe 3

Berechnen Sie die Längen der Seiten des Dreiecks ABC.

a) $A(1|2|-2)$, $B(3|1|2)$, $C(3|3|0)$ b) $A(5|2|1)$, $B(3|-4|-1)$, $C(2|-1|7)$

Aufgabe 4

Bestimmen Sie für den Vektor $\vec{a}$ den Betrag $|\vec{a}|$ und den Einheitsvektor $\vec{a_0}$.

a) $\vec{a} = \begin{pmatrix} 1 \\ 2 \\ 2 \end{pmatrix}$ b) $\vec{a} = \begin{pmatrix} 3 \\ 12 \\ 4 \end{pmatrix}$ c) $\vec{a} = \begin{pmatrix} -1 \\ 3 \\ -6 \end{pmatrix}$

Aufgabe 5

Gegeben sind die Punkte P und Q. Ermitteln Sie zwei Punkte A und B, die auf der Geraden durch P und Q liegen und von Q den Abstand d haben (Fig. 1).

a) $P(2|3)$, $Q(7|15)$, $d = 26$

b) $P(2|-2|5)$, $Q(2|6|20)$, $d = 51$

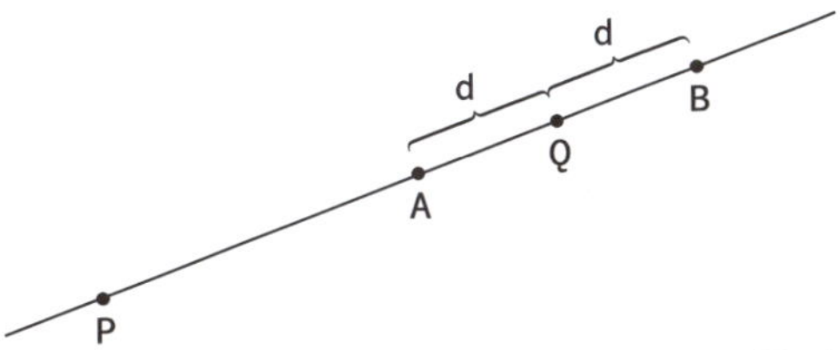

Fig. 1

Das müssen Sie wissen:

Betrag eines Vektors	Länge einer Strecke	Einheitsvektor
Für $\vec{a} = \begin{pmatrix} a_1 \\ a_2 \end{pmatrix}$ bzw. $\vec{a} = \begin{pmatrix} a_1 \\ a_2 \\ a_3 \end{pmatrix}$ gilt: $|\vec{a}| = \sqrt{a_1^2 + a_2^2}$ bzw. $|\vec{a}| = \sqrt{a_1^2 + a_2^2 + a_3^2}$.	Gegeben: $P(p_1|p_2|p_3)$, $Q(q_1|q_2|q_3)$ $\overrightarrow{PQ} = \begin{pmatrix} q_1 - p_1 \\ q_2 - p_2 \\ q_3 - p_3 \end{pmatrix} = \vec{a} = \begin{pmatrix} a_1 \\ a_2 \\ a_3 \end{pmatrix}$ Länge der Strecke $\overline{PQ}$: $|\overrightarrow{PQ}| = |\vec{a}| = \sqrt{a_1^2 + a_2^2 + a_3^2}$.	Ein Einheitsvektor zum Vektor $\vec{a}$ ist $\vec{a_0} = \frac{1}{|\vec{a}|} \cdot \vec{a}$. Einheitsvektoren werden benötigt, um Punkte zu ermitteln, die von einem gegebenen Punkt in vorgegebener Richtung einen festen Abstand haben.

Lineare Abhängigkeit und Unabhängigkeit

Hier geht's zum passenden Lern-Video

In dieser Lerneinheit üben Sie,
wie man Vektoren auf lineare Abhängigkeit bzw. lineare Unabhängigkeit untersucht.

Ist ein Vektor $\vec{a}$ ein Vielfaches des Vektors $\vec{b}$, so gilt $\vec{a} = r \cdot \vec{b}$. Hierfür sagt man auch: Der Vektor $\vec{a}$ ist von $\vec{b}$ **abhängig.**
Da auch $\vec{b} = \frac{1}{r} \cdot \vec{a}$ gilt, ist auch $\vec{b}$ von $\vec{a}$ abhängig; $\vec{a}$ und $\vec{b}$ sind voneinander abhängig.
In Fig. 1 ist $\vec{a}$ kein Vielfaches von $\vec{c}$.
Diese Vektoren sind voneinander **unabhängig.**

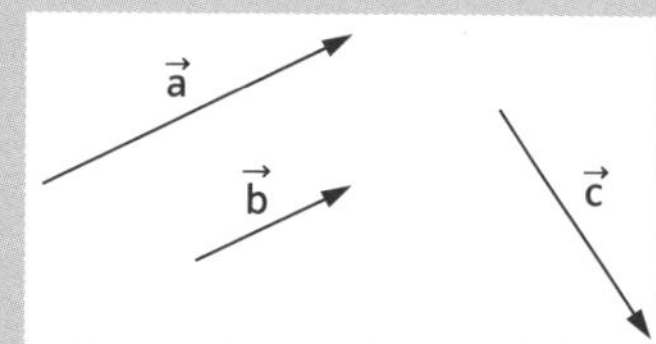

Fig. 1

Allgemein gilt:
Zwei Vektoren $\vec{a}$ und $\vec{b}$ sind genau dann **linear unabhängig**, wenn die Gleichung
$r \cdot \vec{a} + s \cdot \vec{b} = \vec{0}$ (1)
nur die Lösung $(r; s) = (0; 0)$ besitzt.
Drei Vektoren $\vec{a}$, $\vec{b}$ und $\vec{c}$ sind genau dann **linear unabhängig**, wenn die Gleichung
$r \cdot \vec{a} + s \cdot \vec{b} + t \cdot \vec{c} = \vec{0}$ (2)
nur die Lösung $(r; s; t) = (0; 0; 0)$ besitzt.
Die Vektorgleichungen (1) und (2) sind jeweils äquivalent zu einem LGS, das man mit dem GAUSS-Verfahren lösen kann.

Um zu entscheiden, ob die Vektoren $\vec{a} = \begin{pmatrix} 2 \\ 1 \\ 1 \end{pmatrix}$, $\vec{b} = \begin{pmatrix} -1 \\ 3 \\ 4 \end{pmatrix}$ und $\vec{c} = \begin{pmatrix} 4 \\ -5 \\ -7 \end{pmatrix}$ linear abhängig oder linear unanhängig sind, untersucht man die Vektorgleichung

$$r \cdot \begin{pmatrix} 2 \\ 1 \\ 1 \end{pmatrix} + s \cdot \begin{pmatrix} -1 \\ 3 \\ 4 \end{pmatrix} + t \cdot \begin{pmatrix} 4 \\ -5 \\ -7 \end{pmatrix} = \begin{pmatrix} 0 \\ 0 \\ 0 \end{pmatrix}.$$

Diese entspricht dem LGS

$$\begin{cases} 2r - s + 4t = 0 \\ r + 3s - 5t = 0 \\ r + 4s - 7t = 0 \end{cases}, \text{ also } \begin{cases} 2r - s + 4t = 0 \\ -s + 2t = 0 \\ -7s + 14t = 0 \end{cases}, \text{ also } \begin{cases} 2r - s + 4t = 0 \\ -s + 2t = 0. \\ 0 = 0 \end{cases}$$

Wählt man in der zweiten Gleichung $t = 1$, ergibt sich $s = 2$; dann folgt aus der ersten Gleichung $r = -1$. Also ist $(-1; 2; 1)$ eine von $(0; 0; 0)$ verschiedene Lösung. Die drei Vektoren $\vec{a}$, $\vec{b}$ und $\vec{c}$ sind linear abhängig.

Aufgabe 1 | Lösung S. 142

Überprüfen Sie die Vektoren auf lineare Abhängigkeit bzw. Unabhängigkeit.

a) $\begin{pmatrix}2\\1\end{pmatrix}, \begin{pmatrix}-3\\2\end{pmatrix}$

b) $\begin{pmatrix}-1\\4\end{pmatrix}, \begin{pmatrix}2\\-8\end{pmatrix}$

c) $\begin{pmatrix}0\\1\end{pmatrix}, \begin{pmatrix}1\\0\end{pmatrix}$

d) $\begin{pmatrix}2\\1\\3\end{pmatrix}, \begin{pmatrix}-3\\5\\2\end{pmatrix}, \begin{pmatrix}1\\-1\\-2\end{pmatrix}$

e) $\begin{pmatrix}1\\0\\-4\end{pmatrix}, \begin{pmatrix}3\\1\\1\end{pmatrix}, \begin{pmatrix}-1\\5\\2\end{pmatrix}$

f) $\begin{pmatrix}1\\2\\1\end{pmatrix}, \begin{pmatrix}-2\\5\\8\end{pmatrix}, \begin{pmatrix}8\\-11\\-22\end{pmatrix}$

Aufgabe 2

Gegeben sind für $a \in \mathbb{R}$ die Vektoren $\vec{a} = \begin{pmatrix}a\\8\\-1\end{pmatrix}$, $\vec{b} = \begin{pmatrix}2\\-2\\a\end{pmatrix}$ und $\vec{c} = \begin{pmatrix}0\\-2\\1\end{pmatrix}$.

Wie muss a gewählt werden, damit $\vec{a}$, $\vec{b}$ und $\vec{c}$ linear abhängig sind?

Aufgabe 3

Überprüfen Sie, ob die vier Punkte A, B, C und D in einer Ebene liegen.

a) $A(4|3|1)$, $B(2|8|4)$, $C(-1|2|4)$, $D(-2|6|9)$

b) $A(3|1|6)$, $B(2|-1|5)$, $C(-1|-1|8)$, $D(2|1|1)$

Aufgabe 4

Gegeben sind die Punkte $A(-1|1|-1)$, $B_a(-1|2|2a+1)$, $C_a(5|3a+1|-1)$ mit $a \in \mathbb{R}$.
Weisen Sie nach, dass die Vektoren $\overrightarrow{OA}$, $\overrightarrow{OB_a}$ und $\overrightarrow{OC_a}$ für jedes $a \in \mathbb{R}$ linear unabhängig sind.

Das müssen Sie wissen:

Lineare Unabhängigkeit bei zwei Vektoren	Lineare Unabhängigkeit bei drei Vektoren
Zwei Vektoren $\vec{a}$ und $\vec{b}$ sind genau dann **linear unabhängig**, wenn die Gleichung $r \cdot \vec{a} + s \cdot \vec{b} = \vec{0}$ nur die Lösung $(r; s) = (0; 0)$ besitzt.	**Drei** Vektoren $\vec{a}$, $\vec{b}$ und $\vec{c}$ sind genau dann **linear unabhängig**, wenn die Gleichung $r \cdot \vec{a} + s \cdot \vec{b} + t \cdot \vec{c} = \vec{0}$ nur die Lösung $(r; s; t) = (0; 0; 0)$ besitzt.

Skalarprodukt von Vektoren; Winkelberechnungen

In dieser Lerneinheit üben Sie,
wie man das Skalarprodukt zweier Vektoren berechnet und wie man mit dem Skalarprodukt Winkel ermitteln kann.

Unter dem **Winkel** α zwischen zwei Vektoren $\vec{a}$ und $\vec{b}$ versteht man den kleineren Winkel zwischen den Pfeilen (Fig. 1). Damit gilt: $0° \leqq \alpha \leqq 180°$.

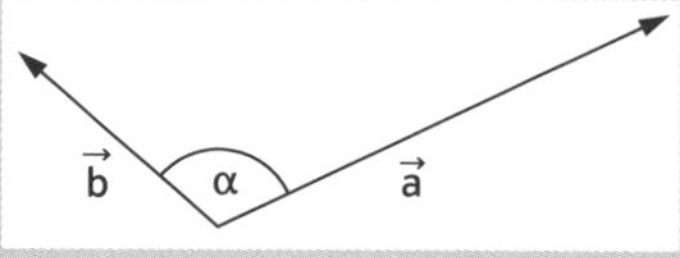

Fig. 1

Das Produkt $\vec{a} \cdot \vec{b} = |\vec{a}| \cdot |\vec{b}| \cdot \cos(\alpha)$ heißt **Skalarprodukt** der Vektoren $\vec{a}$ und $\vec{b}$.

Sind die Vektoren in Koordinaten gegeben, kann man das Skalarprodukt durch die Koordinaten von $\vec{a}$ und $\vec{b}$ ausdrücken.

Koordinatenform des Skalarproduktes

in der Ebene:

$$\vec{a} \cdot \vec{b} = \begin{pmatrix} a_1 \\ a_2 \end{pmatrix} \cdot \begin{pmatrix} b_1 \\ b_2 \end{pmatrix} = a_1 \cdot b_1 + a_2 \cdot b_2$$

im Raum:

$$\vec{a} \cdot \vec{b} = \begin{pmatrix} a_1 \\ a_2 \\ a_3 \end{pmatrix} \cdot \begin{pmatrix} b_1 \\ b_2 \\ b_3 \end{pmatrix} = a_1 \cdot b_1 + a_2 \cdot b_2 + a_3 \cdot b_3.$$

Anwendung des Skalarproduktes zur **Winkelberechnung**

in der Ebene:

$$\cos(\alpha) = \frac{\vec{a} \cdot \vec{b}}{|\vec{a}| \cdot |\vec{b}|} = \frac{a_1 \cdot b_1 + a_2 \cdot b_2}{\sqrt{a_1^2 + a_2^2} \cdot \sqrt{b_1^2 + b_2^2}}$$

im Raum:

$$\cos(\alpha) = \frac{\vec{a} \cdot \vec{b}}{|\vec{a}| \cdot |\vec{b}|} = \frac{a_1 \cdot b_1 + a_2 \cdot b_2 + a_3 \cdot b_3}{\sqrt{a_1^2 + a_2^2 + a_3^2} \cdot \sqrt{b_1^2 + b_2^2 + b_3^2}}$$

Für den Winkel zwischen den Vektoren $\vec{a} = \begin{pmatrix} 2 \\ -3 \\ 5 \end{pmatrix}$ und $\vec{b} = \begin{pmatrix} 1 \\ 6 \\ 2 \end{pmatrix}$

ergibt sich $\cos(\alpha) = \frac{2 \cdot 1 + (-3) \cdot 6 + 5 \cdot 2}{\sqrt{4 + 9 + 25} \cdot \sqrt{1 + 36 + 4}} = \frac{-6}{\sqrt{38} \cdot \sqrt{41}} \approx -0{,}1520$ und damit ist $\alpha \approx 98{,}7°$.

Aufgabe 1 | Lösung S. 143

Berechnen Sie für die Vektoren $\vec{a}$ und $\vec{b}$ das Skalarprodukt

a) $\vec{a} = \begin{pmatrix} 2 \\ 3 \end{pmatrix}$; $\vec{b} = \begin{pmatrix} -1 \\ 4 \end{pmatrix}$
b) $\vec{a} = \begin{pmatrix} 4 \\ 1 \end{pmatrix}$; $\vec{b} = \begin{pmatrix} 3 \\ -7 \end{pmatrix}$
c) $\vec{a} = \begin{pmatrix} -5 \\ 1 \end{pmatrix}$; $\vec{b} = \begin{pmatrix} -2 \\ -3 \end{pmatrix}$

d) $\vec{a} = \begin{pmatrix} -2 \\ 0 \\ 3 \end{pmatrix}$; $\vec{b} = \begin{pmatrix} 0 \\ 1 \\ 1 \end{pmatrix}$
e) $\vec{a} = \begin{pmatrix} 3 \\ -2 \\ 5 \end{pmatrix}$; $\vec{b} = \begin{pmatrix} -1 \\ -1 \\ 2 \end{pmatrix}$
f) $\vec{a} = \begin{pmatrix} 4 \\ -1 \\ 8 \end{pmatrix}$; $\vec{b} = \begin{pmatrix} 12 \\ 5 \\ -3 \end{pmatrix}$

Aufgabe 2

Zeichnen Sie Vektoren $\vec{a}$ und $\vec{b}$; berechnen Sie den Winkel zwischen $\vec{a}$ und $\vec{b}$.

a) $\vec{a} = \begin{pmatrix} 1{,}5 \\ -1 \end{pmatrix}$; $\vec{b} = \begin{pmatrix} 2{,}5 \\ 1 \end{pmatrix}$
b) $\vec{a} = \begin{pmatrix} 2 \\ 1 \end{pmatrix}$; $\vec{b} = \begin{pmatrix} -2 \\ 1 \end{pmatrix}$
c) $\vec{a} = \begin{pmatrix} 3 \\ 1 \end{pmatrix}$; $\vec{b} = \begin{pmatrix} -0{,}5 \\ 1{,}5 \end{pmatrix}$

Aufgabe 3

Berechnen Sie den Winkel zwischen den Vektoren $\vec{a}$ und $\vec{b}$.

a) $\vec{a} = \begin{pmatrix} 1 \\ 2 \\ 4 \end{pmatrix}$, $\vec{b} = \begin{pmatrix} -3 \\ -1 \\ 2 \end{pmatrix}$
b) $\vec{a} = \begin{pmatrix} 1 \\ -4 \\ -1 \end{pmatrix}$, $\vec{b} = \begin{pmatrix} -6 \\ -9 \\ -2 \end{pmatrix}$

Aufgabe 4

Zeichnen Sie das Dreieck ABC und berechnen Sie die Seiten und die Innenwinkel.

a) $A(1|2)$, $B(5|4)$, $C(2|7)$
b) $A(1|-3)$, $B(-2|4)$, $C(-4|-5)$

Das müssen Sie wissen:

Skalarprodukt; Winkelberechnungen

Skalarprodukt zweier Vektoren: $\vec{a} \cdot \vec{b} = |\vec{a}| \cdot |\vec{b}| \cdot \cos(\alpha)$

Koordinatenform des Skalarproduktes:

$$\vec{a} \cdot \vec{b} = \begin{pmatrix} a_1 \\ a_2 \end{pmatrix} \cdot \begin{pmatrix} b_1 \\ b_2 \end{pmatrix} = a_1 \cdot b_1 + a_2 \cdot b_2 \quad \text{bzw.} \quad \vec{a} \cdot \vec{b} = \begin{pmatrix} a_1 \\ a_2 \\ a_3 \end{pmatrix} \cdot \begin{pmatrix} b_1 \\ b_2 \\ b_3 \end{pmatrix} = a_1 \cdot b_1 + a_2 \cdot b_2 + a_3 \cdot b_3.$$

Winkelberechnungen:

$$\cos(\alpha) = \frac{\vec{a} \cdot \vec{b}}{|\vec{a}| \cdot |\vec{b}|} = \frac{a_1 \cdot b_1 + a_2 \cdot b_2}{\sqrt{a_1^2 + a_2^2} \cdot \sqrt{b_1^2 + b_2^2}} \quad \text{bzw.} \quad \cos(\alpha) = \frac{\vec{a} \cdot \vec{b}}{|\vec{a}| \cdot |\vec{b}|} = \frac{a_1 \cdot b_1 + a_2 \cdot b_2 + a_3 \cdot b_3}{\sqrt{a_1^2 + a_2^2 + a_3^2} \cdot \sqrt{b_1^2 + b_2^2 + b_3^2}}.$$

Vektorprodukt von Vektoren

In dieser Lerneinheit üben Sie,
wie man das Vektorprodukt zweier Vektoren berechnet und anwendet.

Das Skalarprodukt zweier Vektoren liefert eine reelle Zahl. Im **Raum** kann man aber mit zwei Vektoren ein weiteres Produkt bilden.

Für Vektoren $\vec{a} = \begin{pmatrix} a_1 \\ a_2 \\ a_3 \end{pmatrix}$ und $\vec{b} = \begin{pmatrix} b_1 \\ b_2 \\ b_3 \end{pmatrix}$ heißt

$\vec{a} \times \vec{b} = \begin{pmatrix} a_2b_3 - a_3b_2 \\ a_3b_1 - a_1b_3 \\ a_1b_2 - a_2b_1 \end{pmatrix}$ das **Vektorprodukt**

von $\vec{a}$ und $\vec{b}$. Dieses Produkt ordnet also den Vektoren $\vec{a}$ und $\vec{b}$ einen **Vektor** $\vec{c}$ zu.

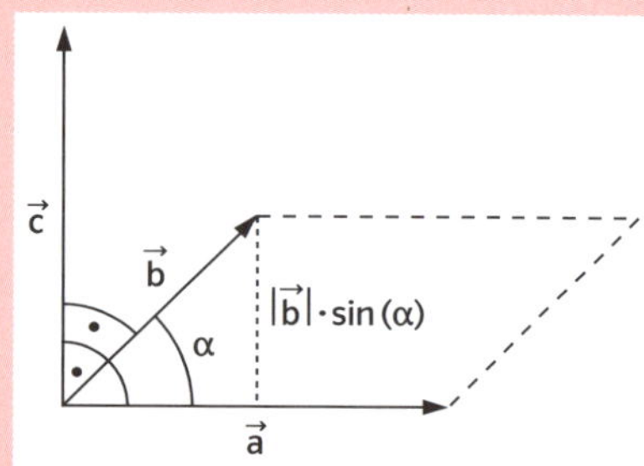

Fig. 1

Der Vektor $\vec{c}$ hat folgende **Eigenschaften**:

1) Er ist orthogonal zu $\vec{a}$ und zu $\vec{b}$ (Fig. 1).
2) Der Betrag von $\vec{c}$ ist gleich dem Flächeninhalt des von $\vec{a}$ und $\vec{b}$ aufgespannten Parallelogramms (Fig. 1):
   $|\vec{c}| = |\vec{a}| \cdot |\vec{b}| \cdot \sin(\alpha)$.
3) Die Hälfte des Betrages von $\vec{c}$ ist gleich dem Flächeninhalt des von $\vec{a}$ und $\vec{b}$ aufgespannten Dreiecks (Fig. 2).

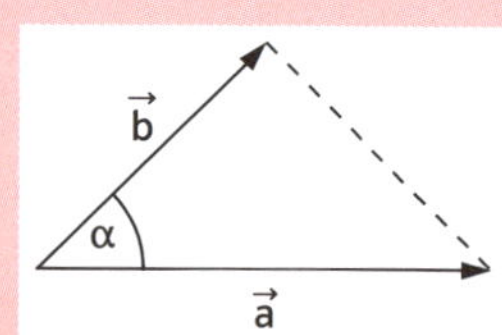

Fig. 2

Das Vektorprodukt der Vektoren $\vec{a} = \begin{pmatrix} 1 \\ 2 \\ 3 \end{pmatrix}$ und $\vec{b} = \begin{pmatrix} 4 \\ 5 \\ 6 \end{pmatrix}$ ist $\vec{c} = \begin{pmatrix} 2 \cdot 6 - 3 \cdot 5 \\ 3 \cdot 4 - 1 \cdot 6 \\ 1 \cdot 5 - 2 \cdot 4 \end{pmatrix} = \begin{pmatrix} -3 \\ 6 \\ -3 \end{pmatrix}$.

Der Betrag von $\vec{c}$ ist $|\vec{c}| = \sqrt{9 + 36 + 9} = \sqrt{54}$.
Das von $\vec{a}$ und $\vec{b}$ aufgespannte Parallelogramm hat den Flächeninhalt $\sqrt{54} \approx 7{,}35$;
das von $\vec{a}$ und $\vec{b}$ aufgespannte Dreieck hat den Flächeninhalt $\frac{1}{2}\sqrt{54} \approx 3{,}67$.

Aufgabe 1 | Lösung S. 145

Berechnen Sie für die Vektoren $\vec{a}$ und $\vec{b}$ das Vektorprodukt.

a) $\vec{a} = \begin{pmatrix} 2 \\ 1 \\ 3 \end{pmatrix}$; $\vec{b} = \begin{pmatrix} 4 \\ 1 \\ 2 \end{pmatrix}$

b) $\vec{a} = \begin{pmatrix} -3 \\ 4 \\ 7 \end{pmatrix}$; $\vec{b} = \begin{pmatrix} 8 \\ 1 \\ 3 \end{pmatrix}$

Aufgabe 2

Berechnen Sie für die Vektoren $\vec{a}$ und $\vec{b}$ das Vektorprodukt sowie den Flächeninhalt und den Winkel α des von $\vec{a}$ und $\vec{b}$ aufgespannten Parallelogramms.

a) $\vec{a} = \begin{pmatrix} 1 \\ 2 \\ 4 \end{pmatrix}$; $\vec{b} = \begin{pmatrix} 3 \\ -1 \\ -2 \end{pmatrix}$ b) $\vec{a} = \begin{pmatrix} 4 \\ 1 \\ 5 \end{pmatrix}$; $\vec{b} = \begin{pmatrix} 9 \\ 2 \\ -4 \end{pmatrix}$

Aufgabe 3

Berechnen Sie den Flächeninhalt des Dreiecks PQR.

a) $P(2|3|-1)$, $Q(-4|0|3)$, $R(1|-2|5)$ b) $P(-3|4|-2)$, $Q(3|1|4)$, $R(6|-4|7)$

Aufgabe 4

Berechnen Sie für $\vec{a} = \begin{pmatrix} 5 \\ -2 \\ 3 \end{pmatrix}$, $\vec{b} = \begin{pmatrix} 1 \\ -2 \\ -7 \end{pmatrix}$ und $\vec{c} = \begin{pmatrix} 3 \\ 4 \\ -1 \end{pmatrix}$ die Vektoren

a) $\vec{a} \times \vec{b}$, $\vec{b} \times \vec{c}$ und $\vec{c} \times \vec{a}$ b) $(\vec{a} \times \vec{b}) \times \vec{c}$ und $\vec{a} \times (\vec{b} \times \vec{c})$.

Das müssen Sie wissen:

Definition des Vektorproduktes

Für $\vec{a} = \begin{pmatrix} a_1 \\ a_2 \\ a_3 \end{pmatrix}$ und $\vec{b} = \begin{pmatrix} b_1 \\ b_2 \\ b_3 \end{pmatrix}$ gilt

$$\vec{c} = \vec{a} \times \vec{b} = \begin{pmatrix} a_2b_3 - a_3b_2 \\ a_3b_1 - a_1b_3 \\ a_1b_2 - a_2b_1 \end{pmatrix}.$$

Eigenschaften des Vektorproduktes

1) Der Vektor $\vec{c}$ ist orthogonal zu $\vec{a}$ und zu $\vec{b}$.
2) $|\vec{c}|$ ist gleich dem Flächeninhalt des von $\vec{a}$ und $\vec{b}$ aufgespannten Parallelogramms.
3) $\frac{1}{2}\vec{c}$ ist gleich dem Flächeninhalt des von $\vec{a}$ und $\vec{b}$ aufgespannten Dreiecks.

Orthogonalität von Vektoren

Hier geht's zum passenden Lern-Video

In dieser Lerneinheit üben Sie,
1) wie man orthogonale Vektoren ermitteln kann,
2) wie man überprüfen kann, ob gegebene Vektoren orthogonal sind,
3) wie man einen Vektor bestimmen kann, der zu zwei Vektoren orthogonal ist.

Zwei Vektoren $\vec{a}$ und $\vec{b}$ heißen zueinander **orthogonal**, wenn die **zugehörigen Pfeile mit gleichem Anfangspunkt** ebenfalls zueinander orthogonal sind (Fig. 1).

Für orthogonale Vektoren gilt der wichtige **Satz:**
a) Wenn $\vec{a}$ und $\vec{b}$ $\left(\vec{a} \neq \vec{0};\ \vec{b} \neq \vec{0}\right)$ orthogonal sind, dann gilt: $\vec{a} \cdot \vec{b} = 0$.
(Hiermit kann man orthogonale Vektoren **ermitteln.**)
b) Wenn $\vec{a} \cdot \vec{b} = 0$ ist, dann sind $\vec{a}$ und $\vec{b}$ orthogonal.
(Hiermit kann man Vektoren auf Orthogonalität **prüfen.**)

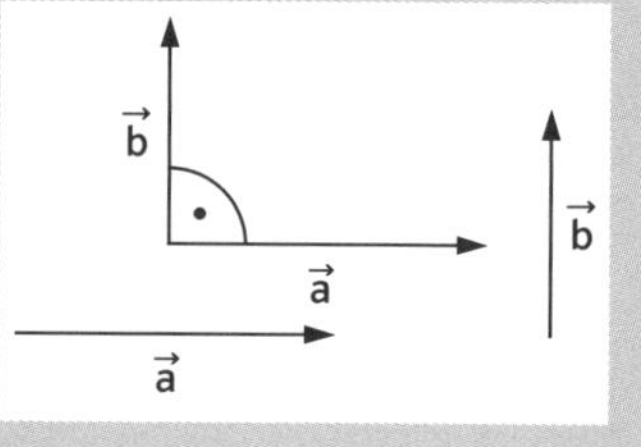

Fig. 1

Ist ein Vektor $\vec{n}$ orthogonal zu **zwei** linear unabhängigen Vektoren $\vec{a}$ und $\vec{b}$, nennt man $\vec{n}$ einen **Normalenvektor** von $\vec{a}$ und $\vec{b}$ (Fig. 2).

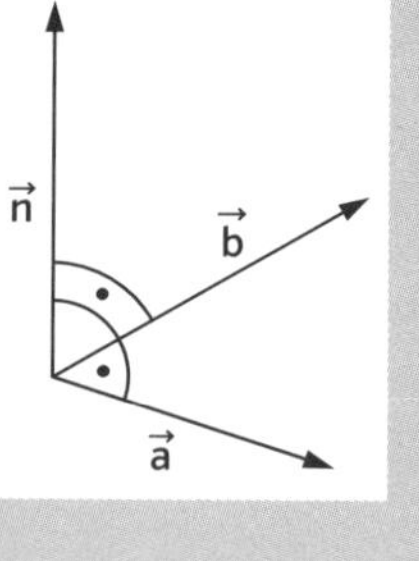

Fig. 2

Zu zwei Vektoren kann man auf zwei Arten einen Normalenvektor $\vec{n}$ bestimmen.
1) Man berechnet das **Vektorprodukt** $\vec{n} = \vec{a} \times \vec{b}$.
Denn der Vektor ist orthogonal zu $\vec{a}$ und zu $\vec{b}$.
2) Man verwendet das **Skalarprodukt**. Für $\vec{n}$ müssen die Bedingungen $\vec{n} \cdot \vec{a} = 0$ und $\vec{n} \cdot \vec{b} = 0$ erfüllt sein.

Für $\vec{a} = \begin{pmatrix} 2 \\ 1 \\ 3 \end{pmatrix}$ und $\vec{b} = \begin{pmatrix} 4 \\ -4 \\ 5 \end{pmatrix}$ ergibt sich $\vec{n} = \vec{a} \times \vec{b} = \begin{pmatrix} 2 \\ 1 \\ 3 \end{pmatrix} \times \begin{pmatrix} 4 \\ -4 \\ 5 \end{pmatrix} = \begin{pmatrix} 1 \cdot 5 - 3 \cdot (-4) \\ 3 \cdot 4 - 2 \cdot 5 \\ 2 \cdot (-4) - 1 \cdot 4 \end{pmatrix} = \begin{pmatrix} 17 \\ 2 \\ -12 \end{pmatrix}$
als Normalenvektor mit dem Vektorprodukt. Rechnung mit dem Skalarprodukt:

Für einen Normalenvektor $\vec{n} = \begin{pmatrix} n_1 \\ n_2 \\ n_3 \end{pmatrix}$ muss gelten: $\begin{pmatrix} 2 \\ 1 \\ 3 \end{pmatrix} \cdot \begin{pmatrix} n_1 \\ n_2 \\ n_3 \end{pmatrix} = 0$ und $\begin{pmatrix} 4 \\ -4 \\ 5 \end{pmatrix} \cdot \begin{pmatrix} n_1 \\ n_2 \\ n_3 \end{pmatrix} = 0$.

Diese Skalarprodukte ergeben das LGS:

$$\begin{cases} 2n_1 + n_2 + 3n_3 = 0 \\ 4n_1 - 4n_2 + 5n_3 = 0 \end{cases} \quad \text{bzw.} \quad \begin{cases} 2n_1 + n_2 + 3n_3 = 0 \\ 6n_2 + n_3 = 0 \end{cases}$$

Setzt man $n_2 = 1$, ergibt sich $n_3 = -6$, $n_1 = \frac{17}{2}$.

Damit ist $\begin{pmatrix} \frac{17}{2} \\ 1 \\ -6 \end{pmatrix}$ oder auch $\begin{pmatrix} 17 \\ 2 \\ -12 \end{pmatrix}$ ein Normalenvektor.

Aufgabe 1 | Lösung S. 146

Bestimmen Sie die fehlende Koordinate so, dass $\vec{a}$ und $\vec{b}$ orthogonal sind.

a) $\vec{a} = \begin{pmatrix} 4 \\ -3 \\ a_3 \end{pmatrix}$; $\vec{b} = \begin{pmatrix} 1 \\ 1 \\ -6 \end{pmatrix}$

b) $\vec{a} = \begin{pmatrix} 5 \\ 2 \\ 3 \end{pmatrix}$; $\vec{b} = \begin{pmatrix} 9 \\ b_2 \\ 4 \end{pmatrix}$

Aufgabe 2

Prüfen Sie, ob die Vektoren $\vec{a}$ und $\vec{b}$ orthogonal sind.

a) $\vec{a} = \begin{pmatrix} 2 \\ 3 \\ 5 \end{pmatrix}$; $\vec{b} = \begin{pmatrix} -1 \\ -1 \\ 1 \end{pmatrix}$

b) $\vec{a} = \begin{pmatrix} -1{,}5 \\ -2 \\ 2 \end{pmatrix}$; $\vec{b} = \begin{pmatrix} 2 \\ -1 \\ 2 \end{pmatrix}$

Aufgabe 3

Gegeben sind die Vektoren $\vec{a}$ und $\vec{b}$. Ermitteln Sie einen Normalenvektor von $\vec{a}$ und $\vec{b}$.

a) $\vec{a} = \begin{pmatrix} -1 \\ 0 \\ 1 \end{pmatrix}$; $\vec{b} = \begin{pmatrix} 2 \\ 1 \\ 1 \end{pmatrix}$

b) $\vec{a} = \begin{pmatrix} 4 \\ 5 \\ -3 \end{pmatrix}$; $\vec{b} = \begin{pmatrix} -2 \\ 3 \\ 7 \end{pmatrix}$

c) $\vec{a} = \begin{pmatrix} 3 \\ 1 \\ 7 \end{pmatrix}$; $\vec{b} = \begin{pmatrix} -3 \\ 5 \\ 2 \end{pmatrix}$

Aufgabe 4

Gegeben sind die Punkte $A(3|8|1)$, $B(3|5|5)$ und $D(8|4|-2)$.

a) Bestimmen Sie den Punkt C so, dass das Viereck ABCD ein Parallelogramm ist.
b) Zeigen Sie: Das Viereck ABCD ist ein Rechteck.
c) Berechnen Sie den Flächeninhalt des Rechtecks.
d) Bestimmen Sie den Schnittpunkt der Diagonalen des Rechtecks.

Das müssen Sie wissen:

Orthogonalität

a) **Verwendung** der Orthogonalität:
Wenn $\vec{a}$ und $\vec{b}$ orthogonal sind, dann ist $\vec{a} \cdot \vec{b} = 0$.

b) **Prüfung** auf Orthogonalität:
Gilt $\vec{a} \cdot \vec{b} = 0$, dann sind $\vec{a}$ und $\vec{b}$ orthogonal.

Ermittlung eines Normalenvektors

Einen **Normalenvektor** $\vec{n}$ **zu zwei Vektoren** $\vec{a}$ **und** $\vec{b}$ kann man ermitteln
1) mit dem Vektorprodukt,
2) mit dem Skalarprodukt.

Bei der Bestimmung mit dem Skalarprodukt liefern die Bedingungen $\vec{n} \cdot \vec{a} = 0$ und $\vec{n} \cdot \vec{b} = 0$ ein LGS für die Koordinaten n_1, n_2 und n_3.

Geradengleichung in Parameterform

Hier geht's zum passenden Lern-Video

In dieser Lerneinheit üben Sie,
wie man eine Geradengleichung aufstellt.

Die Gleichung einer Geraden g durch die Punkte P und Q mit den Ortsvektoren $\vec{p}$ und $\vec{q}$ lautet (Fig. 1):
$\vec{x} = \vec{p} + t \cdot \vec{u};\ t \in \mathbb{R}$.
(**Parameterform** einer Geradengleichung)
Dabei ist $\vec{u} = \vec{q} - \vec{p}$.
Der Vektor $\vec{p}$ heißt **Stützvektor**, der Vektor $\vec{u}$ heißt **Richtungsvektor**.

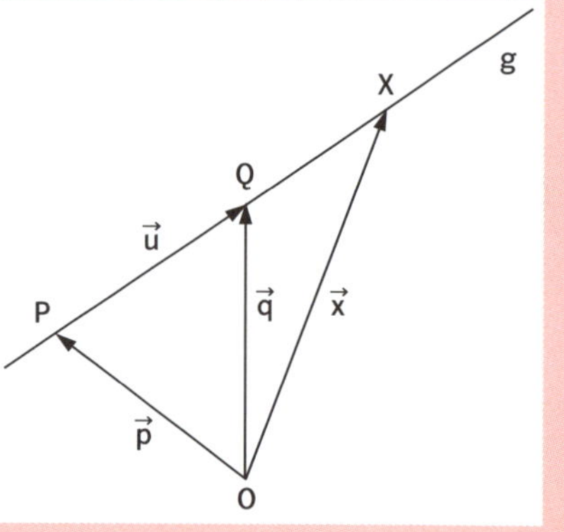

Fig. 1

Für die Gerade g durch die Punkte P(2 | 3 | −4) und Q(−2 | 1 | 7) ist der Vektor $\vec{p} = \begin{pmatrix} 2 \\ 3 \\ -4 \end{pmatrix}$ ein möglicher Stützvektor; der Vektor $\overrightarrow{PQ} = \vec{q} - \vec{p} = \begin{pmatrix} -2 \\ 1 \\ 7 \end{pmatrix} - \begin{pmatrix} 2 \\ 3 \\ -4 \end{pmatrix} = \begin{pmatrix} -4 \\ -2 \\ 11 \end{pmatrix}$ ein möglicher Richtungsvektor. Eine Gleichung für g ist also:

$$\vec{x} = \begin{pmatrix} 2 \\ 3 \\ -4 \end{pmatrix} + t \cdot \begin{pmatrix} -4 \\ -2 \\ 11 \end{pmatrix};\ t \in \mathbb{R}.$$

Um zu prüfen, ob der Punkt A(3 | 5 | 9) auf g liegt, führt man eine **Punktprobe** durch. Wenn A auf g liegt, müssen die Koordinaten von A die Geradengleichung erfüllen:

$\begin{pmatrix} 3 \\ 5 \\ 9 \end{pmatrix} = \begin{pmatrix} 2 \\ 3 \\ -4 \end{pmatrix} + t \cdot \begin{pmatrix} -4 \\ -2 \\ 11 \end{pmatrix}$. Diese Vektorgleichung ist äquivalent dem LGS $\left\{ \begin{aligned} 3 &= 2 - 4t \\ 5 &= 3 - 2t \\ 9 &= -4 + 11t \end{aligned} \right.$.

Aus $3 = 2 + t \cdot (-4)$ folgt $t = -0{,}25$; aus $5 = 3 - 2 \cdot t$ folgt $t = -1$.
Also liegt A nicht auf g.

Aufgabe 1 | Lösung S. 147

Die Gerade g geht durch die Punkte A(1 | −2 | 3) und B(5 | 4 | 4).

a) Zeichnen Sie g in einem räumlichen Koordinatensystem.

b) Stellen Sie eine Gleichung für g auf.

c) Prüfen Sie, ob der Punkt C(3 | 4 | −1) auf g liegt.

Aufgabe 2

Geben Sie eine Gleichung für eine Gerade an, die
a) durch die Punkte A(3 | 8 | −3) und B(0 | −1 | 2) geht,
b) durch den Punkt A(−2 | 6 | 8) geht und parallel zur x_1-Achse verläuft,
c) durch den Punkt B(3 | −7 | 1) geht und parallel zur x_2-Achse verläuft,
d) durch den Punkt C(3 | −1 | 4) geht und parallel zur x_1x_3-Ebene verläuft.

Aufgabe 3

Beschreiben Sie die Lage der Geraden.

a) g: $\vec{x} = \begin{pmatrix} 2 \\ 0 \\ 0 \end{pmatrix} + t \cdot \begin{pmatrix} 0 \\ 0 \\ 1 \end{pmatrix}$; $t \in \mathbb{R}$

b) h: $\vec{x} = \begin{pmatrix} 0 \\ 1 \\ 0 \end{pmatrix} + t \cdot \begin{pmatrix} 0 \\ 1 \\ 0 \end{pmatrix}$; $t \in \mathbb{R}$

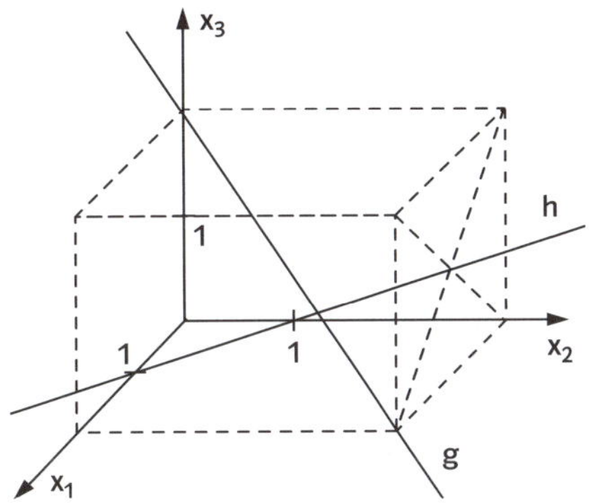

Fig. 2

Aufgabe 4

Ermitteln Sie jeweils eine Gleichung der Geraden g und h in Fig. 2.

Aufgabe 5

a) Gegeben ist die Gerade g durch die Gleichung $\vec{x} = \begin{pmatrix} -1 \\ 2 \end{pmatrix} + t \cdot \begin{pmatrix} 1 \\ -3 \end{pmatrix}$; $t \in \mathbb{R}$.
Ermitteln Sie eine Gleichung von g in der Form $y = mx + b$.
b) Gegeben ist die Gerade g mit der Gleichung $y = -2x - 3$.
Ermitteln Sie eine Parameterdarstellung von g.

Das müssen Sie wissen:

Geradengleichung und Punktprobe

Gleichung einer Geraden mit dem **Stützvektor** $\vec{p}$ und dem **Richtungsvektor** $\vec{u}$:
$\vec{x} = \vec{p} + t \cdot \vec{u}$; $t \in \mathbb{R}$. (Parameterform einer Geradengleichung)

Sind zwei Punkte A und B gegeben, ist jeder der beiden Ortsvektoren als Stützvektor $\vec{p}$ möglich; die Vektoren $\overrightarrow{AB}$ bzw. $\overrightarrow{BA}$ sind als Richtungsvektor $\vec{u}$ möglich.

Um zu **prüfen**, ob ein Punkt C auf einer Geraden g liegt, führt man eine **Punktprobe** durch:
Man setzt die Koordinaten von C in die Gleichung für g ein.
Ergibt sich ein Widerspruch, liegt C nicht auf g.

Gegenseitige Lage zweier Geraden

In dieser Lerneinheit üben Sie,
wie man zwei Geraden auf ihre gegenseitige Lage untersucht.

Für zwei Geraden im Raum sind **vier** Fälle möglich:
Sie sind **parallel**, sie sind **identisch**, sie **schneiden sich** oder sie sind **windschief**.

Der erste Schritt ist die **Untersuchung auf Parallelität:** Ist ein Richtungsvektor ein Vielfaches des anderen, sind also die Richtungsvektoren linear abhängig, sind die Geraden parallel.

Eine weitere Untersuchung ist dann nach folgendem **Schema** möglich.

$g \parallel h$

- Ein Punkt auf g liegt nicht auf h → g und h sind echt parallel
- Ein Punkt auf g liegt auf h → g und h sind identisch

$g \nparallel h$

- Das LGS hat eine Lösung → g und h schneiden sich
- Das LGS hat keine Lösung → g und h sind windschief

Sonderfall:
Zwei Geraden sind orthogonal. Dabei ist zu beachten, dass auch zwei sich nicht schneidende Geraden orthogonal sein können.
Prüfung auf Orthogonalität:
Das Skalarprodukt von Richtungsvektoren ist null.

Bei den Geraden $g: \vec{x} = \begin{pmatrix} 3 \\ 1 \\ 3 \end{pmatrix} + r \cdot \begin{pmatrix} -4 \\ 1 \\ 1 \end{pmatrix}$ und $h: \vec{x} = \begin{pmatrix} -1 \\ 2 \\ 1 \end{pmatrix} + s \cdot \begin{pmatrix} 2 \\ 4 \\ 4 \end{pmatrix}$ sind die Richtungsvektoren kein Vielfaches voneinander. Die Geraden g und h schneiden sich oder sie sind windschief. Der Vektorgleichung

$$\begin{pmatrix} 3 \\ 1 \\ 3 \end{pmatrix} + r \cdot \begin{pmatrix} -4 \\ 1 \\ 1 \end{pmatrix} = \begin{pmatrix} -1 \\ 2 \\ 1 \end{pmatrix} + s \cdot \begin{pmatrix} 2 \\ 4 \\ 4 \end{pmatrix} \text{ entspricht } \begin{cases} 3 - 4r = -1 + 2s \\ 1 + r = 2 + 4s \\ 3 + r = 1 + 4s \end{cases} \text{ bzw. } \begin{cases} -4r - 2s = -4 \\ r - 4s = 1 \\ r - 4s = -2 \end{cases}.$$

Dieses LGS hat keine Lösung. Also sind g und h windschief.
Zusatz: Prüfung auf Orthogonalität

Es ist $\begin{pmatrix} -4 \\ 1 \\ 1 \end{pmatrix} \cdot \begin{pmatrix} 2 \\ 4 \\ 4 \end{pmatrix} = (-4) \cdot 2 + 1 \cdot 4 + 1 \cdot 4 = 0.$

Also sind g und h windschief und orthogonal.

Aufgabe 1 | Lösung S. 148

Bestimmen Sie die gegenseitige Lage der Geraden g und h.
Ermitteln Sie gegebenenfalls die Koordinaten des Schnittpunktes S.
Überprüfen Sie Ihr Ergebnis mit dem GTR.

a) g: $\vec{x} = \begin{pmatrix} 9 \\ 7 \\ 1 \end{pmatrix} + r \cdot \begin{pmatrix} 2 \\ 1 \\ 0 \end{pmatrix}$; $r \in \mathbb{R}$ und h: $\vec{x} = \begin{pmatrix} 5 \\ 5 \\ 3 \end{pmatrix} + s \cdot \begin{pmatrix} 2 \\ 1 \\ 1 \end{pmatrix}$; $s \in \mathbb{R}$

b) g: $\vec{x} = \begin{pmatrix} 3 \\ 7 \\ 9 \end{pmatrix} + r \cdot \begin{pmatrix} -1 \\ 3 \\ 2 \end{pmatrix}$; $r \in \mathbb{R}$ und h: $\vec{x} = \begin{pmatrix} -4 \\ 1 \\ 8 \end{pmatrix} + s \cdot \begin{pmatrix} 3 \\ -9 \\ -6 \end{pmatrix}$; $s \in \mathbb{R}$

Aufgabe 2

Gegeben ist die Gerade

g: $\vec{x} = \begin{pmatrix} 1 \\ 0 \\ 1 \end{pmatrix} + r \cdot \begin{pmatrix} 1 \\ -2 \\ 1 \end{pmatrix}$; $r \in \mathbb{R}$.

Geben Sie eine Gerade h an, die
a) parallel zu g ist,
b) g schneidet,
c) orthogonal zu g ist.

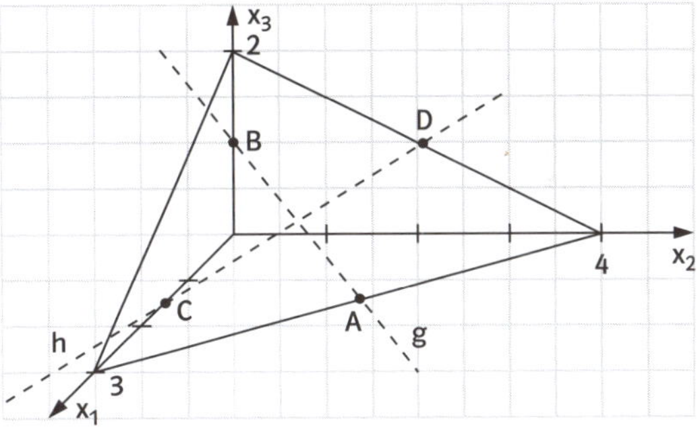

Fig. 1

Aufgabe 3

In Fig. 1 sind A, B, C und D Kantenmitten. Schneiden sich die Geraden g und h?

Aufgabe 4

Zeigen Sie: Die Gerade g durch die Punkte A(1|1|1) und B(3|1|5) sowie die Gerade h durch die Punkte C(1|2|6) und D(−1|3|7) sind orthogonal und schneiden sich.

Das müssen Sie wissen:

Untersuchung der gegenseitigen Lage zweier Geraden g und h

1. Schritt:
Vergleich der Richtungsvektoren; sind sie linear abhängig, sind g und h parallel.

2. Schritt:
a) Sind g und h parallel, prüft man, ob ein Punkt der einen Geraden auf der anderen liegt.
b) Sind g und h nicht parallel, prüft man, ob es einen Schnittpunkt gibt.

Ebenengleichung in Parameterform

Hier geht's zum passenden Lern-Video

In dieser Lerneinheit üben Sie,
wie man eine Gleichung für eine Ebene aufstellen kann.

Die Gleichung einer Ebene E mit dem **Stützvektor** $\vec{p}$ und den **Spannvektoren** $\vec{u}$ **und** $\vec{v}$ lautet (Fig. 1):

$\vec{x} = \vec{p} + r \cdot \vec{u} + s \cdot \vec{v}; \quad r, s \in \mathbb{R}$.

(**Parameterform** einer Ebenengleichung)

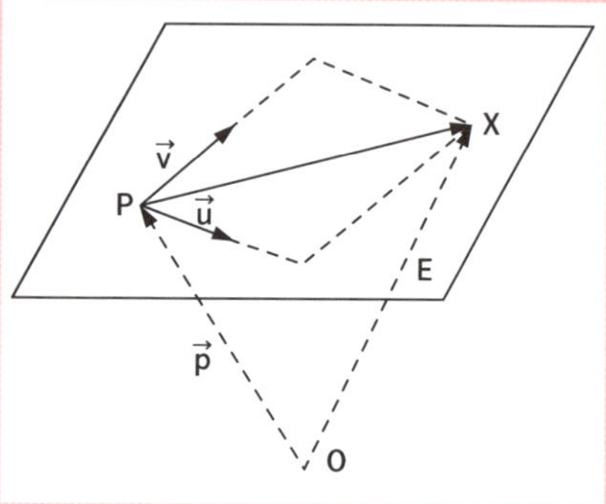

Fig. 1

Eine Ebene kann auf verschiedene Arten mithilfe von Punkten und Geraden festgelegt werden (Fig. 2 bis Fig. 5).

Drei Punkte A, B, C

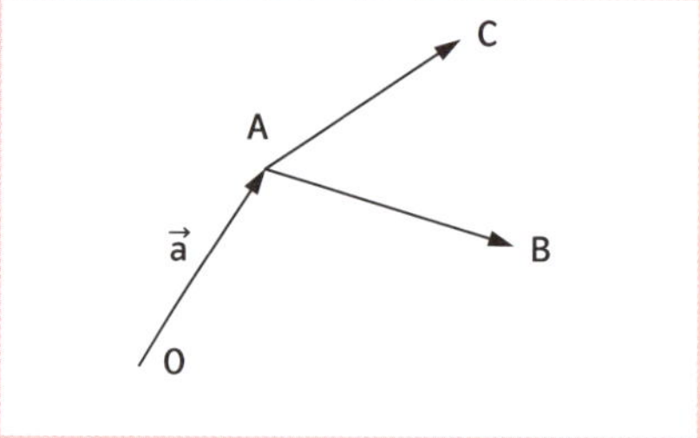

Fig. 2

$\vec{x} = \vec{a} + r \cdot \overrightarrow{AB} + s \cdot \overrightarrow{AC}$

Einen Punkt A und eine Gerade g

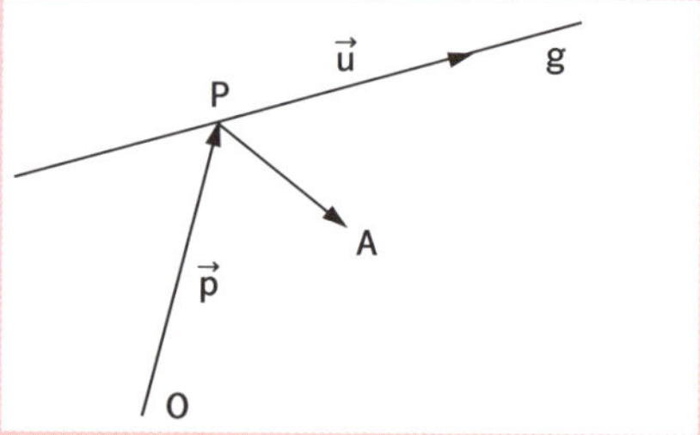

Fig. 3

$\vec{x} = \vec{p} + r \cdot \vec{u} + s \cdot \overrightarrow{PA}$

Zwei sich schneidende Geraden g und h

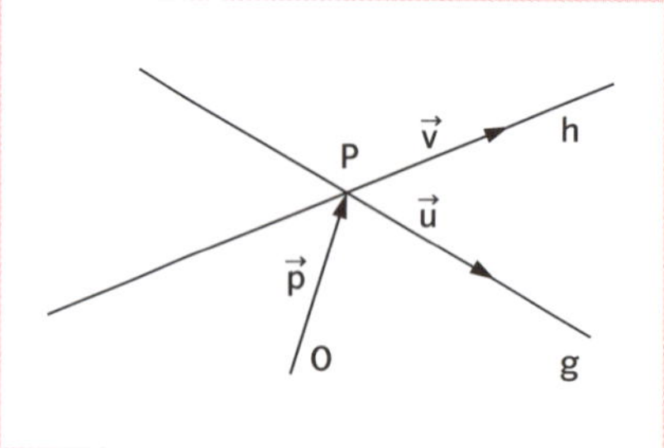

Fig. 4

$\vec{x} = \vec{p} + r \cdot \vec{u} + s \cdot \vec{v}$

Zwei parallele Geraden g und h

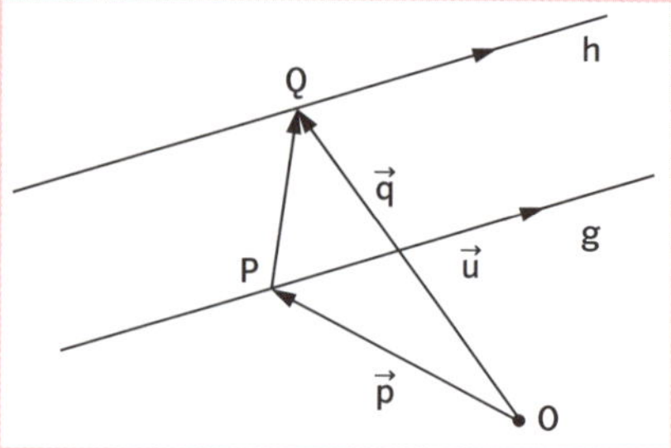

Fig. 5

$\vec{x} = \vec{p} + r \cdot \vec{u} + s \cdot \overrightarrow{PQ}$

Aufgabe 1 | Lösung S. 148

Die Ebene E enthält die Punkte A(0|1|3), B(−1|5|1) und C(1|4|1).

a) Geben Sie eine Parametergleichung für E an.

b) Prüfen Sie, ob der Punkt D(1|11|−3) in E liegt.

Aufgabe 2

Gegeben sind der Punkt A(2|−4|3) und die Gerade g: $\vec{x} = \begin{pmatrix} 1 \\ 2 \\ -4 \end{pmatrix} + r \cdot \begin{pmatrix} 3 \\ 4 \\ -1 \end{pmatrix}$, $r \in \mathbb{R}$.

Ermitteln Sie eine Gleichung der Ebene E, die durch A und g festgelegt ist.

Aufgabe 3

Gegeben sind die Geraden g: $\vec{x} = \begin{pmatrix} 2 \\ -3 \\ 20 \end{pmatrix} + r \cdot \begin{pmatrix} -5 \\ 3 \\ -3 \end{pmatrix}$ und h: $\vec{x} = \begin{pmatrix} 1 \\ 0 \\ -1 \end{pmatrix} + s \cdot \begin{pmatrix} 1 \\ -1 \\ 4 \end{pmatrix}$.

a) Zeigen Sie: Die Geraden g und h schneiden sich.
Geben Sie die Koordinaten des Schnittpunktes an.

b) Geben Sie eine Gleichung der Ebene E an, die durch g und h festgelegt ist.

Aufgabe 4

In Fig. 6 ist ein Ausschnitt einer Ebene E gekennzeichnet. Geben Sie eine Parametergleichung für E an.

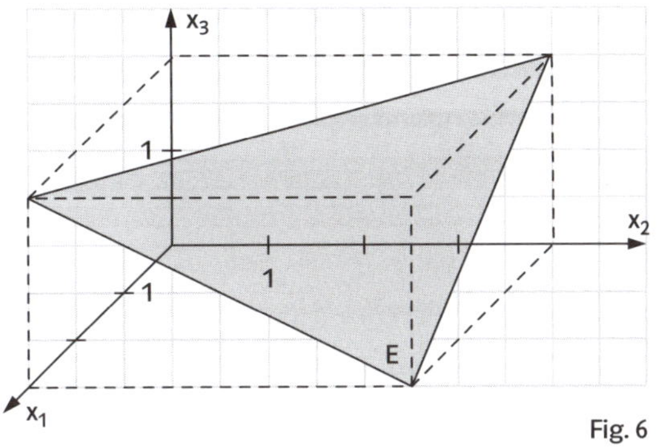

Fig. 6

Aufgabe 5

Die Geraden g und h sind parallel;
g geht durch A(1|2|−1) und B(−2|3|4),
h geht durch C(−1|3|−1).

a) Skizzieren Sie die gegenseitige Lage der Punkte und Geraden.

b) Geben Sie eine Gleichung der Ebene E an, die durch g und h festgelegt ist.

Das müssen Sie wissen:

Ebenengleichung in Parameterform

Gleichung einer Ebene mit dem **Stützvektor** $\vec{p}$ und den **Spannvektoren** $\vec{u}$ **und** $\vec{v}$:

$\vec{x} = \vec{p} + r \cdot \vec{u} + s \cdot \vec{v}$; $r, s \in \mathbb{R}$. (**Parameterform** einer Ebenengleichung)

Eine Ebene kann festgelegt werden durch

1) drei Punkte
2) einen Punkt und eine Gerade
3) zwei sich schneidende Geraden
4) zwei parallele Geraden.

Ebenengleichung in Koordinatenform

In dieser Lerneinheit üben Sie,
wie man eine Gleichung für eine Ebene in Koordinatenform ermitteln kann.

Aus der Parameterform einer Ebenengleichung
$\vec{x} = \vec{p} + r \cdot \vec{u} + s \cdot \vec{v}$
lassen sich die Parameter r und s eliminieren. Man erhält eine Gleichung, die nur die Variablen x_1, x_2 und x_3 enthält:
$a_1 \cdot x_1 + a_2 \cdot x_2 + a_3 \cdot x_3 = b$. (**Koordinatenform** einer Ebenengleichung)

Diese Form einer Ebenengleichung ist für das Folgende besonders wichtig.

Gegeben sind die Punkte A(1 | 3 | 7), B(1 | 0 | 1) und C(4 | 2 | −4).
Gesucht ist eine Koordinatengleichung der Ebene E, die durch A, B und C geht.

1. Möglichkeit:

Der Gleichung $\vec{x} = \begin{pmatrix}1\\3\\7\end{pmatrix} + r \cdot \begin{pmatrix}0\\-3\\-6\end{pmatrix} + s \cdot \begin{pmatrix}3\\-1\\-11\end{pmatrix}$ entspricht das LGS $\begin{cases} x_1 = 1 \quad + \quad 3s \\ x_2 = 3 - 3r - \quad s \\ x_3 = 7 - 6r - 11s \end{cases}$.

Aus den ersten beiden Gleichungen folgt $s = \frac{1}{3}x_1 - \frac{1}{3}$; $r = -\frac{1}{9}x_1 - \frac{1}{3}x_2 + \frac{10}{9}$.
Eingesetzt in die dritte Gleichung ergibt sich E: $3x_1 - 2x_2 + x_3 = 4$.

2. Möglichkeit:
Man setzt die Koordinaten der Punkte A, B und C in die Gleichung
$a_1 \cdot x_1 + a_2 \cdot x_2 + a_3 \cdot x_3 = b$ ein und erhält das LGS

$$\begin{cases} a_1 + 3a_2 + 7a_3 = b \\ a_1 \quad + \quad a_3 = b \\ 4a_1 + 2a_2 - 4a_3 = b \end{cases} \quad \text{bzw.} \quad \begin{cases} a_1 + 3a_2 + 7a_3 = b \\ a_2 + 2a_3 = 0 \\ 4a_3 = b \end{cases}.$$

Die Lösung ist $a_3 = \frac{1}{4}b$, $a_2 = -\frac{1}{2}b$, $a_1 = \frac{3}{4}b$.
Setzt man z. B. $b = 4$, erhält man E: $3x_1 - 2x_2 + x_3 = 4$.

Aufgabe 1 | Lösung S. 149

Die Ebene E enthält die Punkte A(1 | 2 | −1), B(−1 | 0 | 4) und C(−1 | 5 | 3).

a) Ermitteln Sie eine Koordinatengleichung für E.

b) Prüfen Sie, ob der Punkt D(2 | −1 | −7) in E liegt.

Aufgabe 2

Die Punkte A, B und C legen eine Ebene E fest.
Ermitteln Sie eine Koordinatengleichung von E.

a) $A(1|2|7)$, $B(-3|-2|13)$ und $C(7|7|-1)$
b) $A(1|1|2)$, $B(-1|2|4)$ und $C(2|3|3)$
c) $A(1|1|-1)$, $B(2|-5|-8)$ und $C(5|3|-3)$
d) $A(-1|3|1)$, $B(-5|2|2)$ und $C(-8|5|4)$

Aufgabe 3

Bestimmen Sie eine Koordinatengleichung der Ebene E.

a) $E\colon\ \vec{x} = \begin{pmatrix} 2 \\ -1 \\ 1 \end{pmatrix} + r \cdot \begin{pmatrix} 2 \\ 1 \\ 0 \end{pmatrix} + s \cdot \begin{pmatrix} 0 \\ 2 \\ 3 \end{pmatrix}$
b) $E\colon\ \vec{x} = \begin{pmatrix} 5 \\ -2 \\ 3 \end{pmatrix} + r \cdot \begin{pmatrix} 4 \\ 2 \\ 1 \end{pmatrix} + s \cdot \begin{pmatrix} 1 \\ 0 \\ 4 \end{pmatrix}$

Aufgabe 4

Bestimmen Sie jeweils eine Koordinatengleichung der drei Koordinatenebenen.

Aufgabe 5

Ermitteln Sie eine Parametergleichung der Ebene E.

a) $E\colon\ 4x_1 + 3x_2 - x_3 = 6$
b) $E\colon\ x_1 - 2x_2 + 8x_3 = 1$

Das müssen Sie wissen:

Ebenengleichung in Koordinatenform

Die Gleichung einer Ebene E in der Form

$a_1 \cdot x_1 + a_2 \cdot x_2 + a_3 \cdot x_3 = b$

heißt **Koordinatenform** einer Ebenengleichung.

Sind drei Punkte von E gegeben, kann man eine Koordinatengleichung ermitteln,
1) indem man eine **Parameterform aufstellt** und dann die Parameter eliminiert oder
2) **drei Punktproben** durchführt, das zugehörige LGS löst und dann für b einen Wert wählt.

Bestimmung einer Koordinatengleichung mit dem GTR

In dieser Lerneinheit üben Sie,
wie man eine Gleichung einer Ebene in Koordinatenform mit dem GTR ermitteln kann.

Sind drei Punkte gegeben und ist eine Koordinatengleichung gesucht, kann man
1) eine **Parametergleichung aufstellen** und die **Parameter eliminieren** oder
2) **drei Punktproben** durchführen.
In beiden Fällen ist ein LGS zu lösen. Wichtiges Hilfsmittel hierzu ist der GTR.

Die Ebene E geht durch die Punkte A(1 | 2 | 1), B(3 | −1 | 2) und C(1 | 4 | 3).
Gesucht ist eine Koordinatengleichung von E.

1. Möglichkeit:

Aus der Gleichung $\vec{x} = \begin{pmatrix}1\\2\\1\end{pmatrix} + r \cdot \begin{pmatrix}2\\-3\\1\end{pmatrix} + s \cdot \begin{pmatrix}0\\2\\2\end{pmatrix}$ müssen r und s eliminiert werden.

Deshalb schreibt man die Gleichung so um, dass zuerst die Summanden mit r und s kommen.

Aus $r \cdot \begin{pmatrix}2\\-3\\1\end{pmatrix} + s \cdot \begin{pmatrix}0\\2\\2\end{pmatrix} - \begin{pmatrix}x_1\\x_2\\x_3\end{pmatrix} = \begin{pmatrix}-1\\-2\\-1\end{pmatrix}$ folgt das LGS $\left\{\begin{array}{l} 2r - x_1 = -1 \\ -3r + 2s - x_2 = -2 \\ r + 2s - x_3 = -1 \end{array}\right.$.

Für die Matrix $A = \begin{pmatrix} 2 & 0 & -1 & 0 & 0 & -1 \\ -3 & 2 & 0 & -1 & 0 & -2 \\ 1 & 2 & 0 & 0 & -1 & -1 \end{pmatrix}$ ermittelt man die reduzierte Stufenform.

```
[[1 0 0 .25    -...
 [0 1 0 -.125  -...
 [0 0 1 .5     -...
Ans▸Frac
[[1 0 0 1/4   -1...
 [0 1 0 -1/8  -3...
 [0 0 1 1/2   -1...
```

Fig. 1

```
[[1 0 0 .25    -...
 [0 1 0 -.125  -...
 [0 0 1 .5     -...
Ans▸Frac
.../4   -1/4  1/4 ]
...1/8  -3/8  -5/8]
.../2   -1/2  3/2 ]]
■
```

Fig. 2

```
[[1 0 0 -.66666...
 [0 1 0 -.33333...
 [0 0 1 .333333...
Ans▸Frac
[[1 0 0 -2/3  0]
 [0 1 0 -1/3  0]
 [0 0 1 1/3   0]]
```

Fig. 3

Aus der letzten Gleichung von Fig. 1 bzw. Fig. 2 folgt E: $2x_1 + x_2 - x_3 = 3$.

2. Möglichkeit:

Man setzt die Koordinaten der Punkte A, B und C in die Gleichung
$a_1 \cdot x_1 + a_2 \cdot x_2 + a_3 \cdot x_3 = b$ ein und erhält das LGS

$\left\{\begin{array}{l} a_1 + 2a_2 + a_3 = b \\ 3a_1 - a_2 + 2a_3 = b \\ a_1 + 4a_2 + 3a_3 = b \end{array}\right.$ bzw. $\left\{\begin{array}{l} a_1 + 2a_2 + a_3 - b = 0 \\ 3a_1 - a_2 + 2a_3 - b = 0 \\ a_1 + 4a_2 + 3a_3 - b = 0 \end{array}\right.$ mit der Matrix $B = \begin{pmatrix} 1 & 2 & 1 & -1 & 0 \\ 3 & -1 & 2 & -1 & 0 \\ 1 & 4 & 3 & -1 & 0 \end{pmatrix}$.

Die dritte Zeile der reduzierten Stufenform (Fig. 3) liefert: $a_3 + \frac{1}{3}b = 0$.
Mit $b = 3$ folgt $a_3 = -1$, $a_2 = 1$, $a_1 = 2$ und damit E: $2x_1 + x_2 - x_3 = 3$.

Aufgabe 1 | Lösung S. 151

Gegeben ist eine Parametergleichung der Ebene E. Ermitteln Sie eine Koordinatengleichung von E.

a) $\vec{x} = \begin{pmatrix} 1 \\ 2 \\ 1 \end{pmatrix} + r \cdot \begin{pmatrix} -1 \\ 3 \\ 2 \end{pmatrix} + s \cdot \begin{pmatrix} 3 \\ -1 \\ 1 \end{pmatrix}$

b) $\vec{x} = \begin{pmatrix} 3 \\ 5 \\ -1 \end{pmatrix} + r \cdot \begin{pmatrix} -2 \\ 4 \\ 3 \end{pmatrix} + s \cdot \begin{pmatrix} -5 \\ 8 \\ -9 \end{pmatrix}$

Aufgabe 2

Die Ebene E enthält die Punkte A, B und C. Ermitteln Sie auf zwei Arten eine Koordinatengleichung von E.

a) $A(3|5|7)$, $B(-1|4|-2)$, $C(5|2|1)$

b) $A(1|2|0)$, $B(2|0|-2)$, $C(5|6|-4)$

Das müssen Sie wissen:

Koordinatengleichung einer Ebene durch drei gegebene Punkte mit dem GTR

1. Möglichkeit: Parametergleichung aufstellen; dann Parameter eliminieren

Um aus der Parametergleichung $\vec{x} = \vec{p} + r \cdot \vec{u} + s \cdot \vec{v}$ mithilfe des GTR die Parameter r und s zu eliminieren, schreibt man die Gleichung so um, dass **zuerst die Summanden mit r und s** kommen: $r \cdot \vec{u} + s \cdot \vec{v} - \vec{x} = -\vec{p}$. Die zugehörige Matrix wird in den GTR eingegeben. Aus der letzten Zeile der reduzierten Stufenform ergibt sich eine Koordinatengleichung der Ebene.

2. Möglichkeit: Dreimalige Punktprobe

Ansatz: $a_1 \cdot x_1 + a_2 \cdot x_2 + a_3 \cdot x_3 = b$; dreimalige Punktprobe ergibt ein LGS, dessen Matrix in den GTR eingegeben wird. Aus der letzten Zeile der reduzierten Stufenform ergibt sich **nach Wahl von b** eine Koordinatengleichung der Ebene.

Zeichnerische Darstellung einer Ebene

In dieser Lerneinheit üben Sie,
wie man die Lage einer Ebene im Koordinatensystem mithilfe eines Ausschnitts zeichnerisch verdeutlichen kann.

Aus der Koordinatenform einer Ebenengleichung $a_1 \cdot x_1 + a_2 \cdot x_2 + a_3 \cdot x_3 = b$ kann man leicht die Schnittpunkte der Ebene mit den Koordinatenachsen ermitteln. Diese Schnittpunkte heißen **Spurpunkte.**
Für $x_2 = x_3 = 0$ ergibt sich der Spurpunkt $\mathbf{S_1(x_1\,|\,0\,|\,0)}$;
für $x_1 = x_3 = 0$ ergibt sich der Spurpunkt $\mathbf{S_2(0\,|\,x_2\,|\,0)}$;
für $x_1 = x_2 = 0$ ergibt sich der Spurpunkt $\mathbf{S_3(0\,|\,0\,|\,x_3)}$.

Verbindet man zwei Spurpunkte, erhält man die Schnittgeraden der Ebene mit den Koordinatenebenen. Diese Schnittgeraden nennt man **Spurgeraden.**

Mithilfe der Spurpunkte bzw. Spurgeraden kann man einen **Ausschnitt** der Ebene zeichnen.

Gegeben ist die Ebene E mit der Koordinatengleichung
$4x_1 + 6x_2 + 3x_3 = 12$.
Schnittpunkt S_1 mit der x_1-Achse:
$x_2 = x_3 = 0$; $x_1 = 3$; $S_1(3\,|\,0\,|\,0)$;
Schnittpunkt S_2 mit der x_2-Achse:
$x_1 = x_3 = 0$; $x_2 = 2$; $S_2(0\,|\,2\,|\,0)$;
Schnittpunkt S_3 mit der x_3-Achse:
$x_1 = x_2 = 0$; $x_3 = 4$; $S_3(0\,|\,0\,|\,4)$.
Fig. 1 zeigt einen Ausschnitt von E.

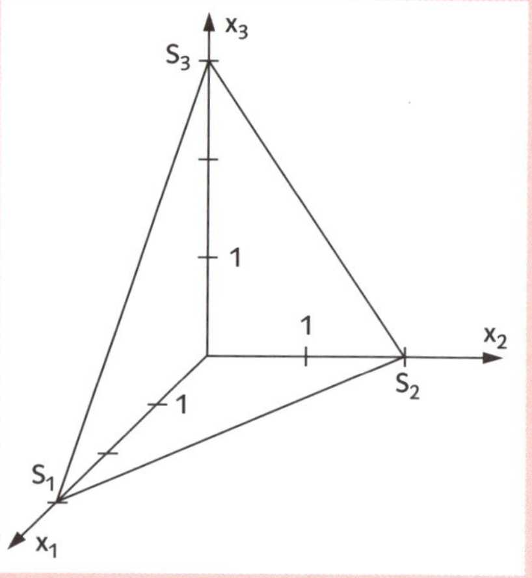

Fig. 1

Aufgabe 1 | Lösung S. 152

Bestimmen Sie die Spurpunkte der Ebene E und zeichnen Sie einen Ausschnitt von E.

a) E: $8x_1 + 12x_2 + 9x_3 - 24 = 0$

b) E: $x_1 - x_2 + x_3 - 3 = 0$

c) E: $\vec{x} = \begin{pmatrix} 2 \\ 1{,}5 \\ 0 \end{pmatrix} + r \cdot \begin{pmatrix} 4 \\ -6 \\ 5 \end{pmatrix} + s \cdot \begin{pmatrix} -4 \\ 3 \\ 0 \end{pmatrix}$

d) E: $\vec{x} = \begin{pmatrix} 0 \\ 3 \\ -2 \end{pmatrix} + r \cdot \begin{pmatrix} -2 \\ -3 \\ 0 \end{pmatrix} + s \cdot \begin{pmatrix} -1 \\ 0 \\ 1 \end{pmatrix}$

Aufgabe 2

Gegeben ist die Ebene E: $6x_1 + 4x_2 + 3x_3 = 24$.
Bestimmen Sie Gleichungen der drei Spurgeraden.

Aufgabe 3

Fig. 2 und Fig. 3 zeigen Ausschnitte von Ebenen. Ermitteln Sie jeweils eine Koordinatengleichung der Ebene.

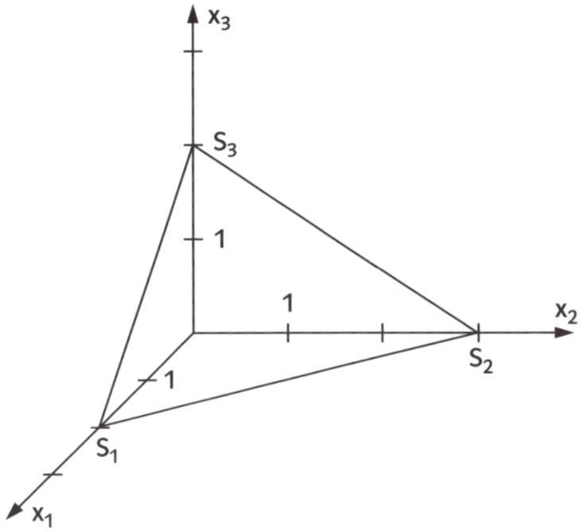

Fig. 2

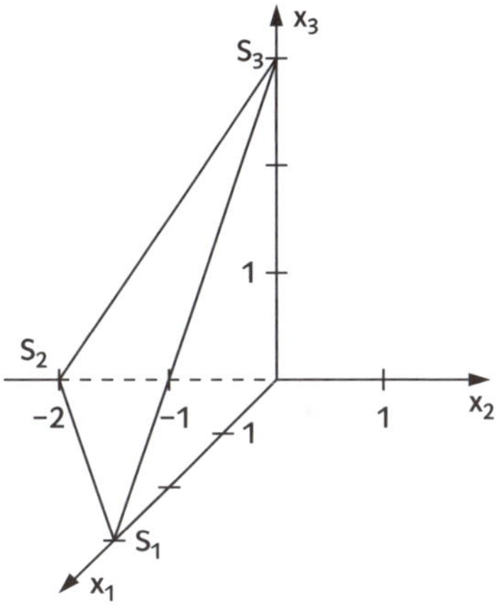

Fig. 3

Aufgabe 4

Gegeben ist die Ebene E mit der Gleichung $\vec{x} = \begin{pmatrix} 2 \\ 1 \\ 1 \end{pmatrix} + r \cdot \begin{pmatrix} 6 \\ -1 \\ -1 \end{pmatrix} + s \cdot \begin{pmatrix} -2 \\ 3 \\ -1 \end{pmatrix}$, $r, s \in \mathbb{R}$.

a) Bestimmen Sie die Spurpunkte der Ebene E.

b) Ermitteln Sie Gleichungen der drei Spurgeraden.

c) Die Ebene E bildet zusammen mit den Koordinatenebenen eine Pyramide mit einer dreieckigen Grundfläche. Ermitteln Sie das Volumen dieser Pyramide.

Das müssen Sie wissen:

Spurpunkte und Spurgeraden; zeichnerische Darstellung einer Ebene

Die Schnittpunkte einer Ebene mit den Koordinatenachsen nennt man **Spurpunkte.** Aus der Koordinatenform erhält man mit der Bedingung $\mathbf{x_2 = x_3 = 0}$ den Spurpunkt $\mathbf{S_1(x_1\,|\,0\,|\,0)}$ mit der x_1-Achse. Entsprechend ergeben sich die Spurpunkte S_2 und S_3. Eine Gerade durch zwei Spurpunkte nennt man **Spurgerade.**

Verbindet man in einem Koordinatensystem die Spurpunkte geradlinig, erhält man einen **Ausschnitt** einer Ebene. Durch einen solchen Ausschnitt wird die Lage einer Ebene im Raum verdeutlicht.

Besondere Lagen von Geraden und Ebenen

In dieser Lerneinheit üben Sie,
besondere Lagen von Geraden und Ebenen aus den Gleichungen zu erkennen und umgekehrt Gleichungen für Geraden und Ebenen aufzustellen, die im Koordinatensystem eine besondere Lage haben.

Besondere Lagen von **Geraden** ergeben sich, wenn Stützvektor und Richtungsvektor **Nullen** und **Einsen** als Koordinaten haben (Fig. 1 bis Fig. 3).

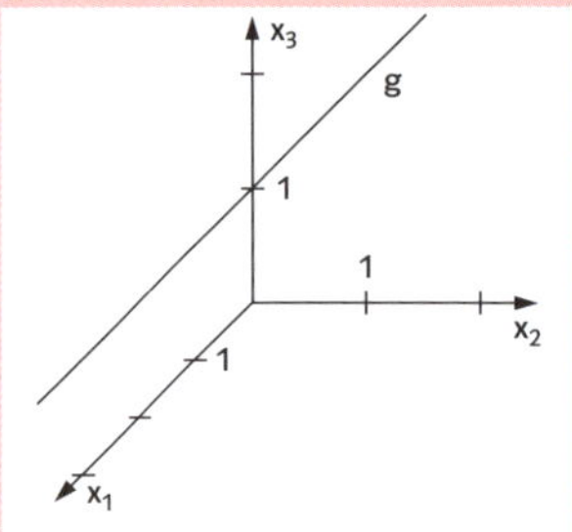

Fig. 1

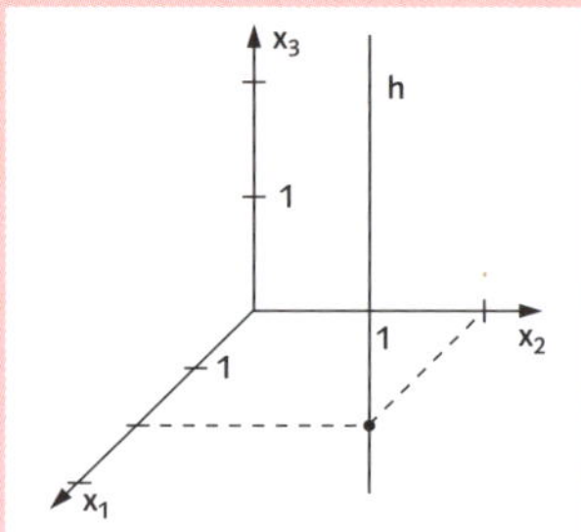

Fig. 2

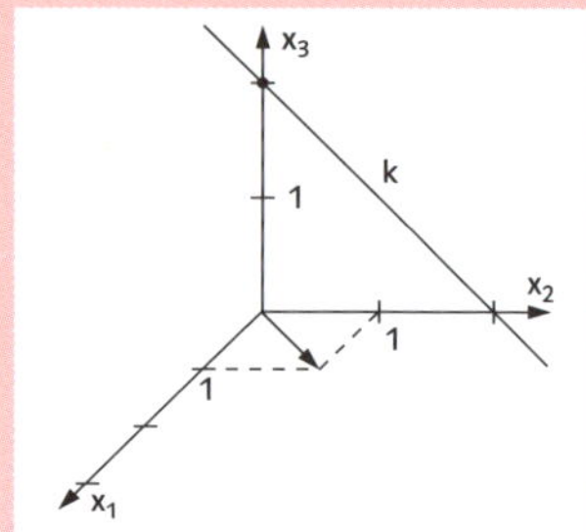

Fig. 3

$g\colon \vec{x} = \begin{pmatrix} 0 \\ 0 \\ 1 \end{pmatrix} + r \cdot \begin{pmatrix} 1 \\ 0 \\ 0 \end{pmatrix}$

g liegt in der x_1x_3-Ebene und ist parallel zur x_1-Achse

$h\colon \vec{x} = \begin{pmatrix} 2 \\ 2 \\ 0 \end{pmatrix} + s \cdot \begin{pmatrix} 0 \\ 0 \\ 1 \end{pmatrix}$

h geht durch P(2 | 2 | 0) und ist parallel zur x_3-Achse

$k\colon \vec{x} = \begin{pmatrix} 0 \\ 0 \\ 2 \end{pmatrix} + t \cdot \begin{pmatrix} 1 \\ 1 \\ 0 \end{pmatrix}$

k geht durch Q(0 | 0 | 2) und ist parallel zu einer Winkelhalbierenden

Die besondere Lage einer **Ebene** erkennt man direkt an der **Koordinatenform** einer Ebenengleichung:
Fehlt ein x_i, so ist die Ebene zu dessen Achse parallel (Fig.4).
Fehlen zwei x_i, so ist die Ebene parallel zu diesen beiden Achsen, d.h. die Ebene ist parallel zu der zugehörigen Koordinatenebene (Fig. 5 und Fig. 6).

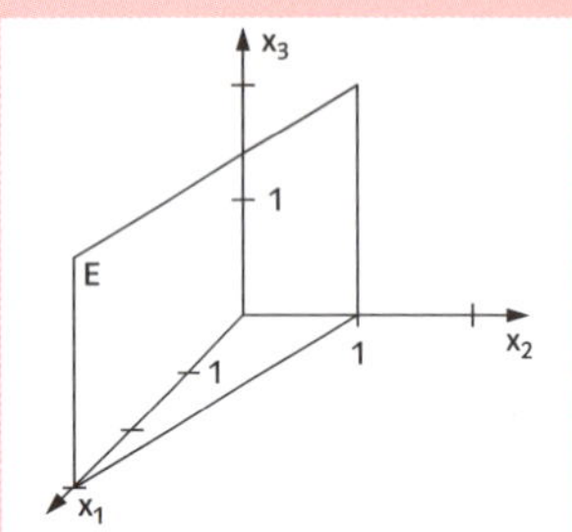

Fig. 4

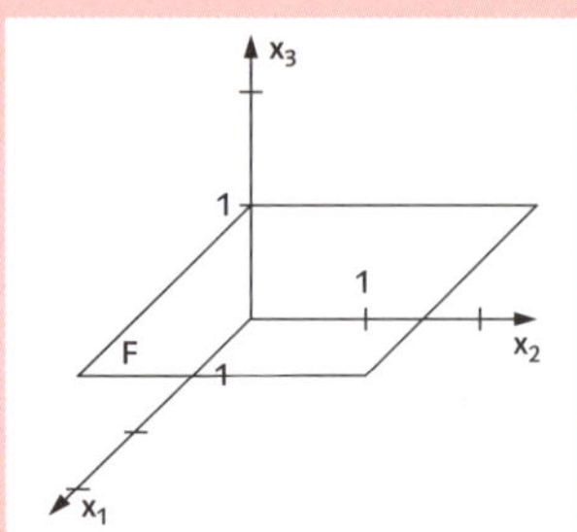

Fig. 5

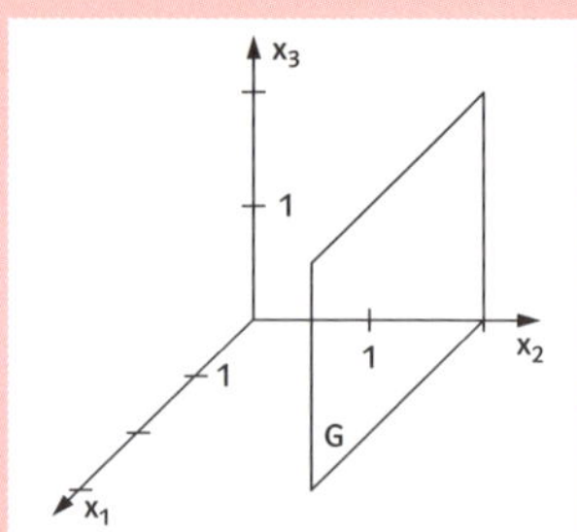

Fig. 6

E: $x_1 + 3x_2 = 3$

F: $x_3 = 1$

G: $x_2 = 2$

Aufgabe 1 | Lösung S. 153

Beschreiben Sie die Lage der Geraden mit der Gleichung

a) $\vec{x} = t \cdot \begin{pmatrix}1\\1\\0\end{pmatrix};\ t \in \mathbb{R}$ b) $\vec{x} = \begin{pmatrix}1\\0\\0\end{pmatrix} + t \cdot \begin{pmatrix}0\\0\\1\end{pmatrix};\ t \in \mathbb{R}$ c) $\vec{x} = \begin{pmatrix}0\\0\\1\end{pmatrix} + t \cdot \begin{pmatrix}1\\1\\0\end{pmatrix};\ t \in \mathbb{R}$

Aufgabe 2

Die Geraden g und h sind Winkelhalbierende der beiden Koordinatenachsen in einem ebenen Koordinatensystem. Geben Sie Gleichungen für g und h an.

Aufgabe 3

Beschreiben Sie die Lage der Ebene E; zeichnen Sie einen Ausschnitt von E.

a) E: $x_1 + x_2 = 1$ b) E: $2x_2 + 3x_3 = 4$ c) E: $x_2 = 4$ d) E: $x_3 = 0$

Aufgabe 4

Ermitteln Sie eine Gleichung in Parameterform und in Koordinatenform für die

a) zur x_3-Achse parallele Ebene in Fig. 7 b) zur x_1-Achse parallele Ebene in Fig. 8.

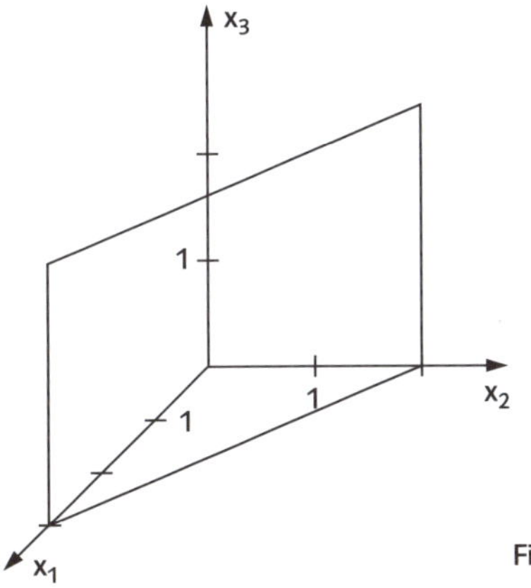

Fig. 7

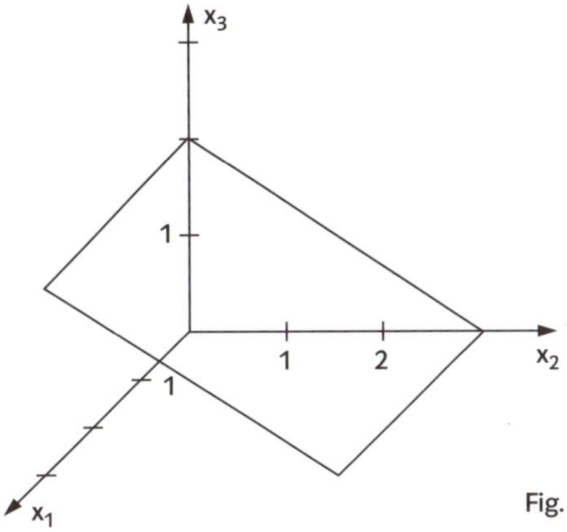

Fig. 8

Das müssen Sie wissen:

Besondere Lagen von Geraden und Ebenen

Besondere Lagen von **Geraden:**
Diese erkennt man am **Richtungsvektor.**

- Ist eine Koordinate null, ist die Gerade parallel zu einer Koordinatenebene.
- Sind zwei Koordinaten null, ist die Gerade parallel zu einer Koordinatenachse.

Besondere Lagen von **Ebenen:**
Diese erkennt man an der **Koordinatengleichung.**

- Fehlt **ein** x_i, ist die Ebene zu dessen **Achse parallel.**
- Fehlen **zwei** x_i, ist die Ebene parallel zu diesen beiden Achsen, d.h. die Ebene ist **parallel zu der zugehörigen Koordinatenebene.**

Hesse $(x-p)n=0$ $xn=pn=b$

Ebenengleichung in Normalenform

Hier geht's zum passenden Lern-Video

In dieser Lerneinheit üben Sie,
wie man eine Gleichung für eine Ebene in Normalenform ermitteln kann.

Ist $\vec{p}$ ein Stützvektor, $\vec{n}$ ein Normalenvektor und $\vec{x}$ der Ortsvektor eines Punktes X in der Ebene E (Fig. 1), sind die Vektoren $\vec{x}-\vec{p}$ und $\vec{n}$ orthogonal. Das Skalarprodukt ist also null. Dies ergibt eine neue Form für eine Ebenengleichung:
$(\vec{x}-\vec{p})\cdot\vec{n}=0.$
(**Normalenform** einer Ebenengleichung)

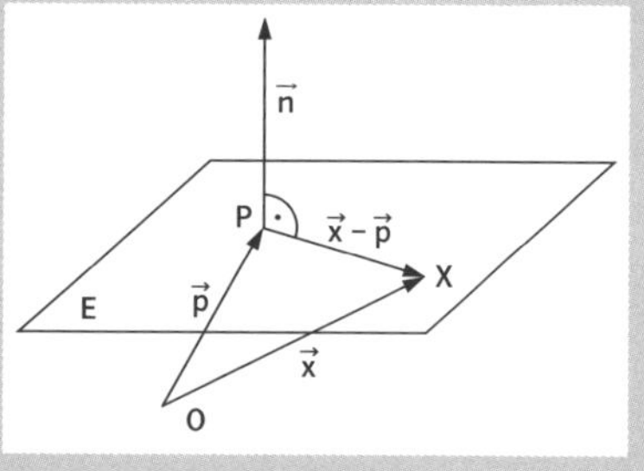

Fig. 1

Wichtige Zusammenhänge mit Normalenvektoren:

1) Sind von einer Ebene drei Punkte gegeben und ist eine Normalenform gesucht, muss ein Normalenvektor ermittelt werden. Dies gelingt mit dem **Vektorprodukt** oder mit dem **Skalarprodukt**. Entsprechendes gilt, wenn eine Parameterform in eine Normalenform umgewandelt werden soll.

2) Ist eine Ebenengleichung in der **Koordinatenform** $a_1x_1 + a_2x_2 + a_3x_3 = b$ gegeben, kann man direkt einen Normalenvektor **ablesen**, denn es gilt:
$$\vec{n} = \begin{pmatrix} a_1 \\ a_2 \\ a_3 \end{pmatrix}.$$

$n \cdot x = b$

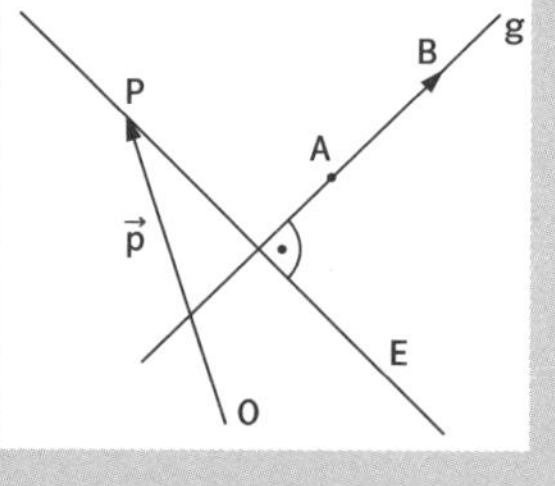

Fig. 2

3) Geht eine Ebene E durch einen Punkt P und ist E orthogonal zu einer Geraden g, ist ein **Richtungsvektor von g ein Normalenvektor von E** (Fig. 2).

Gegeben sind die Punkte A(1|3|7), B(1|0|1) und C(4|2|−4).
Gesucht ist eine Normalengleichung der Ebene E, die durch A, B und C geht.

Mit $\overrightarrow{AB} = \vec{u} = \begin{pmatrix} 0 \\ -3 \\ -6 \end{pmatrix}$ und $\overrightarrow{AC} = \vec{v} = \begin{pmatrix} 3 \\ -1 \\ -11 \end{pmatrix}$

ist $\vec{n} = \vec{u} \times \vec{v} = \begin{pmatrix} -3\cdot(-11)-(-6)\cdot(-1) \\ -6\cdot 3 - 0\cdot(-11) \\ 0\cdot(-1)-(-3)\cdot 3 \end{pmatrix} = \begin{pmatrix} 27 \\ -18 \\ 9 \end{pmatrix}.$

Ist der Ortsvektor von A Stützvektor, ergibt sich als Gleichung in Normalenform:

$$\left[\vec{x} - \begin{pmatrix} 1 \\ 3 \\ 7 \end{pmatrix}\right] \cdot \begin{pmatrix} 27 \\ -18 \\ 9 \end{pmatrix} = 0 \text{ bzw. } \left[\vec{x} - \begin{pmatrix} 1 \\ 3 \\ 7 \end{pmatrix}\right] \cdot \begin{pmatrix} 3 \\ -2 \\ 1 \end{pmatrix} = 0.$$

Aufgabe 1 | Lösung S. 155

Die Ebene E geht durch den Punkt P(2 | 1 | 3) und hat den Normalenvektor $\overrightarrow{AB}$ mit A(−3 | 4 | 9) und B(−1 | 7 | −3). Geben Sie eine Gleichung für E in Normalenform an.

Aufgabe 2

Die Ebene E geht durch P(4 | 3 | −7) und ist orthogonal zu

$$g\colon\ \vec{x} = \begin{pmatrix} 7 \\ 1 \\ 3 \end{pmatrix} + t \cdot \begin{pmatrix} -1 \\ 2 \\ 1 \end{pmatrix};\ t \in \mathbb{R}.$$

Ermitteln Sie eine Gleichung für E in Koordinatenform.

Aufgabe 3

Die Ebene E geht durch die Punkte A(2 | 12 | 2), B(−1 | −6 | 1) und C(3 | 5 | −2). Ermitteln Sie eine Gleichung für E in Normalenform.

Aufgabe 4

Bestimmen Sie eine Gleichung der Ebene E: $\vec{x} = \begin{pmatrix} 1 \\ 0 \\ 3 \end{pmatrix} + r \cdot \begin{pmatrix} 0 \\ 1 \\ 1 \end{pmatrix} + s \cdot \begin{pmatrix} 1 \\ 2 \\ 3 \end{pmatrix};\ r, s \in \mathbb{R}$ in Normalenform und in Koordinatenform.

Aufgabe 5

Der Punkt A(2 | 5 | 3) wird an der Ebene E gespiegelt; man erhält A′(4 | 3 | 7). Ermitteln Sie eine Gleichung für E.

Das müssen Sie wissen:

Ebenengleichung in Normalenform

Die Gleichung einer Ebene E in der Form

$$(\vec{x} - \vec{p}) \cdot \vec{n} = 0 \quad \text{bzw.} \quad \left[\vec{x} - \begin{pmatrix} p_1 \\ p_2 \\ p_3 \end{pmatrix}\right] \cdot \begin{pmatrix} n_1 \\ n_2 \\ n_3 \end{pmatrix} = 0$$

heißt **Normalenform** einer Ebenengleichung. Der Vektor $\vec{n}$ ist ein Normalenvektor.

Ein **Normalenvektor** einer Ebene E

a) kann mit dem **Vektorprodukt** bzw. dem **Skalarprodukt** ermittelt werden
b) kann aus einer **Koordinatengleichung abgelesen** werden
c) ist **gleich dem Richtungsvektor** einer Geraden g, wenn E **orthogonal** zu g ist.

Ebenengleichung in HESSE-Form

In dieser Lerneinheit üben Sie,
wie man eine Gleichung für eine Ebene in der HESSE-Form ermitteln kann.

Da es unendlich viele Normalenvektoren gibt, ist eine Normalenform einer Ebenengleichung nicht eindeutig. Erst wenn man die Normalenvektoren **normiert**, d.h. auf die Länge 1 bringt, ist dies der Fall. Eine solche Normalengleichung, bei der $\vec{n}_0$ ein Normaleneinheitsvektor ist, wird **HESSE'sche Normalenform** genannt:

$(\vec{x} - \vec{p}) \cdot \vec{n}_0 = 0.$ (kurz: **HESSE-Form** in Vektordarstellung)

In der Koordinatengleichung $a_1 \cdot x_1 + a_2 \cdot x_2 + a_3 \cdot x_3 = b$ einer Ebene bilden die Koeffizienten a_1, a_2 und a_3 die Koordinaten eines Normalenvektors $\vec{n}$. Dividiert man die Koordinatengleichung durch den Betrag von $\vec{n}$, erhält man:

$\frac{a_1 \cdot x_1 + a_2 \cdot x_2 + a_3 \cdot x_3 - b}{\sqrt{a_1^2 + a_2^2 + a_3^2}} = 0.$ (kurz: **HESSE-Form** in Koordinatendarstellung)

Diese Form einer Ebenengleichung ist besonders wichtig bei der Ermittlung des Abstandes eines Punktes von einer Ebene.

Die Gleichung $\left[\vec{x} - \begin{pmatrix} 2 \\ -3 \\ 5 \end{pmatrix}\right] \cdot \begin{pmatrix} 4 \\ 3 \\ 12 \end{pmatrix} = 0$ ist eine Normalengleichung einer Ebene E.

Für $\vec{n} = \begin{pmatrix} 4 \\ 3 \\ 12 \end{pmatrix}$ ergibt sich $|\vec{n}| = \sqrt{4^2 + 3^2 + 12^2} = 13$ und damit $\vec{n}_0 = \frac{1}{13} \cdot \begin{pmatrix} 4 \\ 3 \\ 12 \end{pmatrix}$. Also ist

$\left[\vec{x} - \begin{pmatrix} 2 \\ -3 \\ 5 \end{pmatrix}\right] \cdot \frac{1}{13} \cdot \begin{pmatrix} 4 \\ 3 \\ 12 \end{pmatrix} = 0$ bzw. $\frac{1}{13} \cdot \begin{pmatrix} 4 \\ 3 \\ 12 \end{pmatrix} \cdot \left[\vec{x} - \begin{pmatrix} 2 \\ -3 \\ 5 \end{pmatrix}\right] = 0$

eine Gleichung der Ebene E in vektorieller HESSE-Form.
Multipliziert man aus, ergibt sich die HESSE-Form in Koordinatendarstellung:

$\frac{4x_1 + 3x_2 + 12x_3 - 59}{13} = 0.$

Aufgabe 1 | Lösung S. 155

Bestimmen Sie für den Vektor $\vec{n}$ den Einheitsvektor $\vec{n}_0$.

a) $\vec{n} = \begin{pmatrix} -4 \\ 3 \\ 0 \end{pmatrix}$ b) $\vec{n} = \begin{pmatrix} 1 \\ 1 \\ 1 \end{pmatrix}$ c) $\vec{n} = \begin{pmatrix} 2 \\ 1 \\ 2 \end{pmatrix}$ d) $\vec{n} = \begin{pmatrix} 3 \\ -4 \\ 5 \end{pmatrix}$

Aufgabe 2

Gegeben ist die Gleichung einer Ebene E in Koordinatenform.
Ermitteln Sie die Gleichung für E in HESSE-Form.

a) $2x_1 + 3x_2 - x_1 = 5$ b) $3x_1 - 4x_2 + 7x_3 = 1$ c) $x_1 + 7x_3 = 4$

Aufgabe 3

Die Ebene E geht durch die Punkte A(1|1|9), B(2|3|11) und C(−1|−2|8).
Ermitteln Sie für E

a) eine Gleichung in Normalenform

b) die HESSE-Form in Vektor- und in Koordinatendarstellung.

Aufgabe 4

Die Gerade g und der Punkt A liegen in der Ebene E. Ermitteln Sie die HESSE-Form der Ebenengleichung in Vektor- und in Koordinatendarstellung.

a) g: $\vec{x} = \begin{pmatrix} -2 \\ 1 \\ 4 \end{pmatrix} + t \cdot \begin{pmatrix} 3 \\ 1 \\ 5 \end{pmatrix}$; $t \in \mathbb{R}$, A(1|4|2) b) g: $\vec{x} = \begin{pmatrix} 8 \\ 3 \\ -2 \end{pmatrix} + t \cdot \begin{pmatrix} 2 \\ -6 \\ 1 \end{pmatrix}$; $t \in \mathbb{R}$, A(10|5|1)

Aufgabe 5

Für die Ebene E ist eine Gleichung in Parameterform gegeben.
Ermitteln Sie die HESSE-Form für E in Koordinatendarstellung.

a) $\vec{x} = \begin{pmatrix} 1 \\ 9 \\ -2 \end{pmatrix} + r \cdot \begin{pmatrix} 2 \\ -3 \\ 1 \end{pmatrix} + s \cdot \begin{pmatrix} 1 \\ 0 \\ 2 \end{pmatrix}$; $r, s \in \mathbb{R}$ b) $\vec{x} = \begin{pmatrix} -2 \\ 0 \\ 3 \end{pmatrix} + r \cdot \begin{pmatrix} 1 \\ -1 \\ 1 \end{pmatrix} + s \cdot \begin{pmatrix} 4 \\ 1 \\ 2 \end{pmatrix}$; $r, s \in \mathbb{R}$

Das müssen Sie wissen:

HESSE-Form in Vektordarstellung	HESSE-Form in Koordinatendarstellung
Die Gleichung einer Ebene in der Form $(\vec{x} - \vec{p}) \cdot \vec{n}_0 = 0.$ heißt **HESSE-Form** in Vektordarstellung.	Die Gleichung einer Ebene in der Form $\frac{a_1 \cdot x_1 + a_2 \cdot x_2 + a_3 \cdot x_3 - b}{\sqrt{a_1^2 + a_2^2 + a_3^2}} = 0.$ heißt **HESSE-Form** in Koordinatendarstellung.

Gegenseitige Lage einer Geraden und einer Ebene

In dieser Lerneinheit üben Sie,
wie man eine Gerade und eine Ebene auf ihre gegenseitige Lage untersucht.

Für die Lage einer Geraden g und einer Ebene E sind **drei** Fälle möglich:
1) **g und E schneiden sich,**
2) **g und E sind parallel,**
3) **g liegt in E.**

Die Untersuchung, welcher Fall vorliegt, hängt davon ab, in welcher Form die Gleichung der Ebene vorliegt.
a) Bei einer **Koordinatengleichung** für E kann man x_1, x_2 und x_3 aus der Gleichung für g in die Gleichung für E einsetzen und erhält eine **Gleichung für den Parameter** der Geradengleichung.
b) Ist die Ebenengleichung in **Parameterform** gegeben, erhält man durch Gleichsetzen ein **LGS für die Parameter.**

Die verschiedenen Lagen von g und E ergeben sich, je nachdem, ob die Gleichung oder das LGS
1) **genau eine** Lösung
2) **keine** Lösung
3) **unendlich viele** Lösungen hat.

Sonderfall:
Die Gerade g schneidet die Ebene E orthogonal, wenn ein Normalenvektor von E ein Vielfaches eines Richtungsvektors von g ist.

a) Sind die Gerade g: $\vec{x} = \begin{pmatrix} -1 \\ 2 \\ 13 \end{pmatrix} + t \cdot \begin{pmatrix} 5 \\ -3 \\ -17 \end{pmatrix}$ und die Ebene E: $11x_1 + 7x_2 + 2x_3 = 2$ gegeben, erhält man die Gleichung $11(-1+5t) + 7(2-3t) + 2(13-17t) = 2$ bzw. $0 \cdot t = -27$. Da die Gleichung keine Lösung hat, sind g und E parallel.

b) Sind die Gerade h: $\vec{x} = \begin{pmatrix} 1 \\ 0 \\ 1 \end{pmatrix} + t \cdot \begin{pmatrix} -3 \\ 1 \\ -4 \end{pmatrix}$ und die Ebene F: $\vec{x} = \begin{pmatrix} 1 \\ 1 \\ -2 \end{pmatrix} + r \cdot \begin{pmatrix} -3 \\ -5 \\ 1 \end{pmatrix} + s \cdot \begin{pmatrix} 2 \\ 2 \\ -1 \end{pmatrix}$ gegeben, erhält man aus der Gleichung

$$\begin{pmatrix} 1 \\ 0 \\ 1 \end{pmatrix} + t \cdot \begin{pmatrix} -3 \\ 1 \\ -4 \end{pmatrix} = \begin{pmatrix} 1 \\ 1 \\ -2 \end{pmatrix} + r \cdot \begin{pmatrix} -3 \\ -5 \\ 1 \end{pmatrix} + s \cdot \begin{pmatrix} 2 \\ 2 \\ -1 \end{pmatrix} \text{ das LGS } \left\{ \begin{aligned} -3t + 3r - 2s &= 0 \\ t + 5r - 2s &= 1 \\ -4t - r + s &= -3 \end{aligned} \right.$$

mit der Lösung $r = -\frac{1}{2}$; $s = -\frac{3}{2}$; $t = \frac{1}{2}$. Also schneiden sich die Gerade h und die Ebene F.

Setzt man $t = \frac{1}{2}$ in die Gleichung für h ein, erhält man den Schnittpunkt $S(-0{,}5 \mid 0{,}5 \mid -1)$.

Aufgabe 1 | Lösung S. 158

Untersuchen Sie die Lage der Geraden g: $\vec{x} = \begin{pmatrix} 1 \\ -1 \\ 2 \end{pmatrix} + t \cdot \begin{pmatrix} 3 \\ 2 \\ -4 \end{pmatrix}$; $t \in \mathbb{R}$ zu der Ebene E.

Bestimmen Sie den Schnittpunkt, falls g und E sich schneiden.

a) E: $2x_1 - 3x_2 + 4x_3 = -3$ b) E: $2x_1 - 3x_2 = 5$ c) E: $2x_1 + x_2 + 2x_3 = 7$

Aufgabe 2

Bestimmen Sie die gegenseitige Lage der Geraden g und der Ebene E.
Ermitteln Sie gegebenenfalls die Koordinaten des Schnittpunktes S.

g: $\vec{x} = \begin{pmatrix} -1 \\ 0 \\ 5 \end{pmatrix} + t \cdot \begin{pmatrix} 2 \\ -2 \\ 0 \end{pmatrix}$; $t \in \mathbb{R}$, E: $\vec{x} = \begin{pmatrix} -2 \\ 1 \\ 3 \end{pmatrix} + r \cdot \begin{pmatrix} 1 \\ -3 \\ -1 \end{pmatrix} + s \cdot \begin{pmatrix} 2 \\ 0 \\ 5 \end{pmatrix}$; $r, s \in \mathbb{R}$

Aufgabe 3

Untersuchen Sie, ob die Gerade g: $\vec{x} = \begin{pmatrix} 2 \\ 1 \\ 3 \end{pmatrix} + t \cdot \begin{pmatrix} 1 \\ -2 \\ -3 \end{pmatrix}$; $t \in \mathbb{R}$ zu der Ebene E orthogonal ist. Falls dies der Fall ist, berechnen Sie die Koordinaten des Schnittpunktes S.

a) E: $x_1 - 2x_2 + 3x_3 = 1$ b) E: $2x_1 - 4x_2 - 6x_3 = -4$ c) E: $-x_1 + 2x_2 + 4x_3 = 2$

Aufgabe 4

Eine Gerade g durch den Punkt $P(2|-1|4)$ ist orthogonal zur Ebene E.
Bestimmen Sie eine Gleichung für g.

a) E: $3x_1 + 2x_2 - x_3 = 6$ b) E: $x_1 + x_2 - 6x_3 = 8$ c) E: $x_2 - 4x_3 + 1 = 0$

Das müssen Sie wissen:

Untersuchung der gegenseitigen Lage einer Geraden g und einer Ebene E

Drei Fälle sind möglich: Sie **schneiden** sich, sie sind **parallel** oder g **liegt in** E.

Ist E in **Koordinatenform** gegeben, kann man die Koordinaten x_1, x_2 und x_3 von g in die Gleichung für E einsetzen; man erhält eine **Gleichung** für den Parameter von g. Ist E in **Parameterform** gegeben, erhält man aus der Schnittbedingung ein **LGS.**

Aus den möglichen Lösungen für die Gleichung bzw. für das LGS kann man schließen, welcher der drei Fälle vorliegt.

Gegenseitige Lage zweier Ebenen

In dieser Lerneinheit üben Sie,
wie man die gegenseitige Lage zweier Ebenen untersucht.

Für die Lage zweier Ebenen sind **drei** Fälle möglich:
1) Sie **schneiden sich (Schnittgerade)**, 2) sie sind **parallel**, 3) sie sind **identisch**.

Die Untersuchung, welcher Fall vorliegt, hängt davon ab, in welcher Form die Gleichungen der Ebenen vorliegen.

a) Sind beide in **Koordinatenform** gegeben, fasst man diese als ein **LGS** mit 2 Gleichungen und 3 Variablen auf.
b) Ist eine Gleichung in **Koordinaten-** und eine in **Parameterform** gegeben, setzt man x_1, x_2 und x_3 aus der Parametergleichung in die Koordinatengleichung ein und erhält **eine Gleichung** mit den beiden Parametern aus der Parameterform.
c) Sind **beide** Gleichungen in **Parameterform** gegeben, erhält man durch Gleichsetzen ein **LGS** mit 3 Gleichungen und 4 Variablen.

Existiert eine Schnittgerade, enthält die zugehörige Gleichung einen Parameter.
Im Fall a) führt man eine **Setzung** durch, z.B. $x_1 = t$.
Im Fall b) ermittelt man **einen Parameter in Abhängigkeit vom anderen.**
Im Fall c) ermittelt man den Zusammenhang zwischen den Parametern **einer der beiden** Parametergleichungen.

Sonderfall:
Die Ebenen sind orthogonal, wenn das Skalarprodukt von Normalenvektoren null ist.

a) Sind die Ebene E_1: $2x_1 - 5x_2 + 3x_3 = 4$ und die Ebene E_2: $5x_1 - 2x_2 + x_3 = 7$ gegeben, erhält man das LGS $\left\{\begin{array}{l} 2x_1 - 5x_2 + 3x_3 = 4 \\ 5x_1 - 2x_2 + x_3 = 7 \end{array}\right.$ bzw. $\left\{\begin{array}{l} 2x_1 - 5x_2 + 3x_3 = 4 \\ 13x_1 - x_2 = 17 \end{array}\right.$.
Setzt man $x_1 = t$, ergibt sich $x_2 = -17 + 13t$, $x_3 = -27 + 21t$ und damit als Gleichung für die

Schnittgerade: $\left\{\begin{array}{l} x_1 = t \\ x_2 = -17 + 13t \\ x_3 = -27 + 21t \end{array}\right.$ bzw. $\vec{x} = \begin{pmatrix} 0 \\ -17 \\ -27 \end{pmatrix} + t \cdot \begin{pmatrix} 1 \\ 13 \\ 21 \end{pmatrix}$; $t \in \mathbb{R}$.

b) Sind E_1: $\vec{x} = \begin{pmatrix} 1 \\ 0 \\ 2 \end{pmatrix} + r \cdot \begin{pmatrix} 1 \\ 2 \\ 3 \end{pmatrix} + s \cdot \begin{pmatrix} 2 \\ 1 \\ 0 \end{pmatrix}$ und E_2: $2x_1 - x_2 + 4x_3 = 13$ gegeben, erhält man aus der Gleichung $2(1+r+2s) - (2r+s) + 4(2+3r) = 13$ den Zusammenhang $s = 1 - 4r$ und damit als Gleichung für die Schnittgerade:

$$\vec{x} = \begin{pmatrix} 1 \\ 0 \\ 2 \end{pmatrix} + r \cdot \begin{pmatrix} 1 \\ 2 \\ 3 \end{pmatrix} + (1-4r) \cdot \begin{pmatrix} 2 \\ 1 \\ 0 \end{pmatrix} = \begin{pmatrix} 3 \\ 1 \\ 2 \end{pmatrix} + r \cdot \begin{pmatrix} -7 \\ 6 \\ 3 \end{pmatrix};\ r \in \mathbb{R}.$$

Aufgabe 1 | Lösung S. 159

Untersuchen Sie die gegenseitige Lage der Ebenen E_1 und E_2.
Ermitteln Sie gegebenenfalls eine Gleichung der Schnittgeraden.

a) E_1: $4x_1 + x_2 = 2$; E_2: $8x_1 + 2x_2 = 4$

b) E_1: $x_1 - 2x_2 - x_3 = 1$; E_2: $4x_1 - 8x_2 - 4x_3 = 2$

c) E_1: $2x_1 + 3x_2 + x_3 = 2$; E_2: $-2x_1 - 3x_2 + x_3 = 6$

d) E_1: $\vec{x} = \begin{pmatrix} 1 \\ 0 \\ 1 \end{pmatrix} + r \cdot \begin{pmatrix} 0 \\ 1 \\ 2 \end{pmatrix} + s \cdot \begin{pmatrix} 2 \\ 0 \\ 3 \end{pmatrix}$; E_2: $\vec{x} = \begin{pmatrix} 3 \\ 8 \\ 0 \end{pmatrix} + t \cdot \begin{pmatrix} 1 \\ 0 \\ -1 \end{pmatrix} + u \cdot \begin{pmatrix} -1 \\ 2 \\ 0 \end{pmatrix}$

e) E_1: $3x_1 - x_2 + x_3 = 9$; E_2: $\vec{x} = \begin{pmatrix} 0 \\ 1 \\ 0 \end{pmatrix} + r \cdot \begin{pmatrix} 2 \\ 2 \\ 1 \end{pmatrix} + s \cdot \begin{pmatrix} 3 \\ 4 \\ -5 \end{pmatrix}$

Aufgabe 2

Zeigen Sie, dass die Ebenen E_1: $x_1 + 2x_2 - 2x_3 = 4$ und E_2: $2x_1 + 2x_2 + 3x_3 = 1$ orthogonal sind und geben Sie eine Gleichung der Schnittgeraden an.

Aufgabe 3

Gegeben ist die Ebene E: $x_2 + 2x_3 = 4$.
Ermitteln Sie eine Gleichung der Schnittgeraden von E und der

a) x_1x_2-Ebene b) x_1x_3-Ebene c) x_2x_3-Ebene.

Das müssen Sie wissen:

Untersuchung der gegenseitigen Lage zweier Ebenen

Drei Fälle sind möglich:
Sie **schneiden** sich, sie sind **parallel** oder sie sind **identisch**.

Existiert eine **Schnittgerade**, verläuft die Rechnung unterschiedlich, je nachdem in welcher Form die Ebenengleichungen gegeben sind. Die Schnittgerade enthält nur **einen** Parameter.

a) E_1: $a_1 \cdot x_1 + a_2 \cdot x_2 + a_3 \cdot x_3 = c_1$; E_2: $b_1 \cdot x_1 + b_2 \cdot x_2 + b_3 \cdot x_3 = c_2$
LGS mit Setzung, z.B. $x_1 = t$

b) E_1: $a_1 \cdot x_1 + a_2 \cdot x_2 + a_3 \cdot x_3 = c_1$; E_2: $\vec{x} = \vec{p} + r \cdot \vec{u} + s \cdot \vec{v}$
Einsetzen der x_i in die Gleichung für E_1 liefert Zusammenhang zwischen r und s.

c) E_1: $\vec{x} = \vec{p} + r \cdot \vec{u}_1 + s \cdot \vec{v}_1$; E_2: $\vec{x} = \vec{q} + t \cdot \vec{u}_2 + w \cdot \vec{v}_2$
Gleichsetzen liefert LGS; Zusammenhang zwischen r und s **oder** t und w ermitteln.

Gegenseitige Lage von Geraden und Ebenen mit dem GTR

In dieser Lerneinheit üben Sie,
wie man die gegenseitige Lage von Geraden und Ebenen mit dem GTR untersucht.

Sind alle Gleichungen in **Parameterform** gegeben, kann man die rechten Seiten gleichsetzen. Vor Eingabe der Matrix in den GTR ist die Gleichung aber noch so **umzuformen, dass die Summanden mit den Parametern auf einer Seite stehen.**

a) **Gegenseitige Lage zweier Geraden:**

Sind g: $\vec{x} = \begin{pmatrix} 5 \\ -1 \\ 2 \end{pmatrix} + r \cdot \begin{pmatrix} 1 \\ 2 \\ 1 \end{pmatrix}$ und h: $\vec{x} = \begin{pmatrix} 1 \\ 9 \\ 4 \end{pmatrix} + s \cdot \begin{pmatrix} 5 \\ 1 \\ 2 \end{pmatrix}$ gegeben, erhält man

$r \cdot \begin{pmatrix} 1 \\ 2 \\ 1 \end{pmatrix} + s \cdot \begin{pmatrix} -5 \\ -1 \\ -2 \end{pmatrix} = \begin{pmatrix} -4 \\ 10 \\ 2 \end{pmatrix}$ mit der Matrix $A = \begin{pmatrix} 1 & -5 & -4 \\ 2 & -1 & 10 \\ 1 & -2 & 2 \end{pmatrix}$. Diese Matrix gibt man in den GTR ein und ermittelt mit dem Befehl *rref* die reduzierte Stufenform. Das LGS ist eindeutig lösbar mit $r = 6$ und $s = 2$. Also schneiden sich die Geraden in $S(11\,|\,11\,|\,8)$.

b) **Gegenseitige Lage einer Geraden und einer Ebene:**

Sind g: $\vec{x} = \begin{pmatrix} 2 \\ 0 \\ 8 \end{pmatrix} + r \cdot \begin{pmatrix} 1 \\ 7 \\ 9 \end{pmatrix}$ und E: $\vec{x} = \begin{pmatrix} 4 \\ 5 \\ 5 \end{pmatrix} + s \cdot \begin{pmatrix} 1 \\ 4 \\ 5 \end{pmatrix} + t \cdot \begin{pmatrix} 1 \\ 1 \\ 1 \end{pmatrix}$ gegeben, erhält man

$r \cdot \begin{pmatrix} 1 \\ 7 \\ 9 \end{pmatrix} + s \cdot \begin{pmatrix} -1 \\ -4 \\ -5 \end{pmatrix} + t \cdot \begin{pmatrix} -1 \\ -1 \\ -1 \end{pmatrix} = \begin{pmatrix} 2 \\ 5 \\ -3 \end{pmatrix}$ mit der Matrix $B = \begin{pmatrix} 1 & -1 & -1 & 2 \\ 7 & -4 & -1 & 5 \\ 9 & -5 & -1 & -3 \end{pmatrix}$. Die reduzierte Stufenform liefert $0 \cdot r + 0 \cdot s + 0 \cdot t = 1$. Das LGS hat keine Lösung; g und E sind parallel.

c) **Gegenseitige Lage zweier Ebenen:**

Sind E_1: $\vec{x} = \begin{pmatrix} 1 \\ 0 \\ 2 \end{pmatrix} + r \cdot \begin{pmatrix} 1 \\ 2 \\ 3 \end{pmatrix} + s \cdot \begin{pmatrix} 2 \\ 1 \\ 0 \end{pmatrix}$ und E_2: $\vec{x} = \begin{pmatrix} -1 \\ 1 \\ 1 \end{pmatrix} + u \cdot \begin{pmatrix} 0 \\ 1 \\ -1 \end{pmatrix} + v \cdot \begin{pmatrix} -2 \\ 2 \\ 3 \end{pmatrix}$ gegeben,

erhält man $r \cdot \begin{pmatrix} 1 \\ 2 \\ 3 \end{pmatrix} + s \cdot \begin{pmatrix} 2 \\ 1 \\ 0 \end{pmatrix} + u \cdot \begin{pmatrix} 0 \\ -1 \\ 1 \end{pmatrix} + v \cdot \begin{pmatrix} 2 \\ -2 \\ -3 \end{pmatrix} = \begin{pmatrix} -2 \\ 1 \\ -1 \end{pmatrix}$ mit der Matrix

$C = \begin{pmatrix} 1 & 2 & 0 & 2 & -2 \\ 2 & 1 & -1 & -2 & 1 \\ 3 & 0 & 1 & -3 & -1 \end{pmatrix}$.

Die reduzierte Stufenform liefert $u + v = -\frac{5}{3}$ und damit die Schnittgerade:

$\vec{x} = \begin{pmatrix} -1 \\ 1 \\ 1 \end{pmatrix} + u \cdot \begin{pmatrix} 0 \\ 1 \\ -1 \end{pmatrix} + \left(-\frac{5}{3} - u\right) \cdot \begin{pmatrix} -2 \\ 2 \\ 3 \end{pmatrix} = \frac{1}{3} \cdot \begin{pmatrix} 7 \\ -7 \\ -12 \end{pmatrix} + u \cdot \begin{pmatrix} 2 \\ -1 \\ -4 \end{pmatrix}$.

Aufgabe 1 | Lösung S. 159

Bestimmen Sie die gegenseitige Lage

a) der Geraden g: $\vec{x} = \begin{pmatrix} -2 \\ 3 \\ 7 \end{pmatrix} + r \cdot \begin{pmatrix} 1 \\ -5 \\ 3 \end{pmatrix}$; $r \in \mathbb{R}$ und h: $\vec{x} = \begin{pmatrix} 1 \\ 0 \\ 2 \end{pmatrix} + s \cdot \begin{pmatrix} 4 \\ 3 \\ 7 \end{pmatrix}$; $s \in \mathbb{R}$

b) der Geraden g: $\vec{x} = \begin{pmatrix} 5 \\ 4 \\ 3 \end{pmatrix} + r \cdot \begin{pmatrix} 9 \\ 7 \\ 8 \end{pmatrix}$ und der Ebene E: $\vec{x} = \begin{pmatrix} 1 \\ 1 \\ 0 \end{pmatrix} + s \cdot \begin{pmatrix} 3 \\ 1 \\ 2 \end{pmatrix} + t \cdot \begin{pmatrix} -4 \\ 1 \\ -5 \end{pmatrix}$

c) der Ebenen E_1: $\vec{x} = \begin{pmatrix} 0 \\ 3 \\ 1 \end{pmatrix} + r \cdot \begin{pmatrix} 1 \\ 4 \\ 5 \end{pmatrix} + s \cdot \begin{pmatrix} 3 \\ 2 \\ 0 \end{pmatrix}$ und E_2: $\vec{x} = \begin{pmatrix} 1 \\ -5 \\ 2 \end{pmatrix} + t \cdot \begin{pmatrix} 2 \\ 0 \\ 7 \end{pmatrix} + u \cdot \begin{pmatrix} 1 \\ 4 \\ 1 \end{pmatrix}$

Aufgabe 2

Gegeben ist die Ebene E: $\vec{x} = \begin{pmatrix} 1 \\ -2 \\ 5 \end{pmatrix} + r \cdot \begin{pmatrix} 2 \\ 3 \\ 1 \end{pmatrix} + s \cdot \begin{pmatrix} 1 \\ 1 \\ 0 \end{pmatrix}$.

Geben Sie eine Gerade g an, die

a) E schneidet

b) parallel zu E ist und nicht in E liegt

c) in E liegt.

Das müssen Sie wissen:

Untersuchung der gegenseitigen Lage von Geraden und Ebenen mit dem GTR

Sind **alle Gleichungen in Parameterform** gegeben, kann man die rechten Seiten gleich setzen. Die entstandene Gleichung wird so umgeformt, dass alle **Parameter auf einer Seite** stehen, wobei auf die **Reihenfolge** zu achten ist.

Bei der Untersuchung
- **zweier Geraden** erhält man eine (3 × 3)-Matrix,
- einer **Geraden** und einer **Ebene** eine (3 × 4)-Matrix,
- **zweier Ebenen** eine (3 × 5)-Matrix,

die mit dem Befehl *rref* auf die reduzierte Stufenform gebracht werden.
Aus der jeweils vorliegenden Form lässt sich ablesen, welcher Fall vorliegt.

Winkelberechnungen bei Geraden und Ebenen

In dieser Lerneinheit üben Sie,
wie man Winkel zwischen zwei Geraden, einer Gerade und einer Ebene sowie zwischen zwei Ebenen berechnet.

Den Winkel α zwischen zwei **Vektoren** ermittelt man mithilfe der Formel

$$\cos(\alpha) = \frac{\vec{a} \cdot \vec{b}}{|\vec{a}| \cdot |\vec{b}|} = \frac{a_1 \cdot b_1 + a_2 \cdot b_2 + a_3 \cdot b_3}{\sqrt{a_1^2 + a_2^2 + a_3^2} \cdot \sqrt{b_1^2 + b_2^2 + b_3^2}}.$$

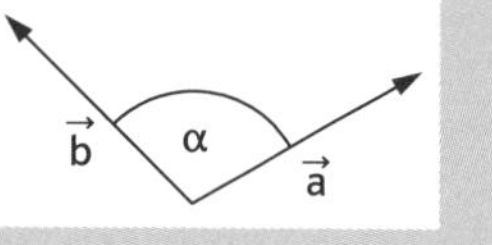

Fig. 1

Dabei gilt: $0° \leqq \alpha \leqq 180°$ (Fig. 1).

Winkelberechnungen bei Geraden und Ebenen werden auf diesen Fall zurückgeführt. Dabei ist zu beachten, dass man unter **Schnittwinkel** zweier Geraden den Winkel versteht, der kleiner oder gleich 90° ist (Fig. 2 bis Fig. 4). Daher die Beträge im Zähler der Formeln.

Gerade – Gerade

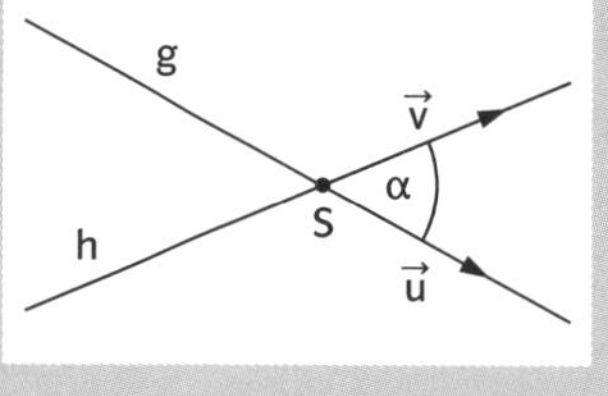

Fig. 2

$$\cos(\alpha) = \frac{|\vec{u} \cdot \vec{v}|}{|\vec{u}| \cdot |\vec{v}|}$$

Gerade – Ebene

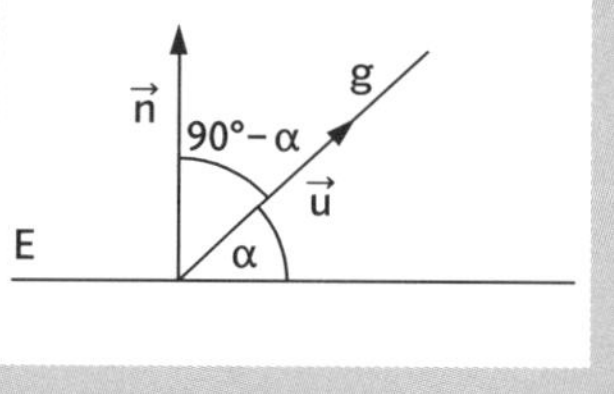

Fig. 3

$$\cos(90° - \alpha) = \sin(\alpha) = \frac{|\vec{u} \cdot \vec{n}|}{|\vec{u}| \cdot |\vec{n}|}$$

Ebene – Ebene

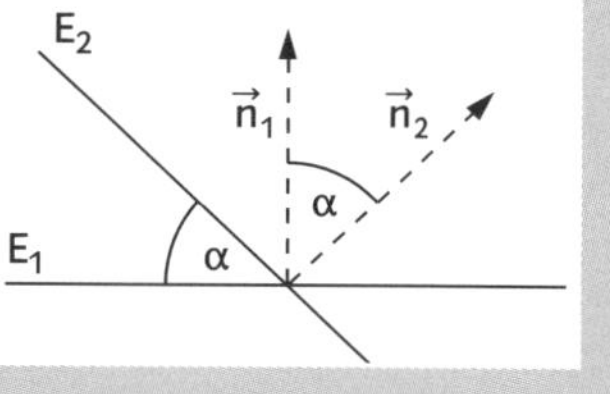

Fig. 4

$$\cos(\alpha) = \frac{|\vec{n}_1 \cdot \vec{n}_2|}{|\vec{n}_1| \cdot |\vec{n}_2|}$$

a) **Schnittwinkel einer Geraden mit einer Ebene**

$g\colon \vec{x} = \begin{pmatrix} -2 \\ 3 \\ 5 \end{pmatrix} + r \cdot \begin{pmatrix} 3 \\ -2 \\ 9 \end{pmatrix};\ r \in \mathbb{R}$ $\qquad$ $E\colon 3x_1 - 2x_2 + x_3 = 4$

$$\sin(\alpha) = \frac{|3 \cdot 3 + (-2) \cdot (-2) + 9 \cdot 1|}{\sqrt{9 + 4 + 81} \cdot \sqrt{9 + 4 + 1}} = \frac{22}{\sqrt{94} \cdot \sqrt{14}} \approx 0{,}6064; \quad \alpha \approx 37{,}3°$$

b) **Schnittwinkel zweier Ebenen**

$E_1\colon 2x_1 - 4x_2 + 5x_3 = 6$ $\qquad$ $E_2\colon x_1 + x_2 - 3x_3 = 2$

$$\cos(\alpha) = \frac{|2 \cdot 1 + (-4) \cdot 1 + 5 \cdot (-3)|}{\sqrt{4 + 16 + 25} \cdot \sqrt{1 + 1 + 9}} = \frac{17}{\sqrt{45} \cdot \sqrt{11}} \approx 0{,}7641; \quad \alpha \approx 40{,}2°$$

Aufgabe 1 | Lösung S. 160

Berechnen Sie die Innenwinkel des Dreiecks ABC.

a) A(1|7|5), B(−2|−4|8), C(4|9|3)

b) A(3|0|1), B(3|4|−3), C(−1|2|−1)

Aufgabe 2

Berechnen Sie den Schnittwinkel der Geraden g durch die Punkte A und B mit der x_1x_2-Ebene.

a) A(2|1|3), B(−1|7|9)

b) A(1|−4|1), B(−3|4|8)

Aufgabe 3

Berechnen Sie den Schnittwinkel zwischen den Ebenen E_1 und E_2.

a) E_1: $x_1 - 3x_2 - 2x_3 + 8 = 0$; E_2: $2x_1 + x_2 + 3x_3 - 12 = 0$

b) E_1: $x_1 + x_2 - 5x_3 = 6$; E_2: $x_1 + 7x_2 + 11x_3 = 3$

Aufgabe 4

Die Pyramide in Fig. 5 hat die Höhe 4.
Berechnen Sie den Winkel zwischen

a) den Kanten AS und BS,

b) der Kante AS und der Grundfläche,

c) der Seitenfläche OAS und der Grundfläche,

d) zwei Seitenflächen.

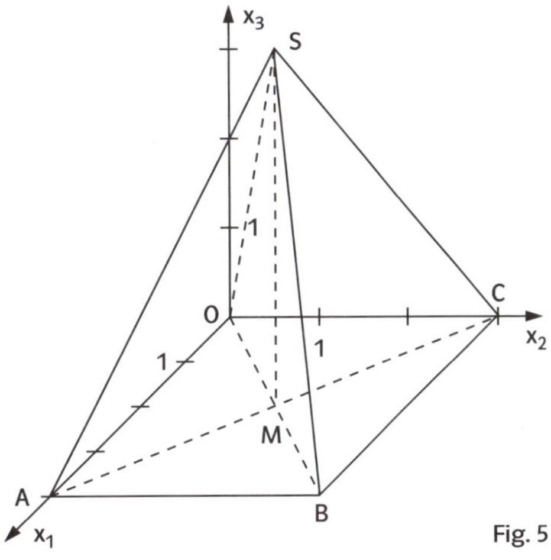

Fig. 5

Das müssen Sie wissen:

Gerade – Gerade	Gerade – Ebene	Ebene – Ebene
Richtungsvektoren $\vec{u}$ und $\vec{v}$ $\cos(\alpha) = \frac{\lvert\vec{u}\cdot\vec{v}\rvert}{\lvert\vec{u}\rvert\cdot\lvert\vec{v}\rvert}$	Richtungsvektor $\vec{u}$ Normalenvektor $\vec{n}$ $\sin(\alpha) = \frac{\lvert\vec{u}\cdot\vec{n}\rvert}{\lvert\vec{u}\rvert\cdot\lvert\vec{n}\rvert}$	Normalenvektoren $\vec{n}_1$ und $\vec{n}_2$ $\cos(\alpha) = \frac{\lvert\vec{n}_1\cdot\vec{n}_2\rvert}{\lvert\vec{n}_1\rvert\cdot\lvert\vec{n}_2\rvert}$

Abstand eines Punktes von einer Ebene

Hier geht's zum passenden Lern-Video

In dieser Lerneinheit üben Sie,
wie man den Abstand eines Punktes von einer Ebene berechnen kann.

Der **Abstand** d eines **Punktes** R von einer **Ebene** E ist gleich der Länge des Lotes von R auf E (Fig. 1).
Einen solchen Abstand kann man berechnen
1) mit der **HESSE-Form** einer Ebenengleichung
2) mit einer **Hilfsgeraden.**

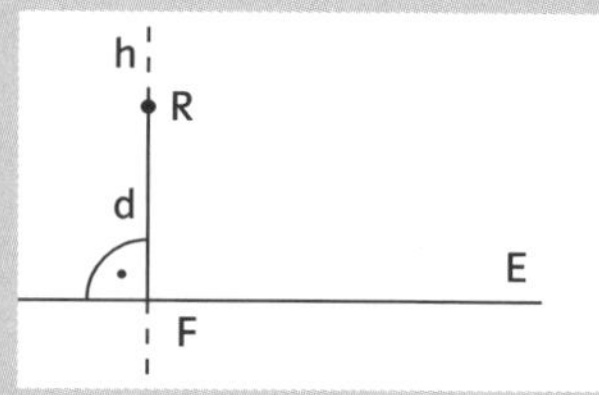

Fig. 1

1) Abstandsberechnung mit der HESSE-Form
Für den Abstand d eines Punktes $R(r_1 | r_2 | r_3)$ von der Ebene

$$E\colon \vec{n}_0 \cdot (\vec{x} - \vec{p}) = 0 \qquad \text{bzw.} \qquad E\colon \frac{a_1 \cdot x_1 + a_2 \cdot x_2 + a_3 \cdot x_3 - b}{\sqrt{a_1^2 + a_2^2 + a_3^2}} = 0$$

gilt:
$$d = \left|\vec{n}_0 \cdot (\vec{r} - \vec{p})\right| \qquad \text{bzw.} \qquad d = \left|\frac{a_1 \cdot r_1 + a_2 \cdot r_2 + a_3 \cdot r_3 - b}{\sqrt{a_1^2 + a_2^2 + a_3^2}}\right|.$$

2) Abstandsberechnung mit einer Hilfsgeraden
1. Schritt: Aufstellen einer Gleichung der Geraden h durch R und orthogonal zu E
2. Schritt: Berechnung des Schnittpunktes F von h und E
3. Schritt: Berechnung von $d = |\overrightarrow{RF}|$

Gegeben sind der Punkt $R(10 | -6 | -3)$ und die Ebene $E\colon 2x_1 + 6x_2 + 3x_3 = 24$.
Gesucht ist der Abstand d des Punktes R von E.

1) HESSE-Form:
HESSE-Form von E: $\frac{2x_1 + 6x_2 + 3x_3 - 24}{\sqrt{2^2 + 6^2 + 3^2}} = 0;$

damit: $d = \left|\frac{2 \cdot 10 + 6 \cdot (-6) + 3 \cdot (-3) - 24}{\sqrt{2^2 + 6^2 + 3^2}}\right| = \left|\frac{20 - 36 - 9 - 24}{\sqrt{49}}\right| = \frac{49}{7} = 7$

2) Hilfsgerade:
1. Schritt: Ein Normalenvektor von E ist $\vec{n} = \begin{pmatrix} 2 \\ 6 \\ 3 \end{pmatrix}$. Also gilt für h: $\vec{x} = \begin{pmatrix} 10 \\ -6 \\ -3 \end{pmatrix} + t \cdot \begin{pmatrix} 2 \\ 6 \\ 3 \end{pmatrix}$.

2. Schritt: Der Gleichung für h entnimmt man:
$x_1 = 10 + 2t;\ x_2 = -6 + 6t;\ x_3 = -3 + 3t.$
Einsetzen in die Gleichung für E ergibt: $2(10 + 2t) + 6(-6 + 6t) + 3(-3 + 3t) = 24$
bzw. $t = 1$. Damit ist $F(12 | 0 | 0)$ der Lotfußpunkt.

3. Schritt: Mit $\overrightarrow{RF} = \begin{pmatrix} 2 \\ 6 \\ 3 \end{pmatrix}$ ergibt sich $d = |\overrightarrow{RF}| = \sqrt{2^2 + 6^2 + 3^2} = \sqrt{49} = 7.$

Beachten Sie: Die Rechnungen mit der Hilfsgeraden h sind umfangreicher, aber man erhält auch die Koordinaten des Lotfußpunktes.

Aufgabe 1 | Lösung S. 160

Gegeben sind der Punkt R und die Ebene E.
Berechnen Sie den Abstand des Punktes R von der Ebene E mit der HESSE-Form.

a) $R(2|1|-3)$; E: $x_1 - 2x_2 + x_3 = 4$ b) $R(6|3|12)$; E: $x_1 + 2x_2 + 2x_3 = 6$

Aufgabe 2

Gegeben sind der Punkt R und die Ebene E.
Berechnen Sie den Abstand des Punktes R von der Ebene E mit einer Hilfsgeraden.

a) $R(1|1|0)$; E: $x_1 + 2x_2 - x_3 = 9$ b) $R(2|-1|3)$; E: $3x_1 - 4x_2 + 5x_3 = 50$

Aufgabe 3

Bei dem Würfel in Fig. 2 liegt der Punkt B in der Mitte der Kante.
Die Ebene E geht durch die Punkte A, B und C.
Vom Punkt D wird das Lot auf die Ebene E gefällt.
Berechnen Sie die Koordinaten des Fußpunktes dieses Lotes und die Länge des Lotes.

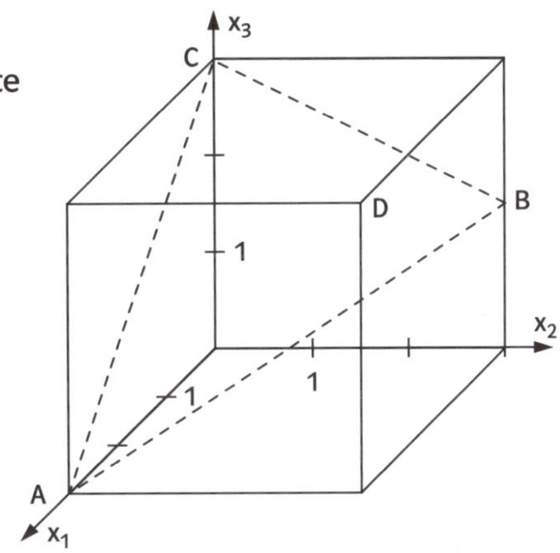

Fig. 2

Aufgabe 4

Gegeben sind die Punkte $A(2|3|1)$, $B(0|3|2)$, $C(2|0|2)$ und $D(1|3|5)$. Berechnen Sie die Höhe für die dreiseitige Pyramide mit der Grundfläche ABC und der Spitze D.

Das müssen Sie wissen:

Abstand d des Punktes R von der Ebene E

1. Möglichkeit: HESSE-Form
1. Schritt: HESSE-Form der Gleichung für E aufstellen
2. Schritt: Der Abstand d ergibt sich als Betrag der linken Seite der HESSE-Form, wenn man für die x_i die Koordinaten von R einsetzt.

2. Möglichkeit: Hilfsgerade
1. Schritt: Aufstellen einer Gleichung der Geraden h durch R und orthogonal zu E
2. Schritt: Berechnung des Schnittpunktes F von h und E
3. Schritt: Berechnung von $d = |\overrightarrow{RF}|$

Diese 2. Berechnungsart liefert auch die Koordinaten des Lotfußpunktes.

Abstand eines Punktes von einer Geraden

In dieser Lerneinheit üben Sie,
wie man den Abstand eines Punktes von einer Geraden berechnen kann.

Der **Abstand** d eines **Punktes** P von einer **Geraden** g ist gleich der Länge des Lotes von P auf g; d.h. für d gilt: $d = |\overrightarrow{PF}|$, wobei F der Lotfußpunkt ist (Fig. 1).

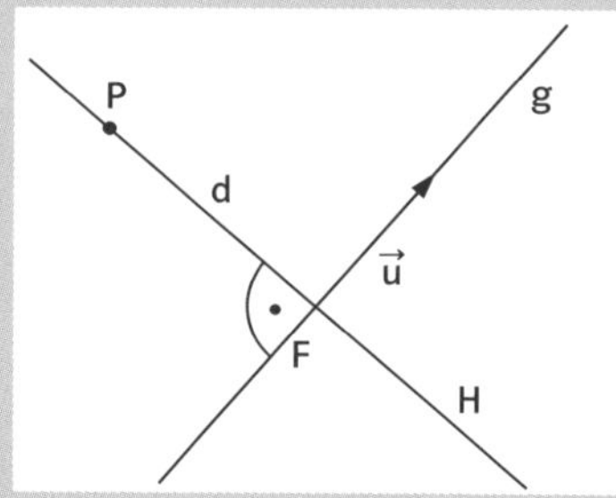

Fig. 1

Diesen kann man ermitteln
1) mit einer **Hilfsebene** H
2) mit der **Methode eines „laufenden" Punktes.**

1) **Abstandsberechnung mit einer Hilfsebene**
Den Punkt F kann man bestimmen, indem man die Gerade g mit einer Hilfsebene H schneidet, die durch P geht und orthogonal zu g ist. Der Abstand ist dann $d = |\overrightarrow{PF}|$.

2) **Abstandsberechnung nach der Methode eines „laufenden" Punktes**
F kann man bestimmen, in dem man zunächst die Koordinaten von F in Abhängigkeit des Parameters von g notiert (F „läuft" auf g) und dann ausnutzt, dass der Vektor $\overrightarrow{PF}$ orthogonal zum Richtungsvektor $\vec{u}$ von g ist. Der Abstand ist dann wieder $d = |\overrightarrow{PF}|$.

Gesucht ist der Abstand des Punktes $P(6|-6|9)$ von der Geraden g: $\vec{x} = \begin{pmatrix}4\\5\\6\end{pmatrix} + t \cdot \begin{pmatrix}-2\\1\\1\end{pmatrix}$.

1) Hilfsebene
1. Schritt: Ein Richtungsvektor von g ist ein Normalenvektor von H.
H: $\left[\vec{x} - \begin{pmatrix}6\\-6\\9\end{pmatrix}\right] \cdot \begin{pmatrix}-2\\1\\1\end{pmatrix} = 0$ bzw. $2x_1 - x_2 - x_3 - 9 = 0$
2. Schritt: Mit $x_1 = 4 - 2t;\ x_2 = 5 + t;\ x_3 = 6 + t$ ergibt sich:
$2(4-2t) - (5+t) - (6+t) - 9 = 0$ bzw. $t = -2$. Damit ist $F(8|3|4)$ der Lotfußpunkt.
3. Schritt: $d = |\overrightarrow{PF}| = \sqrt{2^2 + 9^2 + (-5)^2} = \sqrt{110}$

2) Methode eines „laufenden" Punktes
Es gilt: $F(4-2t|5+t|6+t)$. Aus $\begin{pmatrix}-2\\1\\1\end{pmatrix} \cdot \overrightarrow{PF} = 0$ folgt $\begin{pmatrix}-2\\1\\1\end{pmatrix} \cdot \begin{pmatrix}-2-2t\\11+t\\-3+t\end{pmatrix} = 0$ und dann $t = -2$.

Aufgabe 1 | Lösung S. 161

Berechnen Sie den Abstand des Punktes P von der Geraden g mit einer Hilfsebene.

a) $P(-2|-1|1)$; g: $\vec{x} = \begin{pmatrix}1\\1\\0\end{pmatrix} + t \cdot \begin{pmatrix}1\\-1\\1\end{pmatrix}$; $t \in \mathbb{R}$ b) $P(1|2|-3)$; g: $\vec{x} = \begin{pmatrix}2\\3\\2\end{pmatrix} + t \cdot \begin{pmatrix}2\\1\\-1\end{pmatrix}$; $t \in \mathbb{R}$

Aufgabe 2

Berechnen Sie den Abstand des Punktes P von der Geraden g mit der Methode eines „laufenden“ Punktes.

a) $P(4|2|5)$; g: $\vec{x} = \begin{pmatrix}1\\2\\3\end{pmatrix} + t \cdot \begin{pmatrix}-1\\1\\0\end{pmatrix}$; $t \in \mathbb{R}$ b) $P(0|0|1)$; g: $\vec{x} = \begin{pmatrix}5\\-1\\0\end{pmatrix} + t \cdot \begin{pmatrix}4\\1\\1\end{pmatrix}$; $t \in \mathbb{R}$

Aufgabe 3

Gegeben sind die Punkte $A(2|3|19)$ und $B(4|9|11)$ sowie die Gerade

g: $\vec{x} = \begin{pmatrix}2\\-1\\3\end{pmatrix} + t \cdot \begin{pmatrix}1\\5\\4\end{pmatrix}$; $t \in \mathbb{R}$.

Zeigen Sie, dass B auf g liegt.
Berechnen Sie den Abstand d der Punkte A und B.
Begründen Sie, dass d der Abstand des Punktes A von g ist.

Das müssen Sie wissen:

Abstand d eines Punktes P von einer Geraden g

Der Abstand d eines Punktes P von einer Geraden g mit dem Richtungsvektor $\vec{u}$ ist gleich dem Betrag des Vektors $\overrightarrow{PF}$, wobei F der Fußpunkt des Lotes von P auf g ist. Diesen **Lotfußpunkt** F kann man verschieden bestimmen.

1. Möglichkeit: **Hilfsebene**
Ist H die Ebene durch P, die orthogonal zu g ist, ergibt sich F als Schnittpunkt von g und H.

2. Möglichkeit: **Methode eines „laufenden“ Punktes**
F liegt auf g; also müssen die Koordinaten von F die Gleichung für g mit dem Parameter t erfüllen. Mit dem Skalarprodukt $\vec{u} \cdot \overrightarrow{PF} = 0$ kann man dann t berechnen.

„Umgekehrte“ Abstandsaufgaben

In dieser Lerneinheit üben Sie,
wie man so genannte „umgekehrte“ Abstandsaufgaben lösen kann.

Bei einer **„umgekehrten“ Abstandsaufgabe** wird kein Abstand berechnet, sondern ein Abstand ist **vorgegeben**. Gegeben sind z. B. eine Gerade g und ein Punkt P auf g. Gesucht sind Punkte auf g, die von P den Abstand d haben (Fig. 1).

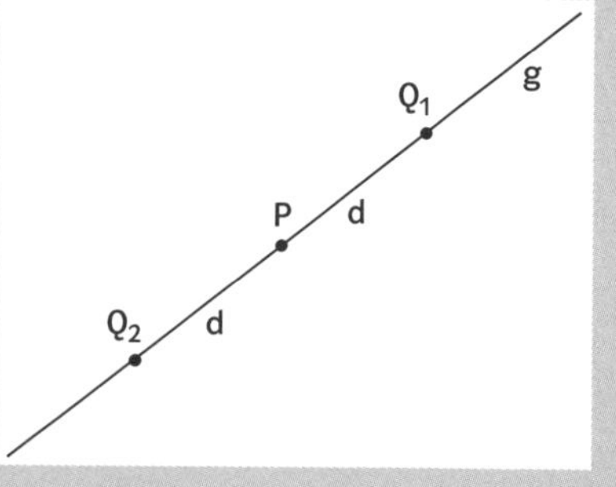

Fig. 1

Solche Abstandsaufgaben kann man bearbeiten
1) mit der **Methode eines „laufenden“ Punktes**
2) mithilfe von **Einheitsvektoren.**

Gegeben sind die Gerade g: $\vec{x} = \begin{pmatrix} 4 \\ 2 \\ 3 \end{pmatrix} + t \cdot \begin{pmatrix} 3 \\ 0 \\ 4 \end{pmatrix}$ und der Punkt $P(1|2|-1)$ auf g.
Gesucht sind Punkte auf g, die von P den Abstand $d = 10$ haben.

1) Methode eines „laufenden“ Punktes
Für Punkte Q auf g gilt: $Q(4+3t|2|3+4t)$. Damit ergibt sich der Vektor
$\overrightarrow{PQ} = \begin{pmatrix} 3+3t \\ 0 \\ 4+4t \end{pmatrix}$ mit dem Betrag $|\overrightarrow{PQ}| = \sqrt{(3+3t)^2 + (4+4t)^2} = \sqrt{25(1+t)^2} = 5 \cdot |1+t|$.
Die Bedingung $5 \cdot |1+t| = 10$ liefert $5 \cdot (1+t_1) = 10$ oder $5 \cdot (1+t_2) = -10$ und damit $t_1 = 1$; $t_2 = -3$. Also sind $Q_1(7|2|7)$ und $Q_2(-5|2|-9)$ die gesuchten Punkte.

2) Einheitsvektoren
Mit $\vec{u} = \begin{pmatrix} 3 \\ 0 \\ 4 \end{pmatrix}$, $\vec{u}_0 = \frac{1}{5} \cdot \begin{pmatrix} 3 \\ 0 \\ 4 \end{pmatrix}$ erhält man (Fig. 2):

$$\overrightarrow{OQ_1} = \overrightarrow{OP} + 10 \cdot \vec{u}_0 = \begin{pmatrix} 1 \\ 2 \\ -1 \end{pmatrix} + 10 \cdot \frac{1}{5} \cdot \begin{pmatrix} 3 \\ 0 \\ 4 \end{pmatrix} = \begin{pmatrix} 7 \\ 2 \\ 7 \end{pmatrix},$$

$$\overrightarrow{OQ_2} = \overrightarrow{OP} - 10 \cdot \vec{u}_0 = \begin{pmatrix} 1 \\ 2 \\ -1 \end{pmatrix} - 10 \cdot \frac{1}{5} \cdot \begin{pmatrix} 3 \\ 0 \\ 4 \end{pmatrix} = \begin{pmatrix} -5 \\ 2 \\ -9 \end{pmatrix}.$$

Damit gilt $Q_1(7|2|7)$ und $Q_2(-5|2|-9)$.

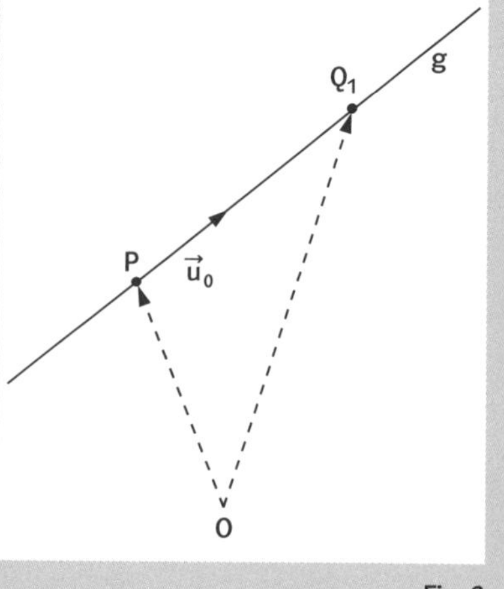

Fig. 2

Aufgabe 1 | Lösung S. 162

Gegeben sind die Gerade g: $\vec{x} = \begin{pmatrix} 2 \\ 3 \\ -1 \end{pmatrix} + t \cdot \begin{pmatrix} 6 \\ 2 \\ 3 \end{pmatrix}$ und der Punkt P(14 | 7 | 5) auf g (Fig. 1).

Gesucht sind Punkte Q_1 und Q_2 auf g, die von P den Abstand $d = 14$ haben.

Aufgabe 2

Gegeben sind die Gerade g: $\vec{x} = \begin{pmatrix} 7 \\ 6 \\ 5 \end{pmatrix} + t \cdot \begin{pmatrix} -1 \\ 1 \\ 0 \end{pmatrix}$ und der Punkt P(3 | 2 | 2), der nicht auf g liegt. Gesucht sind Punkte Q_1 und Q_2 auf g, die von P den Abstand $d = 7$ haben.

Aufgabe 3

Im Punkt F(2 | 3 | 2) der Ebene E: $2x_1 - x_2 + 3x_3 = 7$ ist eine Senkrechte errichtet. Gesucht sind Punkte Q_1 und Q_2 auf der Senkrechten, die von E den Abstand $d = 7$ haben.

Aufgabe 4

Gegeben sind (Fig. 3) die Gerade

g: $\vec{x} = \begin{pmatrix} 3 \\ 1 \\ -4 \end{pmatrix} + t \cdot \begin{pmatrix} 2 \\ 1 \\ 1 \end{pmatrix}$ und die Ebene

E: $2x_1 + x_2 + 2x_3 = 4$. Gesucht sind Punkte Q_1 und Q_2 auf g, die von der Ebene E den Abstand $d = 4$ haben.

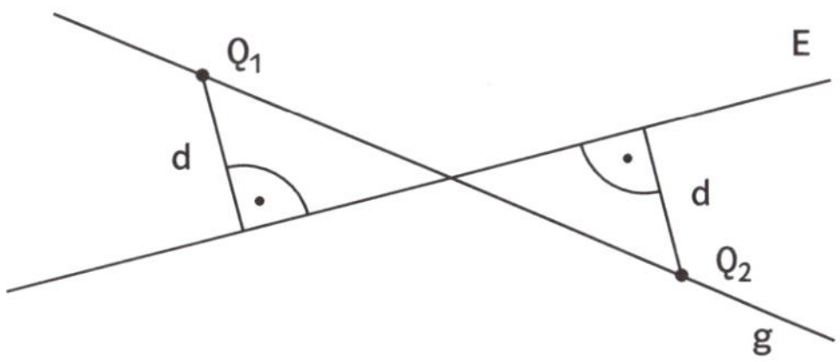

Fig. 3

Das müssen Sie wissen:

„Umgekehrte" Abstandsaufgaben

Bei einer „umgekehrten" Abstandsaufgabe ist eine reelle Zahl gegeben; gesucht sind Punkte, die von einem anderen geometrischen Objekt diese reelle Zahl als Abstand haben. Solche Abstandsaufgaben kann man lösen

1) mithilfe der **Methode eines „laufenden" Punktes,**
2) mithilfe von **Einheitsvektoren.**

Geradenscharen

In dieser Lerneinheit üben Sie,
wie man häufige Aufgabenstellungen bei Geradenscharen lösen kann.

Eine **Geradenschar g_a** kann beschrieben werden z. B. durch eine Gleichung wie
$\vec{x} = \begin{pmatrix} 2 \\ -1 \\ 3 \end{pmatrix} + t \cdot \begin{pmatrix} 1 \\ 4 \\ a \end{pmatrix}$; $t, a \in \mathbb{R}$. Dabei ist a der **Scharparameter** oder kurz **Parameter**.

Häufige **Aufgaben** bei Geradenscharen sind:

1) Alle Geraden
   a) gehen durch einen gemeinsamen **Punkt S**; gesucht sind die Koordinaten von S;
   b) liegen in einer **Ebene E**; gesucht ist eine Gleichung für E.

Zur Lösung solcher Aufgaben gibt es **verschiedene Strategien** (siehe unten).

2) Für **welches a** hat die Gerade aus der Schar eine vorgegebene Eigenschaft.

Zu 1b): Für jedes $a \in \mathbb{R}$ ist eine Gerade g_a: $\vec{x} = \begin{pmatrix} 1 \\ 4 \\ 2 \end{pmatrix} + t \cdot \begin{pmatrix} 1 \\ a \\ a-1 \end{pmatrix}$; $t \in \mathbb{R}$ gegeben.

Alle Geraden g_a liegen in einer Ebene E. Gesucht ist eine Koordinatengleichung für E.

1. Lösungsstrategie:
Man ermittelt eine Ebenengleichung für **zwei spezielle Geraden** und weist nach, dass **alle** Geraden in dieser Ebene liegen.
Alle Geraden haben einen gemeinsamen Punkt. Mit den Richtungsvektoren für $a = 1$ und $a = 2$ ergibt sich $\vec{x} = \begin{pmatrix} 1 \\ 4 \\ 2 \end{pmatrix} + r \cdot \begin{pmatrix} 1 \\ 1 \\ 0 \end{pmatrix} + s \cdot \begin{pmatrix} 1 \\ 2 \\ 1 \end{pmatrix}$ bzw. in Koordinatenform
$x_1 - x_2 + x_3 = -1$. Die Gleichung $1 + t - (4 + t \cdot a) + 2 + t \cdot (a-1) = -1$ ist für alle $t, a \in \mathbb{R}$ erfüllt.

2. Lösungsstrategie:
Man notiert eine **allgemeine** Ebenengleichung für die Geraden g_{a_1} und g_{a_2} mit $a_1 \neq a_2$ und ermittelt aus dieser eine Koordinatengleichung.
Aus $\vec{x} = \begin{pmatrix} 1 \\ 4 \\ 2 \end{pmatrix} + r \cdot \begin{pmatrix} 1 \\ a_1 \\ a_1-1 \end{pmatrix} + s \cdot \begin{pmatrix} 1 \\ a_2 \\ a_2-1 \end{pmatrix}$; mit $a_1 \neq a_2$ folgt $x_1 - x_2 + x_3 = -1$.

3. Lösungsstrategie:
Aus der gegebenen Gleichung erhält man ein **LGS**; dieses formt man so um, dass in einer Gleichung die **Parameter a und t wegfallen** (vgl. die letzte Zeile im LGS).

Aus $\left\{ \begin{array}{l} x_1 = 1 + t \\ x_2 = 4 + at \\ x_3 = 2 + (a-1)t \end{array} \right.$ folgt $\left\{ \begin{array}{l} x_1 = 1 + t \\ x_2 = 4 + at \\ x_2 - x_3 = 2 + t \end{array} \right.$ und hieraus $\left\{ \begin{array}{r} x_1 = 1 + t \\ x_2 = 4 + at \\ x_1 - x_2 + x_3 = -1 \end{array} \right.$.

Aufgabe 1 | Lösung S. 162

Gegeben sind für jedes $a \in \mathbb{R}$ eine Gerade g_a: $\vec{x} = \begin{pmatrix} 1 \\ -1 \\ a \end{pmatrix} + t \cdot \begin{pmatrix} -1 \\ 3 \\ a-3 \end{pmatrix}$; $t \in \mathbb{R}$.

Alle Geraden gehen durch einen gemeinsamen Punkt. Ermitteln Sie die Koordinaten.

[illegible] $\mathbb{R}$ ist eine Gerade g_a gegeben. Alle Geraden liegen in einer Ebene E.
[illegible] ne Gleichung für E.

[illegible] $\begin{pmatrix} 2 \\ 1 \\ -1 \end{pmatrix}$; $t \in \mathbb{R}$

b) g_a: $\vec{x} = \begin{pmatrix} 1 \\ -1 \\ 2 \end{pmatrix} + t \cdot \begin{pmatrix} 1 \\ a \\ 1-a \end{pmatrix}$; $t \in \mathbb{R}$

[illegible] $a \in \mathbb{R}$ eine Gerade g_a: $\vec{x} = \begin{pmatrix} 1 \\ -1 \\ 2 \end{pmatrix} + t \cdot \begin{pmatrix} 1 \\ a \\ 1-a \end{pmatrix}$; $t \in \mathbb{R}$ und die Ebe[illegible] 5. Zeigen Sie: Für keinen Wert von a sind g_a und E parallel.

Aufgabe 4

Gegeben sind die Ebene E: $2x_1 - x_2 + 3x_3 = 5$ sowie für jedes $a \in \mathbb{R}$ eine Gerade

g_a: $\vec{x} = \begin{pmatrix} 0 \\ 1 \\ 1 \end{pmatrix} + t \cdot \begin{pmatrix} 1 \\ a \\ 2 \end{pmatrix}$; $t \in \mathbb{R}$.

a) Ermitteln Sie die Koordinaten des Schnittpunktes S_a von g_a und der Ebene E in Abhängigkeit von a. Für welchen Wert von a gibt es keine Lösung? Interpretieren Sie dieses Ergebnis geometrisch.

b) Für welchen Wert von a liegt der Schnittpunkt S_a in der x_1x_2-Ebene?

Das müssen Sie wissen:

Häufige Aufgaben bei Geradenscharen

1) **Alle Geraden** einer Schar liegen in einer Ebene E. Ermitteln Sie eine Gleichung für E. Zur Lösung gibt es **unterschiedliche Strategien.**
Bewährt hat sich die Methode, für **zwei spezielle** Geraden eine Gleichung der Ebene zu ermitteln und dann zu zeigen, dass **alle** Geraden in dieser Ebene liegen.

2) Für **gewisse Werte** des Parameters haben die zugehörigen Geraden eine besondere Eigenschaft. Ermitteln Sie diese Werte des Parameters.

Ebenenscharen

In dieser Lerneinheit üben Sie,
wie man häufige Aufgabenstellungen bei Ebenenscharen lösen kann.

Eine **Ebenenschar E_a** kann beschrieben werden z. B. durch eine Gleichung wie
E_a: $2ax_1 - 3x_2 + ax_3 = 6$.

Häufige **Aufgaben** bei Ebenenscharen sind:

1) **Alle Ebenen haben eine gemeinsame Schnittgerade** g; ermitteln Sie eine Gleichung für g.
   Zur Lösung dieser Aufgabe gibt es verschiedene Strategien (siehe unten).
2) Für **welchen Wert des Parameters** hat die zugehörige Ebene aus der Schar eine vorgegebene Eigenschaft?

Zu 1): Für jedes $a \in \mathbb{R}$ ist eine Ebene E_a gegeben. Alle Ebenen E_a haben eine gemeinsame Schnittgerade g. Gesucht ist eine Gleichung für g.

1. Lösungsstrategie:
Man bestimmt zunächst **zwei Punkte P und Q**, die in allen Ebenen liegen und ermittelt dann die Gerade durch P und Q. Von dieser Geraden zeigt man, dass sie in allen Ebenen liegt.

2. Lösungsstrategie:
Man ermittelt die Schnittgerade **zweier spezieller Ebenen** und weist nach, dass diese in allen Ebenen E_a liegt.

3. Lösungsstrategie:
Man notiert **allgemeine Ebenengleichungen** für a_1 und a_2 mit $a_1 \neq a_2$ und ermittelt durch Subtraktion eine vom Parameter unabhängige Gleichung, in der g liegt. Mithilfe dieser Gleichung kann dann eine Gleichung für g ermittelt werden.

Zu 2): Für jedes $a \in \mathbb{R}$ ist eine Ebene E_a: $2ax_1 + 3x_2 - 5x_3 = a$ gegeben. Um den Wert des Parameters a zu bestimmen, für den die Ebene durch den Punkt $P(1|3|7)$ geht, führt man eine Punktprobe durch. Aus $2a \cdot 1 + 3 \cdot 3 - 5 \cdot 7 = a$ folgt $a = 26$.

Aufgabe 1 | Lösung S. 163

Gegeben sind für jedes $a \in \mathbb{R}$ eine Ebene E_a: $x_1 + ax_2 + (2-a)x_3 = a + 2$. Alle Ebenen E_a haben eine gemeinsame Schnittgerade g. Ermitteln Sie eine Gleichung dieser Schnittgeraden mithilfe der drei angegebenen Lösungsstrategien.

Aufgabe 2

Für jedes $a \in \mathbb{R}$ ist eine Ebene E_a: $ax_1 - x_2 + 2ax_3 = 8$ gegeben. Für welche Werte von a hat E_a vom Ursprung den Abstand 2?

Aufgabe 3

Für jedes $a \in \mathbb{R}$ ist eine Ebene E_a: $ax_1 - 2x_2 + x_3 = 0$ gegeben. Alle Ebenen haben eine Gerade g gemeinsam. Ermitteln Sie eine Gleichung für g, indem Sie

a) versuchen, zwei von a unabhängige Punkte zu finden, die für jedes a in E_a liegen,
b) die Schnittgerade zweier spezieller Ebenen ermitteln und dann nachweisen, dass diese in allen Ebenen liegt,
c) beachten, dass ein Richtungsvektor von g für jedes a orthogonal zu einem Normalenvektor von E_a sein muss,
d) die Schnittgerade zweier Ebenen E_{a_1} und E_{a_2} für $a_1 \neq a_2$ ermitteln.

Aufgabe 4

Gegeben sind für jedes $a \in \mathbb{R}$ eine Ebene E_a: $(a-1)x_1 + x_2 + (a+1)x_3 = 2 - a$.

a) Welche der Ebenen geht durch den Ursprung?
b) Welche der Ebenen ist parallel zur x_1-Achse?
c) Zeigen Sie: Keine der Ebenen ist orthogonal zur x_1-Achse.
d) Alle Ebenen E_a haben eine gemeinsame Schnittgerade g.
   Ermitteln Sie eine Gleichung dieser Schnittgeraden.

Das müssen Sie wissen:

Häufige Aufgaben bei Ebenenscharen

1) **Alle Ebenen** einer Schar haben eine gemeinsame Schnittgerade g. Ermitteln Sie eine Gleichung für g.
   Zur Lösung gibt es **unterschiedliche Strategien**.
   Bewährt hat sich die Methode, für **zwei spezielle Ebenen** eine Gleichung der Schnittgeraden zu ermitteln und dann zu zeigen, dass diese Schnittgerade in **allen** Ebenen liegt.

2) Für **gewisse Werte** des Parameters haben die zugehörigen Ebenen eine besondere Eigenschaft. Ermitteln Sie diese Werte des Parameters.

Musterklausur 1:

Pyramiden; Flugbahnen

Aufgabenstellung

Gegeben sind die Punkte A(1 | 1 | 3), B(2 | 4 | − 3) und C(4 | − 4 | 6) sowie die Gerade

g: $\vec{x} = \begin{pmatrix} 1 \\ 1 \\ 3 \end{pmatrix} + s \cdot \begin{pmatrix} 3 \\ 3 \\ 2 \end{pmatrix}$; $s \in \mathbb{R}$.

Die Ebene E geht durch A, B und C.

a) Weisen Sie nach, dass die drei Punkte A, B und C nicht auf einer Geraden liegen.
Ermitteln Sie eine Koordinatengleichung von E.
Die Koordinatenebenen und die Ebene E legen eine Pyramide fest.
Zeichnen Sie ein Schrägbild der Pyramide.
Berechnen Sie das Volumen und die Oberfläche der Pyramide.
Bestimmen Sie den Winkel zwischen der Ebene E und der x_1x_2-Ebene.

b) Zeigen Sie, dass die Gerade g orthogonal zur Ebene E ist.
Zeichnen Sie g in das Schrägbild ein.
D_1 und D_2 liegen auf g und sind Spitzen zweier Pyramiden mit dem Dreieck als gemeinsamer Grundfläche, das durch die Schnittpunkte der Ebene E mit den Koordinatenachsen festgelegt ist.
Berechnen Sie die Koordinaten von D_1 und D_2, wenn das Volumen der Pyramiden jeweils 22 Volumeneinheiten beträgt.

c) Ein Flugzeug F_1 startet in O (0 | 0 | 0) und fliegt geradlinig mit $300\,\frac{km}{h}$ in Richtung $\vec{u} = \begin{pmatrix} 1 \\ 2 \\ 2 \end{pmatrix}$. Beim Start von F_1 befindet sich ein Flugzeug F_2 im Punkt R(− 5 | − 4 | 5) und fliegt geradlinig mit $450\,\frac{km}{h}$ in Richtung $\vec{v} = \begin{pmatrix} 8 \\ 4 \\ 1 \end{pmatrix}$. (Koordinatenangaben in km)
Wie viele Minuten nach dem Start von F_1 kommen sich die Flugzeuge am nächsten?

Ausformulierte Lösung:

a) Nachweis, dass A, B und C nicht auf einer Geraden liegen:

Es ist $\overrightarrow{AB} = \begin{pmatrix} 1 \\ 3 \\ -6 \end{pmatrix}$ und $\overrightarrow{AC} = \begin{pmatrix} 3 \\ -5 \\ 3 \end{pmatrix}$.

Da $\overrightarrow{AC}$ kein Vielfaches von $\overrightarrow{AB}$ ist, liegen **A, B und C nicht auf einer Geraden.**

Koordinatengleichung von E:

Mit $\overrightarrow{OA}$ als Stützvektor und den Vektoren $\overrightarrow{AB}$ und $\overrightarrow{AC}$ als Spannvektoren ergibt sich:

E: $\vec{x} = \begin{pmatrix} 1 \\ 1 \\ 3 \end{pmatrix} + r \cdot \begin{pmatrix} 1 \\ 3 \\ -6 \end{pmatrix} + s \cdot \begin{pmatrix} 3 \\ -5 \\ 3 \end{pmatrix}$; $r, s \in \mathbb{R}$.

Mit $\vec{x} = \begin{pmatrix} x_1 \\ x_2 \\ x_3 \end{pmatrix}$ erhält man das LGS $\begin{cases} x_1 = 1 + r + 3s \\ x_2 = 1 + 3r - 5s \\ x_3 = 3 - 6r + 3s \end{cases}$.

Eliminiert man r und s, ergibt sich eine Koordinatengleichung:

E: $3x_1 + 3x_2 + 2x_3 = 12$.

Schrägbild der Pyramide:

Um ein Schrägbild der Pyramide zeichnen zu können, ermittelt man die Spurpunkte der Ebene E.

Schnittpunkt S_1 mit der x_1-Achse:

$x_2 = x_3 = 0$; $x_1 = 4$; $S_1(4|0|0)$;

Schnittpunkt S_2 mit der x_2-Achse:

$x_1 = x_3 = 0$; $x_2 = 4$; $S_2(0|4|0)$;

Schnittpunkt S_3 mit der x_3-Achse:

$x_1 = x_2 = 0$; $x_3 = 6$; $S_3(0|0|6)$

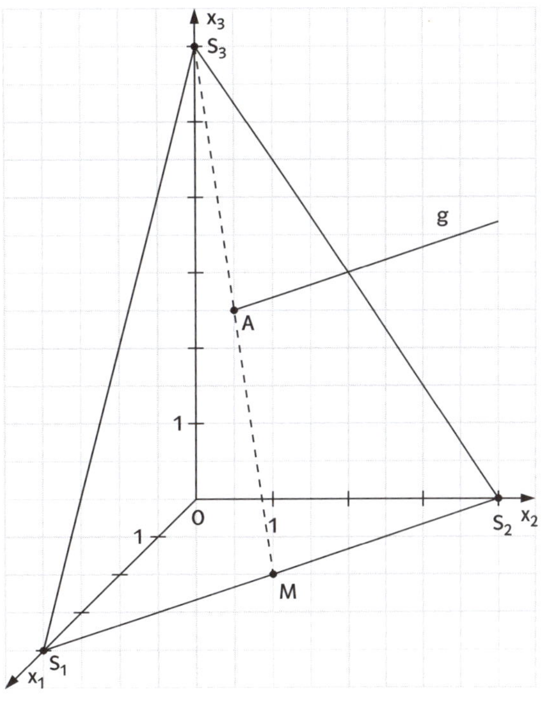

Volumen der Pyramide:

Ist OS_1S_2 die Grundfläche der Pyramide, ergibt sich:

$V_{Pyramide} = \frac{1}{3} \cdot \frac{1}{2} \cdot 4 \cdot 4 \cdot 6 = \mathbf{16}$.

Oberfläche der Pyramide:

Die Oberfläche der Pyramide besteht aus den drei rechtwinkligen Dreiecken OS_1S_2, OS_2S_3 und dem gleichschenkligen Dreieck $S_1S_2S_3$. Der Punkt $M(2|2|0)$ ist die Mitte von S_1S_2. Der Inhalt des Dreiecks $S_1S_2S_3$ ist also:

$A = \frac{1}{2} \cdot |\overrightarrow{S_1S_2}| \cdot |\overrightarrow{MS_3}|$.

Mit $\overrightarrow{S_1S_2} = \begin{pmatrix}-4\\4\\0\end{pmatrix}$; $|\overrightarrow{S_1S_2}| = \sqrt{16+16} = 4\sqrt{2}$ und $\overrightarrow{MS_3} = \begin{pmatrix}-2\\-2\\6\end{pmatrix}$; $|\overrightarrow{MS_3}| = \sqrt{4+4+36} = 2\sqrt{11}$

ergibt sich: $A = \frac{1}{2} \cdot 4\sqrt{2} \cdot 2\sqrt{11} = 4\sqrt{22}$.

Damit ergibt sich für die Oberfläche der Pyramide:

$O_{\text{Pyramide}} = \frac{1}{2} \cdot 4 \cdot 4 + \frac{1}{2} \cdot 4 \cdot 6 + \frac{1}{2} \cdot 4 \cdot 6 + 4\sqrt{22} = 32 + 4\sqrt{22} \approx \mathbf{50{,}8}$.

Winkel zwischen der Ebene E und der x_1x_2-Ebene:

Normalenvektor für E: $\vec{n}_1 = \begin{pmatrix}3\\3\\2\end{pmatrix}$; Normalenvektor für die x_1x_2-Ebene: $\vec{n}_2 = \begin{pmatrix}0\\0\\1\end{pmatrix}$.

Also folgt: $\cos(\alpha) = \frac{\left|\begin{pmatrix}3\\3\\2\end{pmatrix} \cdot \begin{pmatrix}0\\0\\1\end{pmatrix}\right|}{\sqrt{9+9+4} \cdot \sqrt{1}} = \frac{2}{\sqrt{22}} \approx 0{,}4264$ und hieraus $\alpha \approx 64{,}8°$.

b) *Nachweis, dass g orthogonal zur Ebene E ist:*

Richtungsvektoren von g sind Vielfache von Normalenvektoren von E.
Damit ist g **orthogonal** zu E.

Zeichnung:

Siehe Schrägbild.

Berechnung der Koordinaten von D_1 und D_2:

Die gemeinsame Grundfläche der Pyramiden hat nach Teilaufgabe a) den Inhalt $A = 4\sqrt{22}$.

Damit folgt für das Volumen $V_{\text{Pyramide}} = \frac{1}{3} \cdot 4\sqrt{22} \cdot h$ mit der Pyramidenhöhe h.

Aus $\frac{1}{3} \cdot 4\sqrt{22} \cdot h = 22$ folgt $h = \frac{3}{4}\sqrt{22}$.

Da die Spitzen auf g liegen, gilt: $D(1+3r|1+3r|3+2r)$. Die Gerade g schneidet E in A.

Also: $\overrightarrow{AD} = \begin{pmatrix}3r\\3r\\2r\end{pmatrix}$; $|\overrightarrow{AD}| = \sqrt{9r^2+9r^2+4r^2} = |r| \cdot \sqrt{22}$. Aus $|r| \cdot \sqrt{22} = \frac{3}{4}\sqrt{22}$ folgt $|r| = \frac{3}{4}$.

Mit $r_1 = -\frac{3}{4}$ und $r_2 = \frac{3}{4}$ ergibt sich: $D_1\left(\frac{1}{4}\middle|\frac{1}{4}\middle|\frac{9}{4}\right)$ und $D_2\left(\frac{7}{4}\middle|\frac{7}{4}\middle|\frac{15}{4}\right)$.

c) *Zeit, zu der sich die Flugzeuge am nächsten sind:*

Es ist $\vec{u} = \begin{pmatrix}1\\2\\2\end{pmatrix}$; $|\vec{u}| = \sqrt{1+4+4} = 3$ und $\vec{v} = \begin{pmatrix}8\\4\\1\end{pmatrix}$; $|\vec{v}| = \sqrt{64+16+1} = 9$.

Ist t die vergangene Zeit nach dem Start von F_1, so bewegt sich F_1 auf der Geraden

$$h\colon \vec{x} = t \cdot 300 \cdot \tfrac{1}{3} \cdot \begin{pmatrix}1\\2\\2\end{pmatrix} = t \cdot 100 \cdot \begin{pmatrix}1\\2\\2\end{pmatrix}$$

und F_2 auf der Geraden

$$k\colon \vec{x} = \begin{pmatrix}-5\\-4\\5\end{pmatrix} + t \cdot 450 \cdot \tfrac{1}{9} \cdot \begin{pmatrix}8\\4\\1\end{pmatrix} = \begin{pmatrix}-5\\-4\\5\end{pmatrix} + t \cdot 50 \cdot \begin{pmatrix}8\\4\\1\end{pmatrix}.$$

Sind P und Q die Orte der Flugzeuge, so gilt:
$P(100t\,|\,200t\,|\,200t)$; $Q(-5+400t\,|\,-4+200t\,|\,5+50t)$.
Gesucht ist der Wert für t, für den der Betrag des Vektors $\overrightarrow{PQ}$ minimal wird:

$$\overrightarrow{PQ} = \begin{pmatrix}-5+300t\\-4\\5-150t\end{pmatrix};\quad |\overrightarrow{PQ}| = \sqrt{(-5+300t)^2 + 16 + (5-500t)^2} = \sqrt{112\,500t^2 - 4500t + 66}.$$

Zur Bestimmung der Extremstelle kann man die Ersatzfunktion
$d(t) = 112\,500t^2 - 4500t + 66$ benutzen. Mit $d'(t) = 225\,000t - 4500$ erhält man
t_{min} aus $225\,000t - 4500 = 0$ zu
$t_{min} = \frac{4500}{225\,000} = \frac{45}{2250} = 0{,}02$.
Damit kommen sich die Flugzeuge 0,02 Stunden, d.h. 1,2 Minuten bzw. **1 Minute und 12 Sekunden**, nach dem Start von F_1 am nächsten.

Kreise

Hier geht's zum passenden Lern-Video

In dieser Lerneinheit üben Sie,
wie man häufige Aufgabenstellungen bei Kreisen lösen kann.

Kreise liegen in einer Ebene. Für Punkte auf einem Kreis in der x_1x_2-Ebene mit dem Mittelpunkt $M(m_1 | m_2)$ und dem Radius r gilt nach dem Satz des Pythagoras (vgl. Fig.):
$(x_1 - m_1)^2 + (x_2 - m_2)^2 = r^2$.
(Kreisgleichung in Koordinatenform)

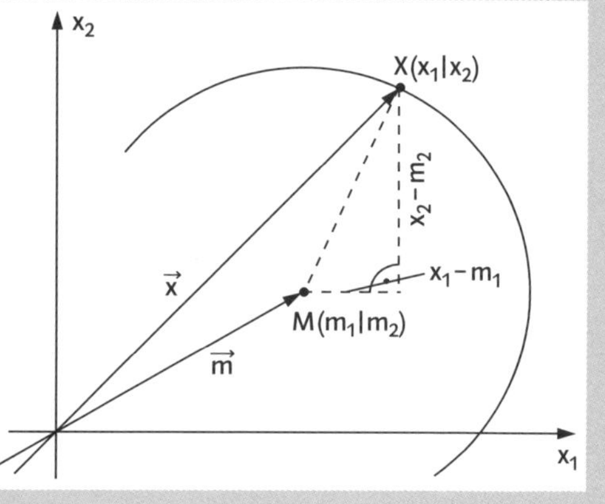

Mithilfe von Vektoren erhält man:
$|\vec{x} - \vec{m}| = r$.
Dies ist gleichbedeutend mit
$(\vec{x} - \vec{m})^2 = r^2$.
(Kreisgleichung in Vektorform)

Häufige Aufgabenstellungen bei Kreisen:
1) Gegeben: Mittelpunkt M und Radius r; gesucht: Gleichung des Kreises k.
2) Gegeben: Gleichung eines Kreises k; gesucht: Mittelpunkt M und Radius r.
3) Gegeben: Gleichung eines Kreises k, Punkt A;
gesucht: Lage des Punktes A bezüglich k.

Aufgabentyp 1:
Der Kreis mit dem Mittelpunkt $M(-1 | 3)$ und dem Radius $r = 4$ hat die Vektorgleichung: $\left[\vec{x} - \begin{pmatrix} -1 \\ 3 \end{pmatrix}\right]^2 = 16$, die Koordinatengleichung: $(x_1 + 1)^2 + (x_2 - 3)^2 = 16$.

Aufgabentyp 2:
Aus der Gleichung $x_1^2 + x_2^2 + 6x_1 - 8x_2 = 0$ folgt durch **quadratische Ergänzungen:**
$x_1^2 + 6x_1 + 9 + x_2^2 - 8x_2 + 16 = 9 + 16$ bzw. $(x_1 + 3)^2 + (x_2 - 4)^2 = 25$.
Durch die gegebene Gleichung wird also ein Kreis beschrieben mit $M(-3 | 4)$ und $r = 5$.

Aufgabentyp 3:
Gegeben sind ein Kreis mit $M(3 | -4)$ und $r = 2$ sowie der Punkt $A(2 | -3)$. Um zu überprüfen, ob der Punkt A innerhalb, außerhalb oder auf dem Kreis liegt, berechnet man den **Betrag des Vektors** $\overrightarrow{MA}$ und **vergleicht** diesen mit dem **Radius** r.
Es ist $\overrightarrow{MA} = \begin{pmatrix} -1 \\ 1 \end{pmatrix}$; $|\overrightarrow{MA}| = \sqrt{1 + 1} = \sqrt{2}$. Da $\sqrt{2} < 2$ ist, liegt A innerhalb des Kreises.

Aufgabe 1 | Lösung S. 165

Geben Sie für den Kreis mit dem Mittelpunkt M und dem Radius r eine Vektor- und eine Koordinatengleichung an.

a) $M(-1|2)$; $r = 5$

b) $M(0|0)$; $r = 4$

c) $M(4|-3)$; $r = \sqrt{3}$

d) $M(1|0)$; $r = 1$

Aufgabe 2

Untersuchen Sie, ob durch die Gleichung ein Kreis beschrieben wird, und bestimmen Sie gegebenenfalls den Mittelpunkt und den Radius.

a) $x_1^2 + x_2^2 - 2x_1 + 4x_2 - 4 = 0$

b) $x_1^2 + x_2^2 + 4x_1 + 4x_2 + 9 = 0$

c) $\vec{x}^2 - \begin{pmatrix} 2 \\ 1 \end{pmatrix} \cdot \vec{x} - 3 = 0$

d) $\vec{x}^2 - \begin{pmatrix} -4 \\ -2 \end{pmatrix} \cdot \vec{x} + 1 = 0$

Aufgabe 3

Überprüfen Sie, ob der Punkt A innerhalb, außerhalb oder auf dem Kreis mit dem Mittelpunkt M und dem Radius r liegt.

a) $A(-1|5)$; $M(2|3)$; $r = 1$

b) $A(6|-3)$; $M(-3|-3)$; $r = 9$

Aufgabe 4

Bestimmen Sie den Kreis, dessen Mittelpunkt auf der Geraden g liegt und der durch die Punkte A und B geht.

a) g: $x_1 - 4x_2 + 16 = 0$; $A(3|2)$; $B(7|4)$

b) g: $x_2 = 1$; $A(-2|2)$; $B(2|4)$

Das müssen Sie wissen:

Häufige Aufgabenstellungen bei Kreisen

1) Gegeben: Mittelpunkt M und Radius r; gesucht: Gleichung des Kreises k.
Lösung durch Angabe einer Kreisgleichung in **Koordinaten-** bzw. **Vektorform**.

2) Gegeben: Gleichung eines Kreises k; gesucht: Mittelpunkt M und Radius r.
Lösung durch **quadratische Ergänzung**

3) Gegeben: Gleichung eines Kreises k, Punkt A; gesucht: Lage des Punktes A bezüglich k.
Lösung durch **Vergleich** des Betrages von $\overrightarrow{MA}$ mit dem Radius r.

Kugeln

Hier geht's zum passenden Lern-Video

In dieser Lerneinheit üben Sie,
wie man häufige Aufgabenstellungen bei Kugeln lösen kann.

Für Punkte auf einer Kugel mit dem Mittelpunkt $M(m_1 \mid m_2 \mid m_3)$ und dem Radius r gilt:
$(x_1 - m_1)^2 + (x_2 - m_2)^2 + (x_3 - m_3)^2 = r^2$. **(Kugelgleichung in Koordinatenform)**
Mithilfe von Vektoren erhält man:
$(\vec{x} - \vec{m})^2 = r^2$. **(Kugelgleichung in Vektorform)**

Häufige Aufgabenstellungen bei Kugeln:
1) Gegeben: Mittelpunkt M und Radius r; gesucht: Gleichung der Kugel K.
2) Gegeben: Gleichung einer Kugel K; gesucht: Mittelpunkt M und Radius r.
3) Gegeben: Gleichung einer Kugel K, Punkt A;
gesucht: Lage des Punktes A bezüglich K.

Aufgabentyp 1:
Die Kugel mit dem Mittelpunkt $M(3 \mid -1 \mid 4)$ und dem Radius $r = 2$ hat die
Vektorgleichung: $\left[\vec{x} - \begin{pmatrix} 3 \\ -1 \\ 4 \end{pmatrix}\right]^2 = 4$ und die
Koordinatengleichung: $(x_1 - 3)^2 + (x_2 + 1)^2 + (x_3 - 4)^2 = 4$.

Aufgabentyp 2:
Aus der Gleichung $x_1^2 + x_2^2 + x_3^2 - 4x_1 + 2x_2 - 2x_3 - 30 = 0$
folgt durch **quadratische Ergänzungen**:
$x_1^2 - 4x_1 + 4 + x_2^2 + 2x_2 + 1 + x_3^2 - 2x_3 + 1 = 30 + 4 + 1 + 1$ bzw.
$(x_1 - 2)^2 + (x_2 + 1)^2 + (x_3 - 1)^2 = 36$.
Durch die gegebene Gleichung wird also eine Kugel beschrieben mit dem Mittelpunkt $M(2 \mid -1 \mid 1)$ und dem Radius $r = 6$.

Aufgabentyp 3:
Gegeben sind eine Kugel mit $M(2 \mid 2 \mid -3)$ und $r = 5$ sowie der Punkt $A(1 \mid 0 \mid 1)$. Um zu überprüfen, ob der Punkt A innerhalb, außerhalb oder auf der Kugel liegt, berechnet man den **Betrag des Vektors** $\overrightarrow{MA}$ und **vergleicht** diesen mit dem **Radius** r.
Es ist $\overrightarrow{MA} = \begin{pmatrix} -1 \\ -2 \\ 4 \end{pmatrix}$; $|\overrightarrow{MA}| = \sqrt{1 + 4 + 16} = \sqrt{21}$.
Da $\sqrt{21} < 5$ ist, liegt A innerhalb der Kugel.

Aufgabe 1 | Lösung S. 166

Geben Sie für die Kugel mit dem [illegible] d dem Radius r eine Vektor- und eine Koordinatengleichung an.

a) $M(3|-4|5)$; $r = 7$ [illegible] $(0|0|0)$; $r = 1$

c) $M(-4|3|-1)$; $r = 10$ [illegible] $(1|0|1)$; $r = \sqrt{2}$

Aufgabe 2

Untersuchen Sie, ob durch die Gleichung eine Kugel beschrieben wird, und bestimmen Sie gegebenenfalls den Mittelpunkt und den Radius.

a) $x_1^2 + x_2^2 + x_3^2 - 6x_1 + 2x_2 - 8x_3 + 30 = 0$

b) $x_1^2 + x_2^2 + x_3^2 - 2x_1 + 4x_2 - 8x_3 - 4 = 0$

c) $\vec{x}^2 - \begin{pmatrix} 8 \\ 0 \\ -4 \end{pmatrix} \cdot \vec{x} + 16 = 0$

Aufgabe 3

Überprüfen Sie, ob der Punkt A innerhalb, außerhalb oder auf der Kugel mit dem Mittelpunkt M und dem Radius r liegt.

a) $A(3|2|-1)$; $M(4|5|3)$; $r = 6$

b) $A(8|-4|-7)$; $M(-1|3|-2)$; $r = 4$

Aufgabe 4

Bestimmen Sie die Schnittpunkte der Geraden g mit der Kugel K.

a) g: $\vec{x} = \begin{pmatrix} 1 \\ 0 \\ 1 \end{pmatrix} + t \cdot \begin{pmatrix} -2 \\ 2 \\ 1 \end{pmatrix}$; K: $\left[\vec{x} - \begin{pmatrix} 1 \\ 0 \\ 1 \end{pmatrix}\right]^2 = 9$

b) g: $\vec{x} = \begin{pmatrix} 3 \\ 3 \\ 3 \end{pmatrix} + t \cdot \begin{pmatrix} 1 \\ 2 \\ 2 \end{pmatrix}$; K: $\left[\vec{x} - \begin{pmatrix} 3 \\ 3 \\ 3 \end{pmatrix}\right]^2 = 4$

Das müssen Sie wissen:

Häufige Aufgabenstellungen bei Kugeln

1) Gegeben: Mittelpunkt M und Radius r; gesucht: Gleichung der Kugel K.
Lösung durch Angabe einer Kugelgleichung in **Koordinaten-** bzw. **Vektorform.**

2) Gegeben: Gleichung einer Kugel K; gesucht: Mittelpunkt M und Radius r.
Lösung durch **quadratische Ergänzungen**

3) Gegeben: Gleichung einer Kugel K, Punkt A; gesucht: Lage des Punktes A bezüglich K.
Lösung durch **Vergleich** des Betrages von $\overrightarrow{MA}$ mit dem Radius r.

Gegenseitige Lage einer Geraden und eines Kreises

In dieser Lerneinheit üben Sie,
wie man die gegenseitige Lage einer Geraden und eines Kreises untersuchen kann.

Betrachtet wird die gegenseitige Lage einer Geraden g und eines Kreises k, die in einer gemeinsamen Ebene, der x_1x_2-Ebene liegen. Folgende drei Fälle sind möglich (vgl. Fig.):
1) **g und k schneiden sich,**
2) **g und k berühren sich,**
3) **g und k haben keine gemeinsamen Punkte.**

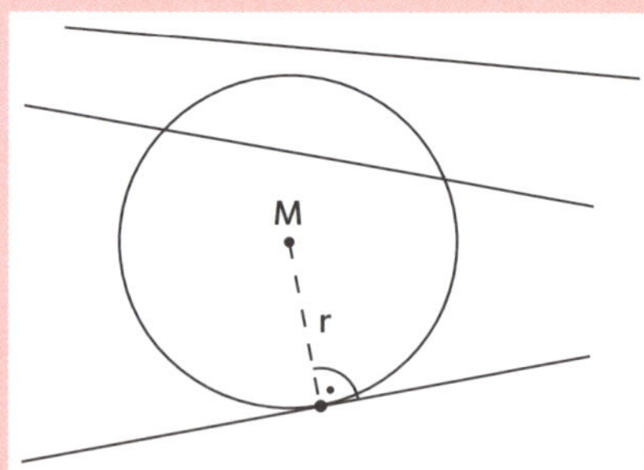

Sind eine Gerade g: $\vec{x} = \vec{p} + t \cdot \vec{u}$ und ein Kreis $(\vec{x} - \vec{m})^2 = r^2$ gegeben, erhält man durch Einsetzen für die **Parameterwerte der gemeinsamen Punkte** die Gleichung $(\vec{p} + t \cdot \vec{u} - \vec{m})^2 = r^2$.

Dies ist eine quadratische Gleichung. Die **verschiedenen Lagen** von g und k ergeben sich, je nachdem, ob diese quadratische Gleichung
1) **zwei** Lösungen
2) **genau eine** Lösung
3) **keine** Lösung hat.

Ergibt sich genau eine Lösung, so ist g **Tangente** an den Kreis k.
Ist B ein Punkt auf k, hat die **Tangente** in B mit dem Ortsvektor $\vec{b}$ die Gleichung $(\vec{x} - \vec{m}) \cdot (\vec{b} - \vec{m}) = r^2$.

Um die gegenseitige Lage der Geraden
g: $\vec{x} = \begin{pmatrix} 0 \\ -0{,}5 \end{pmatrix} + t \cdot \begin{pmatrix} 1 \\ 0{,}5 \end{pmatrix}$ und des Kreises k: $\left[\vec{x} - \begin{pmatrix} 0 \\ -3 \end{pmatrix}\right]^2 = 25$ zu ermitteln, erhält man durch Einsetzen $\left[\begin{pmatrix} 0 \\ -0{,}5 \end{pmatrix} + t \cdot \begin{pmatrix} 1 \\ 0{,}5 \end{pmatrix} - \begin{pmatrix} 0 \\ -3 \end{pmatrix}\right]^2 = 25$ bzw. $\left[\begin{pmatrix} 0 \\ 2{,}5 \end{pmatrix} + t \cdot \begin{pmatrix} 1 \\ 0{,}5 \end{pmatrix}\right]^2 = 25$.
Hieraus folgt $t^2 + 2t - 15 = 0$ mit den Lösungen $t_1 = 3$; $t_2 = -5$. Damit haben g und k zwei Schnittpunkte A und B mit den Koordinaten $A(3\,|\,1)$ und $B(-5\,|\,-3)$.

Gleichung der Tangente in A: $\left[\vec{x} - \begin{pmatrix} 0 \\ -3 \end{pmatrix}\right] \cdot \left[\begin{pmatrix} 3 \\ 1 \end{pmatrix} - \begin{pmatrix} 0 \\ -3 \end{pmatrix}\right] = 25$ bzw. $3x_1 + 4x_2 - 13 = 0$;

Gleichung der Tangente in B: $\left[\vec{x} - \begin{pmatrix} 0 \\ -3 \end{pmatrix}\right] \cdot \left[\begin{pmatrix} -5 \\ -3 \end{pmatrix} - \begin{pmatrix} 0 \\ -3 \end{pmatrix}\right] = 25$ bzw. $x_1 = -5$.

Aufgabe 1 | Lösung S. 167

Untersuchen Sie, ob die Gerade g den Kreis k schneidet oder berührt, oder ob g und k keinen Punkt gemeinsam haben. Bestimmen Sie gegebenenfalls die gemeinsamen Punkte von g und k.

a) g: $\vec{x} = \begin{pmatrix} -3 \\ -7 \end{pmatrix} + t \cdot \begin{pmatrix} 1 \\ 2 \end{pmatrix}$; $t \in \mathbb{R}$ k: $\left[\vec{x} - \begin{pmatrix} 3 \\ 2 \end{pmatrix}\right]^2 = 9$

b) g: $\vec{x} = \begin{pmatrix} 1 \\ 1 \end{pmatrix} + t \cdot \begin{pmatrix} 0 \\ 1 \end{pmatrix}$; $t \in \mathbb{R}$ k: $\left[\vec{x} - \begin{pmatrix} 4 \\ 3 \end{pmatrix}\right]^2 = 4$

Aufgabe 2

Gegeben sind der Punkt B und der Kreis k. Zeigen Sie, dass B auf k liegt und bestimmen Sie eine Gleichung der Tangente in B.

a) $B(3|4)$; k: $\vec{x}^2 = 25$ b) $B(-1|1)$; k: $\left[\vec{x} - \begin{pmatrix} 3 \\ 1 \end{pmatrix}\right]^2 = 16$

Aufgabe 3

Wie lang sind die Sehnen, die der Kreis mit dem Mittelpunkt $M(3|3)$ und dem Radius 5 aus den Koordinatenachsen ausschneidet?

Aufgabe 4

Gegeben sind der Punkt M und die Gerade g. Berechnen Sie den Radius des Kreises um M, der g berührt. Verwenden Sie hierzu folgenden Sachverhalt:
Für den Abstand d eines Punktes $Q(q_1|q_2)$ von der Geraden g in der HESSE-Form

$$\frac{a_1x_1 + a_2x_2 - b}{\sqrt{a_1^2 + a_2^2}} = 0 \quad \text{gilt:} \quad d(Q; g) = \left|\frac{a_1 \cdot q_1 + a_2 \cdot q_2 - b}{\sqrt{a_1^2 + a_2^2}}\right|.$$

a) $M(2|3)$; g: $4x_1 + 3x_2 - 2 = 0$ b) $M(-4|8)$; g: $12x_1 + 5x_2 - 161 = 0$

Das müssen Sie wissen:

Gegenseitige Lage einer Geraden und eines Kreises; Tangente an einen Kreis

Liegen eine Gerade und ein Kreis in einer gemeinsamen Ebene, können sie **zwei Schnittpunkte, einen Berührpunkt oder keinen gemeinsamen Punkt** haben.

Ist B ein Punkt auf dem Kreis k: $(\vec{x} - \vec{m})^2 = r^2$, so hat die **Tangente** in B mit dem Ortsvektor $\vec{b}$ die Gleichung $(\vec{x} - \vec{m}) \cdot (\vec{b} - \vec{m}) = r^2$.

Gegenseitige Lage einer Ebene und einer Kugel

In dieser Lerneinheit üben Sie,
wie man die gegenseitige Lage einer Ebene und einer Kugel untersuchen kann.

Für die Lage einer Ebene E und einer Kugel K sind 3 Fälle möglich:
1) **E und K schneiden sich,**
2) **E und K berühren sich,**
3) **E und K haben keine gemeinsamen Punkte.**

Diese verschiedenen Lagen von E und K erkennt man durch **Vergleich** des **Abstandes d** des Mittelpunktes M der Kugel von der Ebene E mit dem **Radius r** der Kugel.

Ist $d < r$, schneiden sich E und K in einem Schnittkreis mit dem Mittelpunkt M′ und dem Radius r′ (vgl. Fig.). M′ ist der Schnittpunkt der Lotgeraden zu E durch M mit E. Für den Radius r′ gilt: $r' = \sqrt{r^2 - d^2}$.

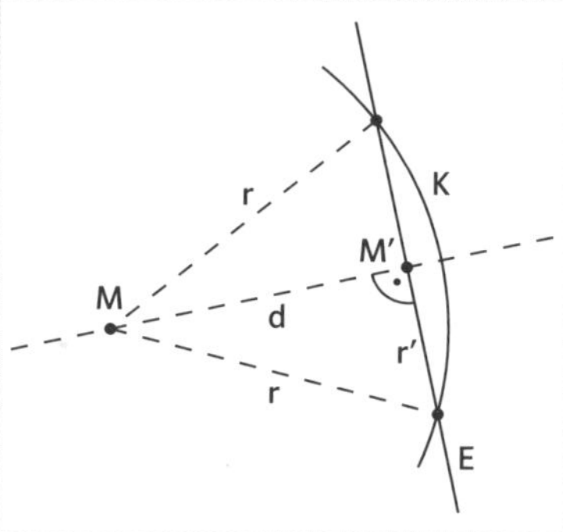

Ist $d = r$, dann ist E eine **Tangentialebene**. Ist B ein Punkt auf der Kugel K, hat die Tangentialebene in B mit dem Ortsvektor $\vec{b}$ die Gleichung $(\vec{x} - \vec{m}) \cdot (\vec{b} - \vec{m}) = r^2$.

Um die gegenseitige Lage der Ebene E: $x_1 + x_2 - 4x_3 = 0$ und der Kugel

K: $\left[\vec{x} - \begin{pmatrix} 4 \\ -2 \\ 5 \end{pmatrix}\right]^2 = 36$ zu ermitteln, berechnet man den Abstand des Mittelpunktes M

von E. Die Ebene E hat die HESSE-Form $\frac{x_1 + x_2 - 4x_3}{\sqrt{18}} = 0$. Damit ergibt sich:

$d(M; E) = \left|\frac{4 + (-2) - 4 \cdot 5}{\sqrt{18}}\right| = \frac{18}{\sqrt{18}} = \sqrt{18}$.

Da $\sqrt{18} \approx 4{,}2$ kleiner als 6 ist, schneiden sich die Ebene E und die Kugel K.

Radius r′ des Schnittkreises:
Es ist $r' = \sqrt{36 - 18} = \sqrt{18} = 3 \cdot \sqrt{2} \approx 4{,}2$.

Mittelpunkt M′ des Schnittkreises:
M′ erhält man als Schnittpunkt der Lotgeraden g zu E durch M mit E. Es gilt:

g: $\vec{x} = \begin{pmatrix} 4 \\ -2 \\ 5 \end{pmatrix} + t \cdot \begin{pmatrix} 1 \\ 1 \\ -4 \end{pmatrix}$; $t \in \mathbb{R}$.

Einsetzen in die Gleichung für E ergibt: $4 + t - 2 + t - 4(5 - 4t) = 0$ bzw. $t = 1$; damit M′(5 | −1 | 1).

Aufgabe 1 | Lösung S. 167

Untersuchen Sie, ob die Ebene E die Kugel K schneidet oder berührt, oder ob E und K keinen Punkt gemeinsam haben.

a) E: $2x_1 - x_2 + 7x_3 - 9 = 0$ K: $(x_1+2)^2 + (x_2-5)^2 + (x_3-8)^2 = 49$

b) E: $x_1 + x_2 - x_3 + 6 = 0$ K: $(x_1-4)^2 + (x_2-7)^2 + (x_3+1)^2 = 108$

c) E: $x_1 - 2x_2 + 3x_3 - 20 = 0$ K: $(x_1-2)^2 + (x_2-3)^2 + (x_3+5)^2 = 25$

Aufgabe 2

Zeigen Sie, dass die Ebene E die Kugel K schneidet. Bestimmen Sie den Mittelpunkt und den Radius des Schnittkreises.

a) E: $2x_1 + 2x_2 + x_3 - 6 = 0$ K: $(x_1-5)^2 + (x_2-2)^2 + (x_3-1)^2 = 49$

b) E: $2x_1 - 2x_2 + x_3 - 4 = 0$ K: $(x_1-3)^2 + (x_2+2)^2 + (x_3-2)^2 = 16$

Aufgabe 3

Zeigen Sie, dass der Punkt B auf K liegt. Bestimmen Sie eine Gleichung der Tangentialebene im Punkt B an die Kugel K.

a) $B(6|2|0)$; K: $(x_1-10)^2 + (x_2+6)^2 + (x_3+3)^2 = 89$

b) $B(2|4|-1)$; K: $(x_1-2)^2 + (x_2-1)^2 + (x_3-3)^2 = 25$

Aufgabe 4

Die Gerade g durch die Punkte $A(0|4|-2)$ und $B(4|8|0)$ schneiden die Kugel K mit dem Mittelpunkt $M(-4|3|5)$ und dem Radius $r = 9$. Ermitteln Sie die Schnittpunkte und Gleichungen der Tangentialebenen in diesen Punkten.

Aufgabe 5

Zeigen Sie, dass die Ebene E: $2x_1 - x_2 - 18 = 0$ die Kugel K: $(x_1+6)^2 + x_2^2 + (x_3-6)^2 = 180$ berührt. Bestimmen Sie den Berührpunkt.

Das müssen Sie wissen:

Gegenseitige Lage einer Ebene und einer Kugel; Tangentialebene

Eine Ebene E und eine Kugel K können sich **schneiden**, sich **berühren** oder **keinen gemeinsamen Punkt** haben. **Schneiden** sich E und K, ist die Schnittfigur ein **Kreis** in **beliebiger Lage.** Daher sind im Allgemeinen auch nur der Radius und der Mittelpunkt, nicht aber eine Gleichung für den Kreis bestimmbar.

Ist B ein Punkt auf der Kugel K: $(\vec{x} - \vec{m})^2 = r^2$, so hat die **Tangentialebene** in B mit dem Ortsvektor $\vec{b}$ die Gleichung $(\vec{x} - \vec{m}) \cdot (\vec{b} - \vec{m}) = r^2$.

Musterklausur 2:

Ebenenschar; Kugeln

Aufgabenstellung

In einem kartesischen Koordinatensystem ist für jedes $t \in \mathbb{R}$ eine Ebene E_t gegeben durch
E_t: $x_1 + (t-1)x_2 + tx_3 - 6 = 0$.
Die Ebene E_3 schneidet die Koordinatenachsen in den Punkten S_1, S_2 und S_3.
Die Gerade g geht durch die Punkte $P(2|3|2)$ und $Q(4|7|4)$.

a) Ermitteln Sie die Koordinaten von S_1, S_2 und S_3.
Zeichnen Sie einen Ausschnitt der Ebene E_3.
Ermitteln Sie eine Gleichung von g.
Die Gerade g schneidet E_3 in S.
Berechnen Sie die Koordinaten von S.
Zeichnen Sie die Gerade g in die Figur ein.
Berechnen Sie den Schnittwinkel zwischen g und E_3 sowie den Abstand des Punktes Q von E_3.

b) Der Punkt M ist die Mitte der Strecke $\overline{S_1S_3}$. Der Punkt T teilt die Strecke $\overline{S_1S_3}$ im Verhältnis 1 : 3.
In welchem Verhältnis teilen sich die Strecken $\overline{S_1M}$ und $\overline{S_1T}$?

c) Es gibt eine Gerade h, die in allen Ebenen E_t liegt.
Ermitteln Sie eine Gleichung von h.
Für welchen Wert von t ist E_t parallel zur x_2-Achse?
Für welchen Wert von t ist die Ebene E_t orthogonal zu E_2?

d) Welche Kugel K_1 mit dem Mittelpunkt $M_1(1|5|3)$ berührt die Ebene E_3?
Die Kugel K_2 mit dem Mittelpunkt $M_2(4|4|1)$ und dem Radius $r_2 = 2$ schneidet die Ebene E_1.
Bestimmen Sie den Mittelpunkt und den Radius des Schnittkreises.

Ausformulierte Lösung:

a) Koordinaten von S_1, S_2 und S_3:

Schnittpunkt S_1 mit der x_1-Achse: $x_2 = x_3 = 0;\ x_1 = 6;\ S_1(6\,|\,0\,|\,0);$
Schnittpunkt S_2 mit der x_2-Achse: $x_1 = x_3 = 0;\ x_2 = 3;\ S_2(0\,|\,3\,|\,0);$
Schnittpunkt S_3 mit der x_3-Achse: $x_1 = x_2 = 0;\ x_3 = 2;\ S_3(0\,|\,0\,|\,2).$

Zeichnung:

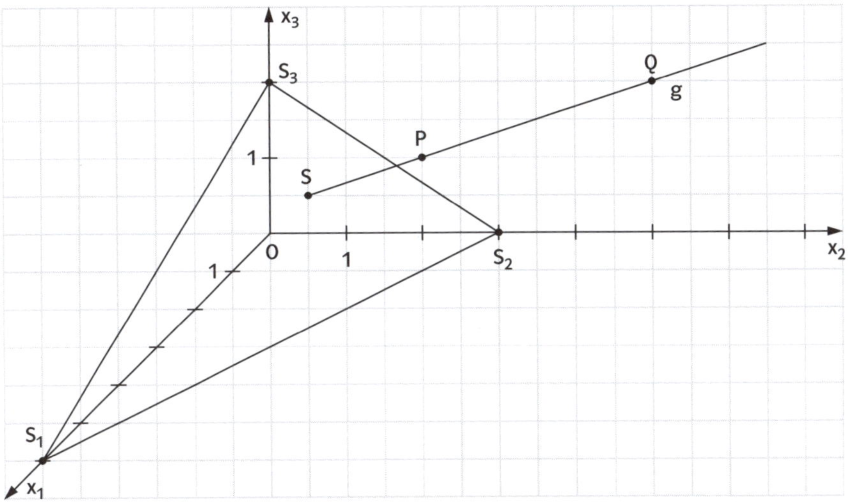

Gleichung von g:

$$g:\ \vec{x} = \begin{pmatrix}2\\3\\2\end{pmatrix} + r^* \cdot \begin{pmatrix}2\\4\\2\end{pmatrix} = \begin{pmatrix}2\\3\\2\end{pmatrix} + r \cdot \begin{pmatrix}1\\2\\1\end{pmatrix};\ r, r^* \in \mathbb{R}$$

Koordinaten von S:

Aus $2 + r + 2(3 + 2r) + 3(2 + r) - 6 = 0$ folgt $r = -1$; also $\mathbf{S(1\,|\,1\,|\,1)}$.

Zeichnung:

Siehe Fig.

Schnittwinkel zwischen g und E_3:

Es sei α der Winkel zwischen g und E_3.

$$\text{Aus } \sin(\alpha) = \frac{\left|\begin{pmatrix}1\\2\\1\end{pmatrix} \cdot \begin{pmatrix}1\\2\\3\end{pmatrix}\right|}{\sqrt{6} \cdot \sqrt{14}} = \frac{14}{\sqrt{21}} \text{ folgt } \alpha \approx \mathbf{60{,}79°}.$$

Abstand des Punktes Q von E_3:

$$\text{HNF von } E_3\text{: } \frac{x_1 + 2x_2 + 3x_3 - 6}{\sqrt{14}} = 0; \quad d = \left|\frac{4 + 14 + 12 - 6}{\sqrt{14}}\right| = \frac{24}{\sqrt{14}} \approx \mathbf{6{,}41}$$

b) Teilverhältnis:

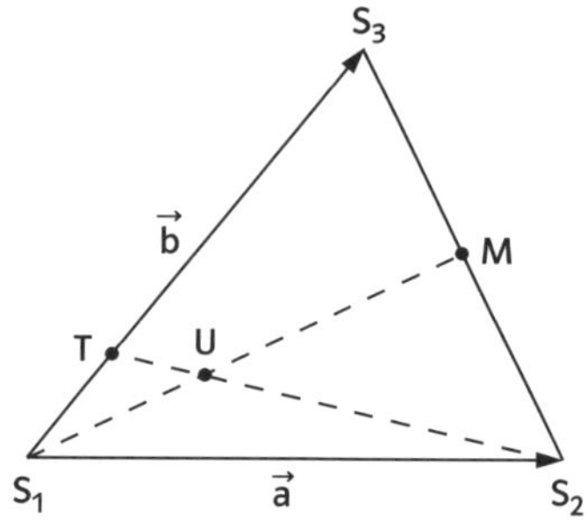

$\overrightarrow{S_1S_2} = \vec{a}$; $\overrightarrow{S_1S_3} = \vec{b}$

Geschlossener Vektorzug:

$\overrightarrow{S_1S_2} + \overrightarrow{S_2U} + \overrightarrow{US_1} = \vec{o}$; $\vec{a} + r \cdot \overrightarrow{S_2T} + s \cdot \overrightarrow{MS_1} = \vec{o}$.

Weiterhin gilt:

$\overrightarrow{S_2T} = -\vec{a} + \frac{1}{4}\vec{b}$; $\overrightarrow{MS_1} = \overrightarrow{MS_2} - \vec{a}$;

$\overrightarrow{MS_2} = \frac{1}{2}(-\vec{b} + \vec{a})$; $\overrightarrow{MS_1} = \frac{1}{2}(-\vec{b} + \vec{a}) - \vec{a} = -\frac{1}{2}\vec{a} - \frac{1}{2}\vec{b}$.

Damit: $\vec{a} + r\left(-\vec{a} + \frac{1}{4}\vec{b}\right) + s\left(-\frac{1}{2}\vec{b} - \frac{1}{2}\vec{a}\right) = \vec{o}$

bzw. $\left(1 - r - \frac{1}{2}s\right) \cdot \vec{a} + \left(\frac{1}{4}r - \frac{1}{2}s\right) \cdot \vec{b} = \vec{o}$.

Aus dem LGS $\begin{matrix} 1 - r - \frac{1}{2}s = 0 \\ \frac{1}{4}r - \frac{1}{2}s = 0 \end{matrix}$ folgt $r = \frac{4}{5}$; $s = \frac{2}{5}$.

Damit ergeben sich folgende Teilverhältnisse: $\mathbf{\overline{S_1U} : \overline{UM} = 2:3}$; $\mathbf{\overline{S_2U} : \overline{UT} = 4:1}$.

c) Gleichung von h:

E_t: $x_1 + (t-1)\,x_2 + tx_3 - 6 = 0$

$t = 0$: $x_1 - x_2 - 6 = 0$

$t = 1$: $x_1 + x_3 - 6 = 0$

Setze: $x_1 = r$; dann folgt $x_2 = r - 6$; $x_3 = -r + 6$.

Die Schnittgerade dieser beiden Ebenen ist $\vec{x} = \begin{pmatrix} 0 \\ -6 \\ 6 \end{pmatrix} + r \cdot \begin{pmatrix} 1 \\ 1 \\ -1 \end{pmatrix}$; $r \in \mathbb{R}$.

Es ist noch nachzuweisen, dass diese Schnittgerade in allen Ebenen E_t liegt.
Die Gleichung $r + (t-1) \cdot (r-6) + t\,(-r+6) - 6 = 0$ ist für alle r und t erfüllt. Damit:

$\mathbf{h}$: $\vec{x} = \begin{pmatrix} 0 \\ -6 \\ 6 \end{pmatrix} + r \cdot \begin{pmatrix} 1 \\ 1 \\ -1 \end{pmatrix}$; $r \in \mathbb{R}$.

Berechnung des Wertes von t, für den E_t parallel zur x_2-Achse ist:

E_t liegt parallel zur x_2-Achse, wenn in der Gleichung für E_t die x_2-Koordinate null ist.
Dies ist für $\mathbf{t = 1}$ der Fall.

Berechnung des Wertes von t, für den E_t orthogonal zu E_2 ist:

E_t ist orthogonal zu E_2, wenn die zugehörigen Normalenvektoren orthogonal sind.

Mit $\vec{n_2} = \begin{pmatrix} 1 \\ 1 \\ 2 \end{pmatrix}$ und $\vec{n_t} = \begin{pmatrix} 1 \\ t-1 \\ t \end{pmatrix}$ folgt aus $\begin{pmatrix} 1 \\ 1 \\ 2 \end{pmatrix} \cdot \begin{pmatrix} 1 \\ t-1 \\ t \end{pmatrix} = 0$ die Gleichung $3t = 0$
mit der Lösung 0. Also ist die **Ebene E_0 orthogonal zur Ebene E_2**.

d) Gleichung von K1:

Der Radius r_1 der Kugel K_1 ist der Abstand des Punktes M_1 von E_3.

E_3: $x_1 + 2x_2 + 3x_3 - 6 = 0$

HNF von E_3: $\frac{x_1 + 2x_2 + 3x_3 - 6}{\sqrt{14}} = 0$

$r_1 = d_1(M_1; E_3) = \left|\frac{1 + 2 \cdot 5 + 3 \cdot 3 - 6}{\sqrt{14}}\right| = \frac{14}{\sqrt{14}} = \sqrt{14}$

Damit ergibt sich: K_1: $\left[\vec{x} - \begin{pmatrix} 1 \\ 5 \\ 3 \end{pmatrix}\right]^2 = \mathbf{14.}$

Mittelpunkt und Radius des Schnittkreises:

Ist d_2 der Abstand des Punktes M_2 von E_1 und r_2' der Radius des Schnittkreises, so gilt (vgl. Fig.):

$r_2' = \sqrt{r_2^2 - d_2^2}$.

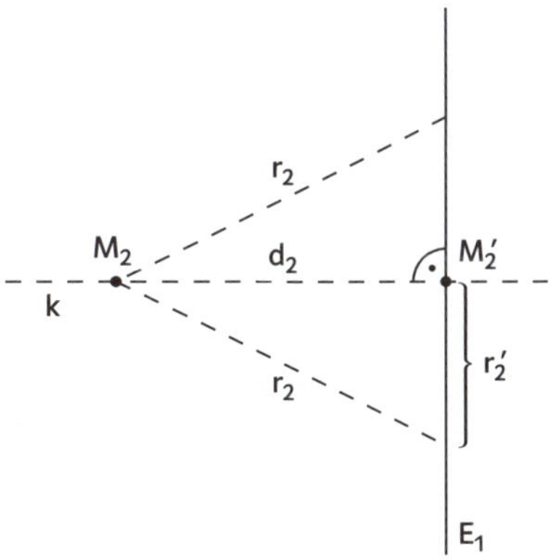

E_1: $x_1 + x_3 - 6 = 0$

$d_2(M_2; E_1) = \left|\frac{4 + 1 - 6}{\sqrt{2}}\right| = \frac{1}{2}\sqrt{2}$

$r_2' = \sqrt{4 - \frac{1}{2}} = \sqrt{3{,}5}$

Der Mittelpunkt M_2' des Schnittkreises ergibt sich als Schnittpunkt der Geraden k durch M_2 orthogonal zu E_1 mit E_1 (vgl. Fig.).

k: $\vec{x} = \begin{pmatrix} 4 \\ 4 \\ 1 \end{pmatrix} + t \cdot \begin{pmatrix} 1 \\ 0 \\ 1 \end{pmatrix}$; $t \in \mathbb{R}$

$k \cap E_1$: Aus $4 + t + 1 + t - 6 = 0$ folgt $t = \frac{1}{2}$. Also gilt:

$\mathbf{M_2'(4{,}5 \,|\, 4 \,|\, -1{,}5)}$.

Addition, Subtraktion und Vervielfachen von Matrizen

In dieser Lerneinheit üben Sie,
wie man Matrizen addiert, subtrahiert und mit einer reellen Zahl multipliziert.

Unter einer **Matrix** A versteht man ein rechteckiges Schema mit m Zeilen und n Spalten:

$$A = \begin{pmatrix} a_{11} & a_{12} & \cdots & a_{1n} \\ a_{21} & a_{22} & \cdots & a_{2n} \\ \cdots & \cdots & \cdots & \cdots \\ a_{m1} & a_{m2} & \cdots & a_{mn} \end{pmatrix} = (a_{ik}) \text{ mit } i = 1, 2, \ldots, m; \; k = 1, 2, \ldots, n.$$

Addition und Subtraktion von Matrizen:
Zwei Matrizen A und B werden addiert (subtrahiert), indem man die an entsprechender Stelle stehenden Elemente addiert (subtrahiert):
$A \pm B = C$ mit $c_{ik} = a_{ik} \pm b_{ik}$;

z. B. gilt für $A = \begin{pmatrix} a_{11} & a_{12} \\ a_{21} & a_{22} \end{pmatrix}$; $B = \begin{pmatrix} b_{11} & b_{12} \\ b_{21} & b_{22} \end{pmatrix}$: $A \pm B = C = \begin{pmatrix} a_{11} \pm b_{11} & a_{12} \pm b_{12} \\ a_{21} \pm b_{21} & a_{22} \pm b_{22} \end{pmatrix}$.

Multiplikation einer Matrix mit einer reellen Zahl:
Eine Matrix A wird mit einer reellen Zahl r multipliziert, indem man jedes Element von A mit r multipliziert:
$r \cdot A = C$ mit $c_{ik} = r \cdot a_{ik}$;

z. B. gilt für $A = \begin{pmatrix} a_{11} & a_{12} \\ a_{21} & a_{22} \end{pmatrix}$ und $r \in \mathbb{R}$: $r \cdot A = C = \begin{pmatrix} r \cdot a_{11} & r \cdot a_{12} \\ r \cdot a_{21} & r \cdot a_{22} \end{pmatrix}$.

Mit $A = \begin{pmatrix} 2 & -1 & 3 \\ 0 & 5 & -10 \\ 4 & 9 & 1 \end{pmatrix}$ und $B = \begin{pmatrix} 3 & 6 & -2 \\ -6 & 4 & -1 \\ 9 & 6 & 2 \end{pmatrix}$ gilt:

$$A + B = \begin{pmatrix} 2+3 & -1+6 & 3-2 \\ 0-6 & 5+4 & -10-1 \\ 4+9 & 9+6 & 1+2 \end{pmatrix} = \begin{pmatrix} 5 & 5 & 1 \\ -6 & 9 & -11 \\ 13 & 15 & 3 \end{pmatrix};$$

$$A - B = \begin{pmatrix} 2-3 & -1-6 & 3+2 \\ 0+6 & 5-4 & -10+1 \\ 4-9 & 9-6 & 1-2 \end{pmatrix} = \begin{pmatrix} -1 & -7 & 5 \\ 6 & 1 & -9 \\ -5 & 3 & -1 \end{pmatrix};$$

$$3 \cdot A = \begin{pmatrix} 3 \cdot 2 & 3 \cdot (-1) & 3 \cdot 3 \\ 3 \cdot 0 & 3 \cdot 5 & 3 \cdot (-10) \\ 3 \cdot 4 & 3 \cdot 9 & 3 \cdot 1 \end{pmatrix} = \begin{pmatrix} 6 & -3 & 9 \\ 0 & 15 & -30 \\ 12 & 27 & 3 \end{pmatrix}.$$

Aufgabe 1 | Lösung S. 169

Gegeben sind die Matrizen $A = \begin{pmatrix} 3 & -6 \\ 2 & -12 \end{pmatrix}$ und $B = \begin{pmatrix} 7 & 0 \\ -1 & 2 \end{pmatrix}$.

Berechnen Sie:

a) $A + B$

b) $A - B$

c) $2 \cdot A + 7 \cdot B$

d) $(-4) \cdot A + 5 \cdot B$

Aufgabe 2

Gegeben sind die Matrizen $A = \begin{pmatrix} 6 & 0 & -3 \\ -2 & 1 & 4 \\ 11 & 9 & -1 \end{pmatrix}$ und $B = \begin{pmatrix} -2 & 1 & -6 \\ 3 & 3 & 9 \\ -1 & 5 & -4 \end{pmatrix}$.

Berechnen Sie:

a) $A + B$

b) $A - B$

c) $(-3) \cdot A$

d) $3 \cdot A + 7 \cdot B$

e) $A - 4 \cdot B$

f) $-A + 2 \cdot B$.

Das müssen Sie wissen:

Addition, Subtraktion und Vervielfachen von Matrizen

Zwei Matrizen werden **addiert (subtrahiert)**, indem man die an **entsprechenden Stellen** stehenden Elemente **addiert (subtrahiert)**.

Für die Matrizenaddition gilt das
Kommutativgesetz: $A + B = B + A$ und das
Assoziativgesetz: $(A + B) + C = A + (B + C)$.

Eine Matrix wird mit einer **reellen Zahl multipliziert** (so genannte **s-Multiplikation**), indem man **jedes Element** mit dieser **reellen Zahl multipliziert.**

Für die s-Multiplikation gilt:
$(r \cdot s) \cdot A = r \cdot (s \cdot A)$ und $(r + s) \cdot A = r \cdot A + s \cdot A$.

LGS | Vektoren | Geraden; Ebenen | Kreise; Kugeln | Matrizen | Abbildungen | Prozesse

Multiplikation von Matrizen

Hier geht's zum passenden Lern-Video

In dieser Lerneinheit üben Sie,
wie man zwei Matrizen multipliziert.

Die **Multiplikation** zweier Matrizen A und B ist nur dann erklärt, wenn die **Spaltenzahl von A und die Zeilenzahl von B übereinstimmen.**

Das Element, das im Matrizenprodukt $A \cdot B$ in der i-ten Zeile und k-ten Spalte steht, ist das Skalarprodukt der i-ten Zeile von A und k-ten Spalte von B:

$A \cdot B = C \quad \text{mit} \quad c_{ik} = a_{i1}b_{1k} + a_{i2}b_{2k} + \ldots + a_{in}b_{nk}.$

Vorteilhaft für die Berechnung eines Matrizenproduktes ist das Rechenschema nach FALK (siehe unten).

Multiplikation einer Matrix und eines Vektors:
Man deutet einen Vektor $\vec{x}$ als 1-spaltige Matrix. Das Ergebnis ist ein Vektor.

So gilt z. B. für $A = \begin{pmatrix} a_{11} & a_{12} \\ a_{21} & a_{22} \end{pmatrix}$ und $\vec{x} = \begin{pmatrix} x_1 \\ x_2 \end{pmatrix}$: $A \cdot \vec{x} = \vec{y} = \begin{pmatrix} a_{11}x_1 + a_{12}x_2 \\ a_{21}x_1 + a_{22}x_2 \end{pmatrix}.$

Gegeben sind die Matrizen $A = \begin{pmatrix} 1 & 3 & 2 \\ -4 & 5 & 7 \end{pmatrix}$ und $B = \begin{pmatrix} 2 & 1 & 4 \\ 4 & 0 & -2 \\ -1 & 3 & 5 \end{pmatrix}.$

Fig. 1 zeigt die Berechnung des Matrizenproduktes $A \cdot B$ nach dem Rechenschema von FALK.

$A \cdot B$	$\begin{pmatrix} 2 & 1 & 4 \\ 4 & 0 & -2 \\ -1 & 3 & 5 \end{pmatrix}$
$\begin{pmatrix} 1 & 3 & 2 \\ -4 & 5 & 7 \end{pmatrix}$	$\begin{pmatrix} 12 & 7 & 8 \\ 5 & 17 & 9 \end{pmatrix}$

Fig. 1

Für den Vektor $\vec{x} = \begin{pmatrix} 2 \\ -1 \\ 3 \end{pmatrix}$ gilt:

$A \cdot \vec{x} = \begin{pmatrix} 1 & 3 & 2 \\ -4 & 5 & 7 \end{pmatrix} \cdot \begin{pmatrix} 2 \\ -1 \\ 3 \end{pmatrix} = \begin{pmatrix} 5 \\ 8 \end{pmatrix}.$

Aufgabe 1 | Lösung S. 169

Gegeben sind die Matrizen $A = \begin{pmatrix} 2 & -5 \\ 1 & -2 \end{pmatrix}$; $B = \begin{pmatrix} 6 & 3 \\ -2 & 7 \end{pmatrix}$ und $C = \begin{pmatrix} 1 & 0 \\ -1 & 1 \end{pmatrix}$.

Berechnen Sie:

a) $A \cdot B$ b) $A \cdot C$ c) $B \cdot C$ d) A^2.

Aufgabe 2

Gegeben sind $A = \begin{pmatrix} 4 & -2 & -1 \\ -5 & 1 & 12 \\ 10 & 8 & -1 \end{pmatrix}$; $B = \begin{pmatrix} -2 & 5 & -3 \\ 2 & 1 & -8 \\ -2 & 5 & -3 \end{pmatrix}$ und $C = \begin{pmatrix} 2 & 1 & -3 \\ 0 & 1 & 2 \\ -1 & 0 & 4 \end{pmatrix}$.

Berechnen Sie:

a) $A \cdot B$ b) $A \cdot C$ c) $B \cdot C$.

Aufgabe 3

Berechnen Sie:

a) $\begin{pmatrix} 2 & -1 \\ 7 & 3 \end{pmatrix} \cdot \begin{pmatrix} 4 \\ -3 \end{pmatrix}$ b) $\begin{pmatrix} 6 & 9 \\ -1 & 1 \end{pmatrix} \cdot \begin{pmatrix} 1 \\ 0 \end{pmatrix}$ c) $\begin{pmatrix} -8 & -2 \\ 0 & 3 \end{pmatrix} \cdot \begin{pmatrix} 1 \\ -2 \end{pmatrix}$

d) $\begin{pmatrix} 6 & -3 & 2 \\ -1 & 0 & 7 \end{pmatrix} \cdot \begin{pmatrix} 0 \\ 1 \\ -1 \end{pmatrix}$ e) $\begin{pmatrix} 1 & 4 & 0 \\ 2 & -1 & 3 \\ 7 & 1 & 5 \end{pmatrix} \cdot \begin{pmatrix} -1 \\ 2 \\ 3 \end{pmatrix}$ f) $\begin{pmatrix} 1 & 0 & 0 \\ 2 & 1 & 3 \\ 7 & 1 & 1 \end{pmatrix} \cdot \begin{pmatrix} -1 \\ 0 \\ 4 \end{pmatrix}$.

Aufgabe 4

Bestätigen Sie das Assoziativgesetz der Multiplikation und das Distributivgesetz für Matrizen:

$A = \begin{pmatrix} 4 & -1 \\ 1 & 2 \end{pmatrix}$; $B = \begin{pmatrix} 3 & 4 \\ 5 & -6 \end{pmatrix}$; $C = \begin{pmatrix} -1 & -9 \\ 10 & -12 \end{pmatrix}$

Das müssen Sie wissen:

Multiplikation von Matrizen; Multiplikation eines Vektors mit einer Matrix

Bei der **Multiplikation** zweier Matrizen ist das Element, das in der i-ten Zeile und k-ten Spalte steht, das **Skalarprodukt der i-ten Zeile von A und der k-ten Spalte von B.**

Die Matrizenmultiplikation ist im Allgemeinen **nicht kommutativ.**
Für die Matrizenmultiplikation gilt aber das
Assoziativgesetz: $(A \cdot B) \cdot C = A \cdot (B \cdot C)$ und das
Distributivgesetz: $A \cdot (B + C) = A \cdot B + A \cdot C$.

Bei der **Multiplikation eines Vektors mit einer Matrix** wird der Vektor als 1-spaltige Matrix gedeutet.

Invertieren einer Matrix

In dieser Lerneinheit üben Sie,
wie man zu einer gegebenen Matrix die inverse Matrix bestimmt.

Gegeben ist eine quadratische Matrix A. Die Matrix B heißt die zu A **inverse** Matrix, wenn gilt: $A \cdot B = B \cdot A = E$, wobei E die Einheitsmatrix ist. Man schreibt: $\mathbf{B = A^{-1}}$.

Verfahren zur Bestimmung einer inversen Matrix A^{-1}:

1) Man schreibt die gegebene Matrix A und die Einheitsmatrix E in einem Schema nebeneinander (siehe unten).
2) Dann formt man dieses Zahlenschema mit den vom GAUSS-Verfahren bekannten Rechenoperationen so lange um, bis links die Einheitsmatrix E steht.

Das Verfahren liefert auch den negativen Befund, dass A^{-1} nicht existiert. In einem solchen Fall ergibt sich im Schema links eine Zeile mit lauter Nullen.

Das folgende Schema zeigt, wie man die zu $A = \begin{pmatrix} 1 & -2 & -1 \\ 2 & 4 & 2 \\ 2 & 0 & 3 \end{pmatrix}$ inverse Matrix A^{-1} nach dem angegebenen Verfahren bestimmen kann.

	1	−2	−1	1	0	0		[1]
A	2	4	2	0	1	0	E	[2]
	2	0	3	0	0	1		[3]
	1	−2	−1	1	0	0		[1]
	0	4	−1	0	1	−1		[4] = [2] − [3]
	0	−4	−5	2	0	−1		[5] = 2 · [1] − [3]
	1	−2	−1	1	0	0		[1]
	0	1	$-\frac{1}{4}$	0	$\frac{1}{4}$	$-\frac{1}{4}$		[6] = [4] : 4
	0	0	−6	2	1	−2		[7] = [4] + [5]
	1	0	$-\frac{3}{2}$	1	$\frac{1}{2}$	$-\frac{1}{2}$		[8] = [1] + 2 · [6]
	0	1	$-\frac{1}{4}$	0	$\frac{1}{4}$	$-\frac{1}{4}$		[6]
	0	0	1	$-\frac{1}{3}$	$-\frac{1}{6}$	$\frac{1}{3}$		[9] = [7] : (− 6)
	1	0	0	$\frac{1}{2}$	$\frac{1}{4}$	0		[10] = [8] + $\frac{3}{2}$ · [9]
E	0	1	0	$-\frac{1}{12}$	$\frac{5}{24}$	$-\frac{1}{6}$	A^{-1}	[11] = [6] + [9] : 4
	0	0	1	$-\frac{1}{3}$	$-\frac{1}{6}$	$\frac{1}{3}$		[9]

Die zu A inverse Matrix ist $A^{-1} = \begin{pmatrix} \frac{1}{2} & \frac{1}{4} & 0 \\ -\frac{1}{12} & \frac{5}{24} & -\frac{1}{6} \\ -\frac{1}{3} & -\frac{1}{6} & \frac{1}{3} \end{pmatrix}$.

Aufgabe 1 | Lösung S. 170

Bestimmen Sie die zu A inverse Matrix A^{-1}, falls diese existiert.

a) $A = \begin{pmatrix} 1 & 2 \\ 4 & 5 \end{pmatrix}$ b) $A = \begin{pmatrix} -2 & 4 \\ -3 & 6 \end{pmatrix}$ c) $A = \begin{pmatrix} 2 & 0 \\ -1 & 7 \end{pmatrix}$

Aufgabe 2

Bestimmen Sie die zu A inverse Matrix A^{-1}, falls diese existiert.

a) $A = \begin{pmatrix} -4 & -2 & -1 \\ 8 & 0 & 4 \\ 0 & -2 & -2 \end{pmatrix}$ b) $A = \begin{pmatrix} 1 & 2 & 3 \\ 4 & 5 & 6 \\ 0 & 1 & 2 \end{pmatrix}$ c) $A = \begin{pmatrix} 3 & 2 & -3 \\ 0 & 1 & 2 \\ -1 & 0 & 5 \end{pmatrix}$

Aufgabe 3

Ermitteln Sie die zu $A = \begin{pmatrix} a & b \\ c & d \end{pmatrix}$ inverse Matrix A^{-1}.

Das müssen Sie wissen:

Verfahren zur Bestimmung einer inversen Matrix A^{-1}

1) Man schreibt die gegebene Matrix A und die Einheitsmatrix E in einem Schema nebeneinander.
2) Dann formt man dieses Zahlenschema mit den vom **GAUSS-Verfahren** bekannten Rechenoperationen so lange um, bis **links die Einheitsmatrix E steht.**

Nicht jede Matrix ist invertierbar. Wenn A^{-1} **nicht existiert**, ergibt sich im Schema links **eine Zeile mit lauter Nullen.**

Matrizenrechnungen mit dem GTR

In dieser Lerneinheit üben Sie

wie man Matrizenrechnungen mit dem GTR durchführen kann.

Eingabe von Matrizen

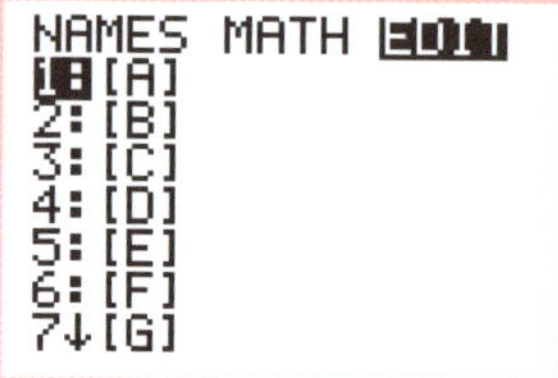

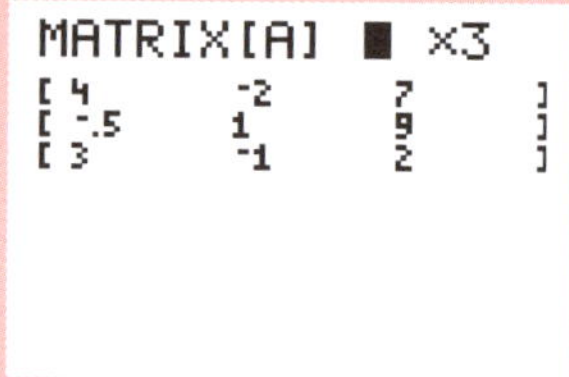

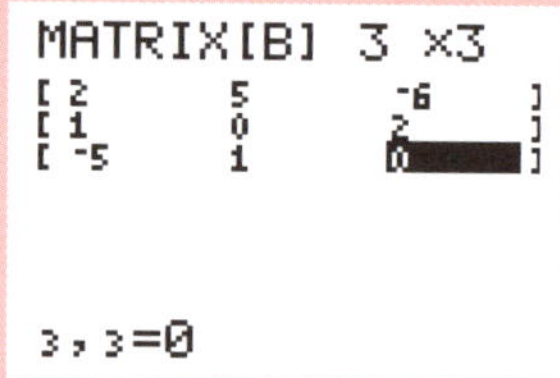

Addition, Subtraktion und Vervielfachen von Matrizen

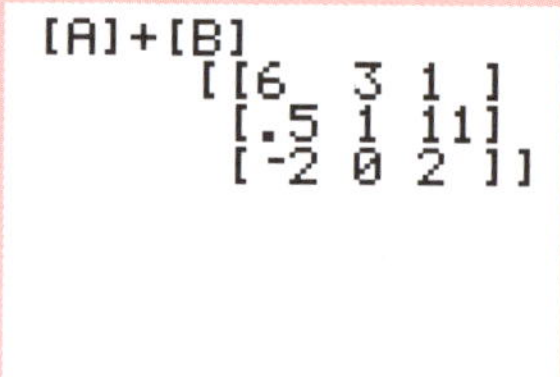

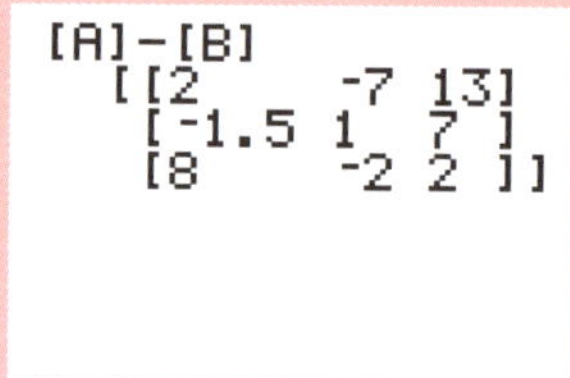

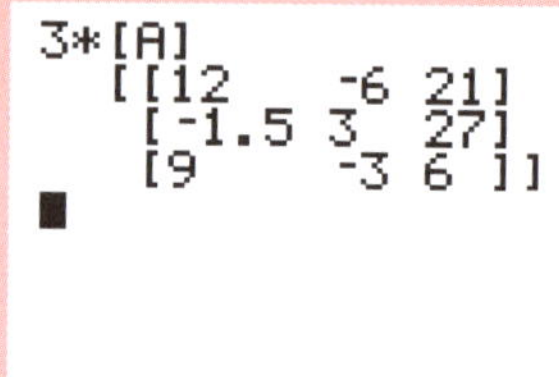

Multiplikation von Matrizen; Invertieren einer Matrix

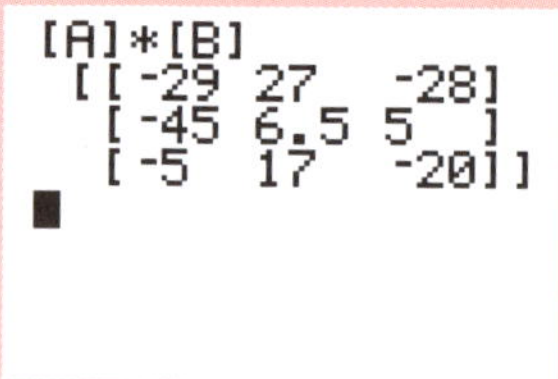

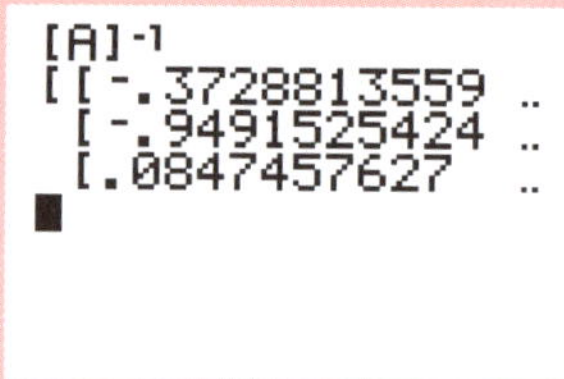

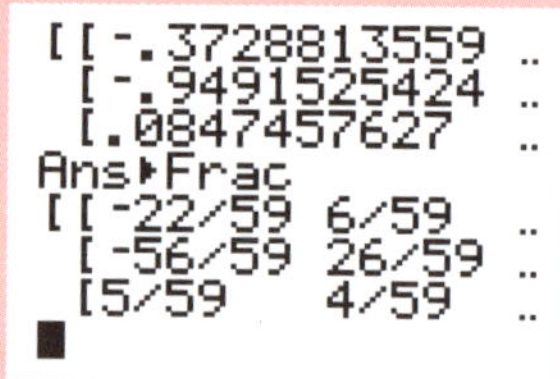

Lösen eines LGS mit der inversen Matrix

Ein LGS in der Matrizenschreibweise $A \cdot \vec{x} = \vec{b}$ hat die Lösung $\vec{x} = A^{-1} \cdot \vec{b}$.

LGS

$$\begin{cases} x_1 - 4x_2 - x_3 = 1 \\ x_1 + 2x_2 + 2x_3 = 7 \\ 3x_1 + 8x_2 - 2x_3 = -4 \end{cases}$$

LGS in Matrixschreibweise

$$\begin{pmatrix} 1 & -4 & -1 & 1 \\ 1 & 2 & 2 & 7 \\ 3 & 8 & -2 & -4 \end{pmatrix}$$

Koeffizientenmatrix A

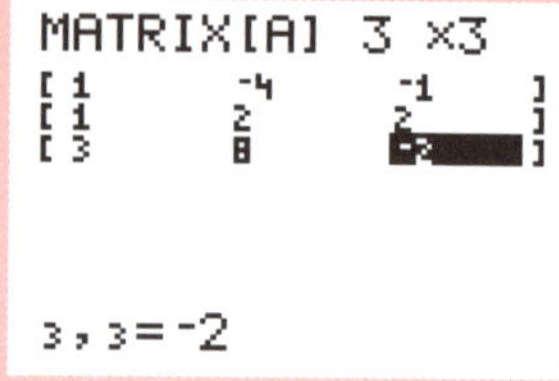

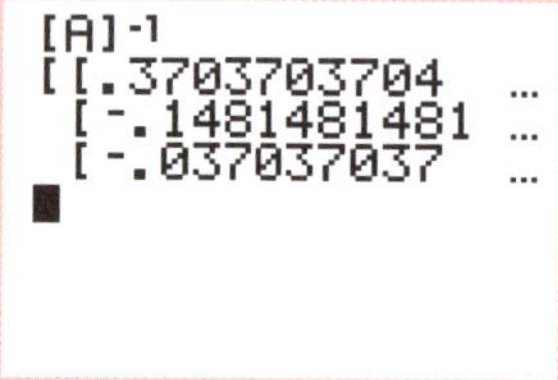

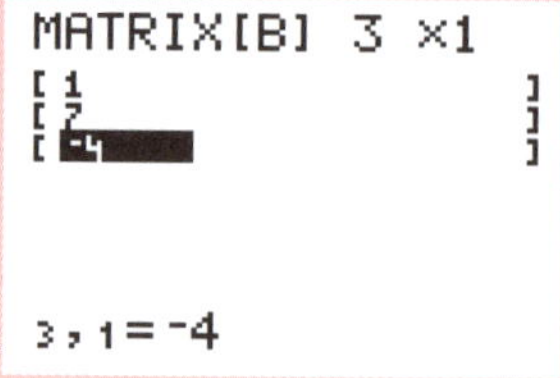

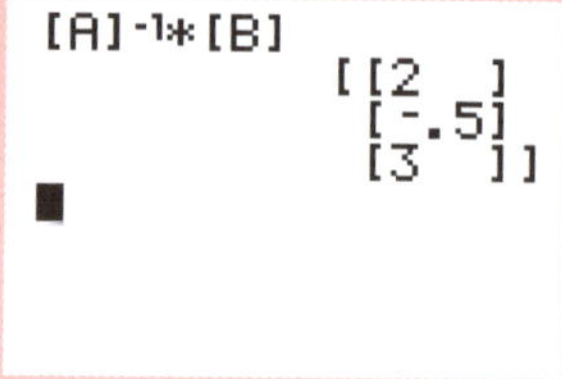

Aufgabe 1 | Lösung S. 170

Gegeben sind die Matrizen $A = \begin{pmatrix} 3 & -4 \\ 5 & 12 \end{pmatrix}$, $B = \begin{pmatrix} -1 & 0{,}5 \\ 7 & 0{,}2 \end{pmatrix}$ und $C = \begin{pmatrix} 9 & -4 \\ 1 & 0 \end{pmatrix}$.

Berechnen Sie:

a) $A - 2 \cdot B$ b) $4 \cdot B + 5 \cdot C$ c) $A \cdot B$ d) $2 \cdot A \cdot C$

e) A^{-1} f) $8 \cdot B^{-1}$ g) A^2 h) $(A \cdot B)^{-1}$

Aufgabe 2

Gegeben sind $A = \begin{pmatrix} 1 & -3 & 2 \\ 0{,}5 & 4 & -2 \\ 1 & 0{,}1 & 3 \end{pmatrix}$, $B = \begin{pmatrix} 9 & 0 & -1 \\ 5 & -5 & -2 \\ 4 & 0 & 6 \end{pmatrix}$ und $C = \begin{pmatrix} -5 & -0{,}4 & 1 \\ 6 & 2 & -3 \\ 1 & 5 & 1 \end{pmatrix}$.

Berechnen Sie:

a) $3 \cdot A + 5 \cdot B$ b) A^2 c) B^3

d) $4 \cdot A^{-1}$ e) C^{-1} f) $A \cdot C^{-1}$

Aufgabe 3

Das LGS ist in Matrix-Vektor-Schreibweise gegeben. Bestimmen Sie die Lösung.

a) $\begin{pmatrix} 3 & -1 & -6 \\ 0 & 1 & 3 \\ -6 & 2 & 12 \end{pmatrix} \cdot \begin{pmatrix} x_1 \\ x_2 \\ x_3 \end{pmatrix} = \begin{pmatrix} 3 \\ 0 \\ -6 \end{pmatrix}$ b) $\begin{pmatrix} 2 & -1 & -2 \\ 0 & 2 & 3 \\ -2 & 1 & 2 \end{pmatrix} \cdot \begin{pmatrix} x_1 \\ x_2 \\ x_3 \end{pmatrix} = \begin{pmatrix} -1 \\ 4 \\ -1 \end{pmatrix}$

Aufgabe 4

Notieren Sie das gegebene lineare Gleichungssystem in der Form $A \cdot \vec{x} = \vec{b}$.
Ermitteln Sie A^{-1} und dann die Lösung des LGS.

a)
$$\begin{aligned} -2x_1 + 4x_2 + 3x_3 &= 5 \\ -3x_1 + 6x_2 + 2x_3 &= 10 \\ x_1 + 2x_3 &= 20 \end{aligned}$$

b)
$$\begin{aligned} x_1 + x_2 + 2x_3 &= 3 \\ -x_1 + 2x_2 + 4x_3 &= 21 \\ x_1 + 4x_2 + x_3 &= 7 \end{aligned}$$

Das müssen Sie wissen:

Matrizenrechnungen mit dem GTR

Nach Eingabe von Matrizen im MATRIX EDIT-Menü kann man mit den gewöhnlichen Rechenzeichen [+], [−], [×] und [x⁻¹] die Rechnungen durchführen.
Bei der Inversenbildung ist darauf zu achten, dass ^−1 nicht zulässig ist.

Ein LGS in der Form $A \cdot \vec{x} = \vec{b}$ kann man mit der inversen Koeffizientenmatrix lösen, falls A^{-1} existiert: $\vec{x} = A^{-1} \cdot \vec{b}$.

Matrizengleichungen

In dieser Lerneinheit üben Sie,
wie man Matrizengleichungen lösen kann.

Gleichungen wie $A \cdot X = B$ oder $A \cdot \vec{x} - b = \vec{x}$ mit den quadratischen Matrizen A, B, X und den Vektoren $\vec{b}$ und $\vec{x}$ sind Beispiele für **Matrizengleichungen.**
Gesucht sind die Matrix X bzw. der Vektor $\vec{x}$.

Wichtigste **Hilfsmittel** beim Lösen einer Matrizengleichung sind:

1) Das **Multiplizieren** beider Seiten einer Gleichung mit der **Inversen** einer Matrix. Da die Multiplikation von Matrizen nicht kommutativ ist, muss jeweils von der gleichen Seite her multipliziert werden.
2) Einführung der **Einheitsmatrix E** als **„Hilfsmatrix"**.

Lösen der Gleichung $A \cdot X = B$ durch Multiplikation mit einer inversen Matrix:

$$A \cdot X = B$$
$$\Leftrightarrow \quad A^{-1} \cdot A \cdot X = A^{-1} \cdot B$$

Es gilt: $A^{-1} \cdot A = E$ und $E \cdot X = X$. Damit ergibt sich:

$$\Leftrightarrow \quad E \cdot X = A^{-1} \cdot B$$
$$\Leftrightarrow \quad X = A^{-1} \cdot B$$

Lösen der Gleichung $A \cdot \vec{x} - \vec{b} = \vec{x}$ mit der „Hilfsmatrix" E:

$$A \cdot \vec{x} - \vec{b} = \vec{x}$$
$$\Leftrightarrow \quad A \cdot \vec{x} - \vec{x} = \vec{b}$$
$$\Leftrightarrow \quad A \cdot \vec{x} - E \cdot \vec{x} = \vec{b}$$
$$\Leftrightarrow \quad (A - E) \cdot \vec{x} = \vec{b}$$
$$\Leftrightarrow \quad (A - E)^{-1} \cdot (A - E) \cdot \vec{x} = (A \cdot E)^{-1} \cdot \vec{b}$$
$$\Leftrightarrow \quad \vec{x} = (A - E)^{-1} \cdot \vec{b}$$

Aufgabe 1 | Lösung S. 171

Lösen Sie die Matrizengleichung.

a) $A \cdot X = B$ b) $X \cdot A - C = X \cdot B$ c) $3 \cdot A \cdot X = A - A \cdot X$

Aufgabe 2

Gegeben sind $A = \begin{pmatrix} 1 & -2 & 1 \\ 0 & 5 & 2 \\ -1 & -2 & 6 \end{pmatrix}$ und $B = \begin{pmatrix} 0 & 3 & -1 \\ 2 & 0 & 4 \\ 0 & 1 & 1 \end{pmatrix}$ sowie $\vec{b} = \begin{pmatrix} 1 \\ -1 \\ 2 \end{pmatrix}$.

Bestimmen Sie den Vektor $\vec{x}$.

a) $A \cdot \vec{x} = \vec{b}$
b) $(A - B)^{-1} \cdot \vec{x} = \vec{b}$
c) $A^{-1} \cdot \vec{x} = 4 \cdot \vec{b}$

Aufgabe 3

Gegeben sind die Matrizen $A = \begin{pmatrix} 2 & -1 \\ 3 & 1 \end{pmatrix}$ und $B = \begin{pmatrix} 1 & 4 \\ 5 & -2 \end{pmatrix}$.

Lösen Sie die Gleichung nach X auf und berechnen Sie X.

a) $X + A \cdot X = A^2$
b) $A \cdot X = B^{-1} + X$

Aufgabe 4

Gegeben sind die Matrizen $A = \begin{pmatrix} -1 & a_{12} \\ 4 & 3 \end{pmatrix}$ und $B = \begin{pmatrix} 1 & -1 \\ b_{21} & 2 \end{pmatrix}$ sowie die

Matrizengleichung $A + 4(X - B + E) = 2B + 2X$.

Bestimmen Sie die Matrix X in Abhängigkeit von a_{12} und b_{21}.

Welche Werte müssen a_{12} und b_{21} annehmen, wenn für $x_{12} = 3$ und $x_{21} = 4$ gilt?

Das müssen Sie wissen:

Matrizengleichungen

Gleichungen mit quadratischen Matrizen kann man ähnlich lösen wie „normale" Gleichungen. Der Zahl 0 entspricht die Nullmatrix, die als Elemente nur Nullen hat, der Zahl 1 entspricht die Einheitsmatrix E.

Wichtigste Hilfsmittel beim Lösen einer Matrizengleichung sind:
1) Multiplizieren mit einer **inversen** Matrix.
2) Einführen der Einheitsmatrix **E als Hilfsmatrix.**

Fixvektoren einer Matrix

In dieser Lerneinheit üben Sie,
wie man Fixvektoren einer Matrix bestimmen kann.

Gibt es zu einer gegebenen Matrix A einen Vektor $\vec{u} \neq \vec{0}$, so dass gilt $A \cdot \vec{u} = \vec{u}$, dann nennt man $\vec{u}$ einen **Fixvektor**.

Aus $A \cdot \vec{u} = \vec{u}$ folgt $A \cdot \vec{u} - E \cdot \vec{u} = \vec{0}$ bzw. $(A - E) \cdot \vec{u} = \vec{0}$.
Fixvektoren sind also die vom Nullvektor verschiedenen Lösungen dieser Gleichung.
Nicht jede Matrix hat Fixvektoren.

Untersuchung einer (2×2)-Matrix auf Fixvektoren:

Ist $A = \begin{pmatrix} 3 & 1 \\ -4 & -1 \end{pmatrix}$, ergibt sich das LGS $\left\{\begin{array}{l} 2u_1 + u_2 = 0 \\ -4u_1 - 2u_2 = 0 \end{array}\right.$ bzw. $\left\{\begin{array}{l} 2u_1 + u_2 = 0 \\ 2u_1 + u_2 = 0 \end{array}\right.$.

Setzt man $u_1 = r$, so folgt $u_2 = -2r$ und damit gilt: $\vec{u} = r \cdot \begin{pmatrix} 1 \\ -2 \end{pmatrix}$ mit $r \in \mathbb{R} \setminus \{0\}$.
Diese Vektoren sind also Fixvektoren der gegebenen Matrix A.

Untersuchung einer (3×3)-Matrix auf Fixvektoren:

Ist $B = \begin{pmatrix} 1 & 0 & -2 \\ 0 & 1 & 0 \\ 0 & 0 & 0 \end{pmatrix}$, ergibt sich das LGS $\left\{\begin{array}{l} 0 \cdot u_1 + 0 \cdot u_2 - 2 \cdot u_3 = 0 \\ 0 \cdot u_1 + 0 \cdot u_2 + 0 \cdot u_3 = 0 \\ 0 \cdot u_1 + 0 \cdot u_2 - 1 \cdot u_3 = 0 \end{array}\right.$.

Damit sind alle Vektoren $\begin{pmatrix} u_1 \\ u_2 \\ 0 \end{pmatrix}$ Fixvektoren. Anschaulich besagt dies, dass alle Punkte der **x_1x_2-Ebene** fest bleiben.

Matrix ohne Fixvektoren:

Für die Matrix $A = \begin{pmatrix} 0 & -1 \\ 3 & -1 \end{pmatrix}$ ergibt sich das LGS $\left\{\begin{array}{l} -u_1 - u_2 = 0 \\ 3u_1 - 2u_2 = 0 \end{array}\right.$.

Dieses LGS hat nur die Lösung $\vec{u} = \begin{pmatrix} 0 \\ 0 \end{pmatrix}$. Damit hat A keine Fixvektoren.

Aufgabe 1 | Lösung S. 171

Untersuchen Sie die Matrix A auf Fixvektoren.

a) $A = \begin{pmatrix} 3 & 1 \\ 2 & 2 \end{pmatrix}$

b) $A = \begin{pmatrix} 0 & -1 \\ 5 & -1 \end{pmatrix}$

c) $A = \begin{pmatrix} -1 & 0 & 2 \\ 2 & 3 & 0 \\ -1 & 0 & 2 \end{pmatrix}$

d) $A = \begin{pmatrix} 0 & 1 & 0 \\ 1 & 0 & 0 \\ 0 & 0 & 1 \end{pmatrix}$

Aufgabe 2

Gegeben ist die Matrix $A_t = \begin{pmatrix} -1 & t \\ -2 & 4 \end{pmatrix}$ mit $t \in \mathbb{R}$.

Für welchen Wert von t hat A Fixvektoren? Geben Sie diese an.

Aufgabe 3

Die Matrix A hat die Fixvektoren $\vec{u} = r \cdot \begin{pmatrix} -3 \\ 1 \end{pmatrix}$ mit $r \in \mathbb{R} \setminus \{0\}$.

Ermitteln Sie eine mögliche Matrix A.

Das müssen Sie wissen:

Fixvektoren einer Matrix

Gilt $A \cdot \vec{u} = \vec{u}$ mit $\vec{u} \neq \vec{0}$, so nennt man den Vektor $\vec{u}$ einen **Fixvektor** der Matrix A.

Fixvektoren ergeben sich aus der Gleichung $(A - E) \cdot \vec{u} = \vec{0}$ bzw. aus dem **zugehörigen LGS**.

Für $A = \begin{pmatrix} a_{11} & a_{12} \\ a_{21} & a_{22} \end{pmatrix}$ ist das LGS $\left\{ \begin{array}{l} (a_{11} - 1) \cdot u_1 + a_{12} \cdot u_2 = 0 \\ a_{21} \cdot u_1 + (a_{21} - 1) \cdot u_2 = 0 \end{array} \right.$ zu lösen,

für $A = \begin{pmatrix} a_{11} & a_{12} & a_{13} \\ a_{21} & a_{22} & a_{23} \\ a_{31} & a_{32} & a_{33} \end{pmatrix}$ ist das LGS $\left\{ \begin{array}{l} (a_{11} - 1) \cdot u_1 + a_{12} \cdot u_2 + a_{13} \cdot u_3 = 0 \\ a_{21} \cdot u_1 + (a_{22} - 1) \cdot u_2 + a_{23} \cdot u_3 = 0 \\ a_{31} \cdot u_1 + a_{32} \cdot u_2 + (a_{33} - 1) \cdot u_3 = 0 \end{array} \right.$ zu lösen.

Bei einer (3×3)-Matrix können **alle Punkte einer Ebene** fest bleiben.

Eigenwerte und Eigenvektoren einer Matrix

In dieser Lerneinheit üben Sie,
wie man Eigenwerte und Eigenvektoren einer Matrix bestimmen kann.

Gibt es zu einer gegebenen Matrix A einen Vektor $\vec{u} \neq \vec{0}$, so dass gilt $A \cdot \vec{u} = \lambda \cdot \vec{u}$, dann nennt man λ **Eigenwert** und $\vec{u}$ einen zu λ gehörenden **Eigenvektor**.

Aus $A \cdot \vec{u} = \lambda \cdot \vec{u}$ folgt $A \cdot \vec{u} - \lambda \cdot E \cdot \vec{u} = \vec{0}$ bzw. $(A - \lambda \cdot E) \cdot \vec{u} = \vec{0}$.

Für die (2 × 2)-Matrix $A = \begin{pmatrix} a_{11} & a_{12} \\ a_{21} & a_{22} \end{pmatrix}$ ergibt sich das LGS $\left\{ \begin{array}{l} (a_{11} - \lambda) \cdot u_1 + a_{12} \cdot u_2 = 0 \\ a_{21} \cdot u_1 + (a_{12} - \lambda) \cdot u_2 = 0 \end{array} \right.$.

Das LGS hat von $\vec{u} = \vec{0}$ verschiedene Lösungen, wenn die Determinante gleich null ist.

Aus $\begin{vmatrix} a_{11} - \lambda & a_{12} \\ a_{21} & a_{22} - \lambda \end{vmatrix} = 0$ folgt $(a_{11} - \lambda) \cdot (a_{22} - \lambda) - a_{21} \cdot a_{12} = 0$.

Diese Gleichung heißt **charakteristische Gleichung.**
Nicht jede Matrix hat Eigenwerte und damit Eigenvektoren.
Fixvektoren sind Eigenvektoren zum Eigenwert 1.

Für die (3 × 3)-Matrix $A = \begin{pmatrix} a_{11} & a_{12} & a_{31} \\ a_{21} & a_{22} & a_{23} \\ a_{31} & a_{32} & a_{33} \end{pmatrix}$ folgt aus $\begin{vmatrix} a_{11} - \lambda & a_{12} & a_{13} \\ a_{21} & a_{22} - \lambda & a_{23} \\ a_{31} & a_{32} & a_{33} - \lambda \end{vmatrix} = 0$ die charakteristische Gleichung.

Untersuchung einer (2 × 2)-Matrix:
Eigenwerte:
Ist $A = \begin{pmatrix} 1 & 1 \\ 2 & 0 \end{pmatrix}$, ergibt sich die charakteristische Gleichung $(1 - \lambda) \cdot (0 - \lambda) - 2 \cdot 1 = 0$ bzw. $\lambda^2 - \lambda - 2 = 0$ mit den Lösungen $\lambda_1 = -1$; $\lambda_2 = 2$.

Eigenvektoren:

$$\lambda_1 = -1: \quad \left\{ \begin{array}{l} (1 - (-1)) \cdot u_1 + 1 \cdot u_2 = 0 \\ 2 \cdot u_1 + (0 - (-1)) \cdot u_2 = 0 \end{array} \right. \quad \text{bzw.} \quad \left\{ \begin{array}{l} 2u_1 + u_2 = 0 \\ 2u_1 + u_2 = 0 \end{array} \right. ; \quad \vec{u} = r \cdot \begin{pmatrix} 1 \\ -2 \end{pmatrix};\ r \in \mathbb{R} \setminus \{0\}$$

$$\lambda_2 = 2: \quad \left\{ \begin{array}{l} (1 - 2) \cdot u_1 + 1 \cdot u_2 = 0 \\ 2 \cdot u_1 + (0 - 2) \cdot u_2 = 0 \end{array} \right. \quad \text{bzw.} \quad \left\{ \begin{array}{l} -u_1 + u_2 = 0 \\ 2u_1 - 2u_2 = 0 \end{array} \right. ; \quad \vec{u} = s \cdot \begin{pmatrix} 1 \\ 1 \end{pmatrix};\ s \in \mathbb{R} \setminus \{0\}$$

Aufgabe 1 | Lösung S. 172

Untersuchen Sie die Matrix A auf Eigenwerte und Eigenvektoren.

a) $A = \begin{pmatrix} 1 & 2 \\ 3 & 2 \end{pmatrix}$ b) $A = \begin{pmatrix} \frac{5}{2} & \frac{1}{2} \\ -\frac{1}{2} & \frac{5}{2} \end{pmatrix}$ c) $A = \begin{pmatrix} 3 & 1 \\ -4 & -1 \end{pmatrix}$ d) $A = \begin{pmatrix} 2 & -1 \\ 1 & 2 \end{pmatrix}$

Aufgabe 2

Für jedes $t \in \mathbb{R}$ ist eine Matrix A_t gegeben durch $A_t = \begin{pmatrix} 1 & \frac{4}{3} \\ -1 & t \end{pmatrix}$.

a) Für welche Werte von t besitzt A_t jeweils keinen, genau einen, zwei verschiedene Eigenwerte? Geben Sie diese Eigenwerte jeweils in Abhängigkeit von t an.
b) Bestimmen Sie den zweiten Eigenwert, wenn −1 ein Eigenwert ist.
c) Für welchen Wert von t hat A_t den Eigenwert 0? Welches ist dann der zweite Eigenwert?

Aufgabe 3

Welche Matrix A hat die Eigenvektoren $\vec{u} = r \cdot \begin{pmatrix} 2 \\ 1 \end{pmatrix}$ zum Eigenwert 2 und die Eigenvektoren $\vec{u} = s \cdot \begin{pmatrix} 1 \\ 1 \end{pmatrix}$ zum Eigenwert 3?

Aufgabe 4

Begründen Sie: Eine (2×2)-Matrix hat entweder keinen, einen oder zwei Eigenwerte.

Aufgabe 5

Gegeben ist die Matrix $A = \begin{pmatrix} 1 & 3 & 5 \\ 0 & -2 & 7 \\ 0 & 0 & 2 \end{pmatrix}$. Zeigen Sie: A hat die Eigenwerte 1, 2 und −2 mit den Eigenvektoren $\vec{u} = r \cdot \begin{pmatrix} 1 \\ 0 \\ 0 \end{pmatrix}$ bzw. $\vec{u} = r \cdot \begin{pmatrix} 41 \\ 7 \\ 4 \end{pmatrix}$ bzw. $\vec{u} = r \cdot \begin{pmatrix} 1 \\ -1 \\ 0 \end{pmatrix}$ mit $r \in \mathbb{R} \setminus \{0\}$.

Das müssen Sie wissen:

Eigenwerte und Eigenvektoren einer Matrix

Gilt $A \cdot \vec{u} = \lambda \cdot \vec{u}$ mit $\vec{u} \neq \vec{0}$, nennt man λ **Eigenwert** und $\vec{u}$ **Eigenvektor** der Matrix A.
Für eine (2×2)-Matrix ergeben sich die Eigenwerte aus der **charakteristischen Gleichung**

$\begin{vmatrix} a_{11} - \lambda & a_{12} \\ a_{21} & a_{22} - \lambda \end{vmatrix} = 0$ bzw. $(a_{11} - \lambda) \cdot (a_{22} - \lambda) - a_{21} \cdot a_{12} = 0$ und die **Eigenvektoren** aus dem

LGS $\begin{cases} (a_{11} - \lambda) \cdot u_1 + a_{12} \cdot u_2 = 0 \\ a_{21} \cdot u_1 + (a_{12} - \lambda) \cdot u_2 = 0 \end{cases}$.

Für eine (3×3)-Matrix gelten entsprechende Überlegungen (vgl. Aufg. 5).

Darstellungen einer Abbildung

In dieser Lerneinheit üben Sie,
wie man die Darstellung einer affinen Abbildung ermitteln kann.

Eine umkehrbare geradentreue Abbildung der Ebene auf sich heißt **affine Abbildung.** Sie bildet also Geraden auf Geraden ab; zu jedem Bildpunkt gibt es genau einen Punkt als Urbild. Jede affine Abbildung ist festgelegt durch drei Punkte A, B und C und ihre Bildpunkte A', B', C'. Dabei dürfen weder A, B, C noch A', B', C' auf einer Geraden liegen.

Bei einer affinen Abbildung wird der Punkt X mit dem Ortsvektor

$\vec{x} = x_1 \cdot \begin{pmatrix} 1 \\ 0 \end{pmatrix} + x_2 \cdot \begin{pmatrix} 0 \\ 1 \end{pmatrix}$

auf den Punkt X' mit dem Ortsvektor

$\vec{x}' = \overrightarrow{OO'} + x_1 \cdot \overrightarrow{O'E'_1} + x_2 \cdot \overrightarrow{O'E'_2}$ (1)

abgebildet (vgl. Fig.). Dabei ist

$\overrightarrow{O'E'_1} = \vec{a} = \begin{pmatrix} a_1 \\ a_2 \end{pmatrix}$, $\overrightarrow{O'E'_2} = \vec{b} = \begin{pmatrix} b_1 \\ b_2 \end{pmatrix}$,

$\overrightarrow{OO'} = \vec{c} = \begin{pmatrix} c_1 \\ c_2 \end{pmatrix}$.

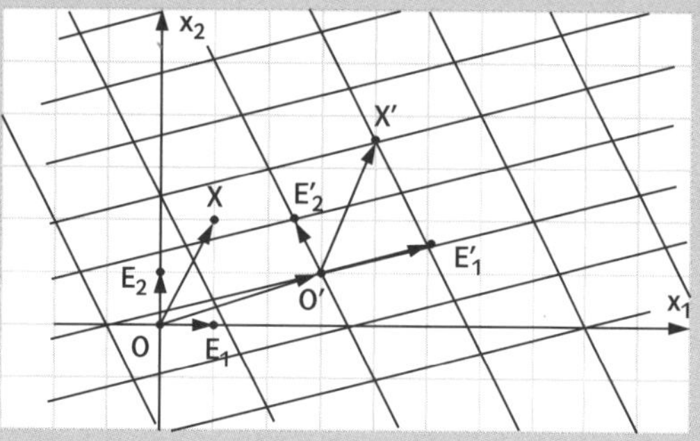

Es gibt verschiedene Darstellungen einer affinen Abbildung:

Koordinatendarstellung:

$x_1' = x_1 a_1 + x_2 b_1 + c_1$
$x_2' = x_1 a_2 + x_2 b_2 + c_2$

Vektordarstellung:

$\vec{x}' = x_1 \cdot \vec{a} + x_2 \cdot \vec{b} + \vec{c}$ bzw. $\begin{pmatrix} x_1' \\ x_2' \end{pmatrix} = x_1 \cdot \begin{pmatrix} a_1 \\ a_2 \end{pmatrix} + x_2 \cdot \begin{pmatrix} b_1 \\ b_2 \end{pmatrix} + \begin{pmatrix} c_1 \\ c_2 \end{pmatrix}$

Matrixdarstellung:

$\vec{x}' = A \cdot \vec{x} + \vec{c}$ bzw. $\begin{pmatrix} x_1' \\ x_2' \end{pmatrix} = \begin{pmatrix} a_1 & b_1 \\ a_2 & b_2 \end{pmatrix} \cdot \begin{pmatrix} x_1 \\ x_2 \end{pmatrix} + \begin{pmatrix} c_1 \\ c_2 \end{pmatrix}$

Hierfür schreibt man auch $\alpha(\vec{x}) = A \cdot \vec{x} + \vec{c}$ bzw. $f(\vec{x}) = A \cdot \vec{x} + \vec{c}$.

Strategien zur Bestimmung einer Darstellung einer affinen Abbildung:

1) Sind drei Punkte A, B und C sowie deren Bildpunkte A', B' und C' gegeben, setzt man die Koordinaten dieser Punkte in die Koordinatendarstellung ein und erhält ein eindeutig lösbares LGS für a_1, a_2, b_1, b_2, c_1, c_2.
2) Sind $O(0|0)$, $E_1(1|0)$, $E_2(0|1)$ die drei gegebenen Punkte mit den Bildpunkten O', E_1', E_2', ergibt sich eine Vektordarstellung direkt aus Gleichung (1).

Aufgabe 1 | Lösung S. 174

Die affine Abbildung α bildet $O(0|0)$ auf O', $E_1(1|0)$ auf E_1', $E_2(0|1)$ auf E_2' ab.
Ermitteln Sie die Matrixdarstellung von α.

a) $O'(2|-1)$, $E_1'(4|2)$, $E_2'(3|4)$

b) $O'(-3|5)$, $E_1'(1|7)$, $E_2'(-5|9)$

Aufgabe 2

Die affine Abbildung α bildet A auf A', B auf B', C auf C' ab. Ermitteln Sie die Koordinatendarstellung von α; geben Sie auch die Vektor- und Matrixdarstellung von α an.

a) $A(2|2)$, $B(1|-1)$, $C(-1|0)$, $A'(-2|4)$, $B'(-13|6)$, $C'(-7|3)$

b) $A(2|0)$, $B(-1|4)$, $C(5|1)$, $A'(10|-12)$, $B'(3|-2)$, $C'(27|-32)$

Aufgabe 3

Bei der affinen Abbildung α wird der Punkt P auf sich abgebildet, d.h. P ist Fixpunkt; weiterhin wird Q auf Q' und R auf R' abgebildet. Ermitteln Sie α.

a) $P(0|0)$, $Q(2|3)$, $Q'(-1|4)$, $R(-4|1)$, $R'(3|7)$

b) $P(-1|4)$, $Q(2|3)$, $Q'(10|24)$, $R(-4|1)$, $R'(-16|-32)$

Das müssen Sie wissen:

Darstellungen und Ermittlung einer affinen Abbildung α

Koordinatendarstellung:

$$x_1' = x_1a_1 + x_2b_1 + c_1$$
$$x_2' = x_1a_2 + x_2b_2 + c_2$$

Vektordarstellung:

$$\vec{x}' = x_1 \cdot \vec{a} + x_2 \cdot \vec{b} + \vec{c} \quad \text{bzw.} \quad \begin{pmatrix} x_1' \\ x_2' \end{pmatrix} = x_1 \cdot \begin{pmatrix} a_1 \\ a_2 \end{pmatrix} + x_2 \cdot \begin{pmatrix} b_1 \\ b_2 \end{pmatrix} + \begin{pmatrix} c_1 \\ c_2 \end{pmatrix}$$

Matrixdarstellung:

$$\vec{x}' = A \cdot \vec{x} + \vec{c} \quad \text{bzw.} \quad \begin{pmatrix} x_1' \\ x_2' \end{pmatrix} = \begin{pmatrix} a_1 & b_1 \\ a_2 & b_2 \end{pmatrix} \cdot \begin{pmatrix} x_1 \\ x_2 \end{pmatrix} + \begin{pmatrix} c_1 \\ c_2 \end{pmatrix} \quad \text{bzw.} \quad \alpha(\vec{x}) = A \cdot \vec{x} + \vec{c}$$

Sind drei **Punkte** und ihre **Bildpunkte** gegeben, erhält man aus der Koordinatendarstellung ein **eindeutig lösbares LGS** für die Koordinaten von $\vec{a}$, $\vec{b}$ und $\vec{c}$.

Umkehrbare und nicht umkehrbare Abbildungen

In dieser Lerneinheit üben Sie,
wie man feststellen kann, ob eine Abbildung umkehrbar ist oder nicht und wie man im Falle der Umkehrbarkeit die zugehörige Abbildung ermitteln kann.

Ordnet die Abbildung α dem Punkt P den Punkt P′ zu, so ordnet die **Umkehrabbildung** α^{-1} dem Punkt P′ den Punkt P zu.
Affine Abbildungen sind umkehrbar. Die **Umkehrabbildung** der affinen Abbildung
α: $\vec{x}' = A \cdot \vec{x} + \vec{c}$ ist
α^{-1}: $\vec{x}' = A^{-1} \cdot \vec{x} - A^{-1} \cdot \vec{c}$ mit

$A = \begin{pmatrix} a_1 & b_1 \\ a_2 & b_2 \end{pmatrix}$; $A^{-1} = \frac{1}{D} \cdot \begin{pmatrix} b_2 & -b_1 \\ -a_2 & a_1 \end{pmatrix}$ und der Determinante $D = a_1 \cdot b_2 - a_2 \cdot b_1 \neq 0$.

Beispiel einer umkehrbaren Abbildung:
Für die Abbildung α: $\vec{x}' = \begin{pmatrix} 2 & 1 \\ 5 & 4 \end{pmatrix} \cdot \vec{x} + \begin{pmatrix} 1 \\ -2 \end{pmatrix}$ ist $A = \begin{pmatrix} 2 & 1 \\ 5 & 4 \end{pmatrix}$ mit $D = 2 \cdot 4 - 5 \cdot 1 = 3$.
Die Determinante ist ungleich null; d.h. die Abbildung ist umkehrbar.
Die inverse Matrix von A ist $A^{-1} = \frac{1}{3} \cdot \begin{pmatrix} 4 & -1 \\ -5 & 2 \end{pmatrix}$. Somit ergibt sich:

$$\alpha^{-1}: \vec{x}' = \frac{1}{3} \cdot \begin{pmatrix} 4 & -1 \\ -5 & 2 \end{pmatrix} \cdot \vec{x} - \frac{1}{3} \cdot \begin{pmatrix} 4 & -1 \\ -5 & 2 \end{pmatrix} \cdot \begin{pmatrix} 1 \\ -2 \end{pmatrix} = \frac{1}{3} \cdot \begin{pmatrix} 4 & -1 \\ -5 & 2 \end{pmatrix} \cdot \vec{x} + \begin{pmatrix} -2 \\ 3 \end{pmatrix}.$$

Beispiel einer nicht umkehrbaren Abbildung:
Für die Projektion parallel zur x_2-Achse auf die Gerade g mit der Gleichung $\vec{x} = r \cdot \begin{pmatrix} 1 \\ 1 \end{pmatrix}$ gilt (vgl. Fig.):

$x_1' = x_1$
$x_2' = x_1$ bzw. $\vec{x}' = \begin{pmatrix} 1 & 0 \\ 1 & 0 \end{pmatrix} \cdot \vec{x}$.

Die Determinante der Matrix $A = \begin{pmatrix} 1 & 0 \\ 1 & 0 \end{pmatrix}$
ist $D = 1 \cdot 0 - 1 \cdot 0 = 0$.
Diese Abbildung ist nicht umkehrbar;
ein Bildpunkt auf g hat keinen eindeutig festgelegten Punkt als Urbild.

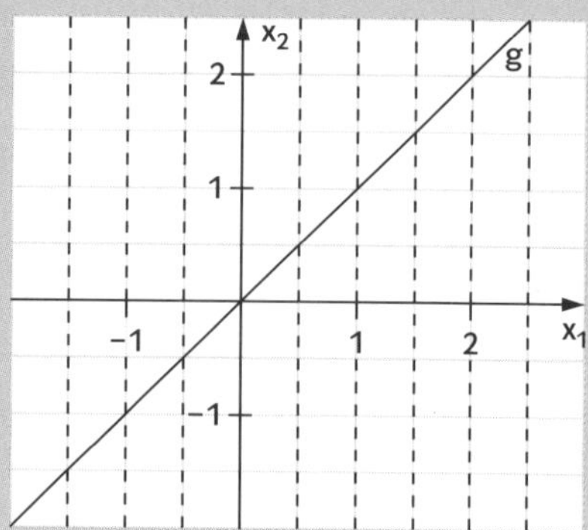

Aufgabe 1 | Lösung S. 174

Ermitteln Sie die Matrixdarstellung der Umkehrabbildung, falls diese existiert.

a) $\vec{x}' = \begin{pmatrix} -5 & 1 \\ -1 & 3 \end{pmatrix} \cdot \vec{x}$ b) $\vec{x}' = \begin{pmatrix} 1 & 3 \\ -1 & 2 \end{pmatrix} \cdot \vec{x} + \begin{pmatrix} 2 \\ -1 \end{pmatrix}$ c) $\vec{x}' = \begin{pmatrix} -1 & 2 \\ -1 & 2 \end{pmatrix} \cdot \vec{x} + \begin{pmatrix} 1 \\ -1 \end{pmatrix}$

Aufgabe 2

Gegeben ist die Abbildung α: $\vec{x}' = \begin{pmatrix} 3 & b_1 \\ 1 & b_2 \end{pmatrix} \cdot \vec{x}$. Welche Beziehung muss zwischen b_1 und b_2 bestehen, damit α nicht umkehrbar ist?

Aufgabe 3

Ermitteln Sie die Matrixdarstellung der Abbildung.

a) Die Abbildung α projiziert jeden Punkt der Ebene in Richtung des Vektors $\begin{pmatrix} 1 \\ 2 \end{pmatrix}$ auf die x_1-Achse.

b) Die Abbildung β projiziert jeden Punkt der Ebene in Richtung der x_1-Achse auf die Gerade g mit der Gleichung $\vec{x} = r \cdot \begin{pmatrix} 1 \\ 2 \end{pmatrix}$; $r \in \mathbb{R}$.

Das müssen Sie wissen:

Umkehrbare und nicht umkehrbare Abbildungen

Die Abbildung α: $\vec{x}' = A \cdot \vec{x} + \vec{c}$ mit $A = \begin{pmatrix} a_1 & b_1 \\ a_2 & b_2 \end{pmatrix}$ ist umkehrbar, wenn die Matrix A invertierbar ist.

Dies ist der Fall, wenn für die Determinante D von A gilt:
$D = a_1 \cdot b_2 - a_2 \cdot b_1 \neq 0$.

Für die Umkehrabbildung gilt dann:

α^{-1}: $\vec{x}' = A^{-1} \cdot \vec{x} - A^{-1} \cdot \vec{c}$ mit $A^{-1} = \frac{1}{D} \cdot \begin{pmatrix} b_2 & -b_1 \\ -a_2 & a_1 \end{pmatrix}$.

Bilder von Punkten und Geraden

In dieser Lerneinheit üben Sie,
wie man die Koordinaten von Bildpunkten bzw. die Gleichung einer Bildgeraden bei einer Abbildung ermitteln kann.

Koordinaten eines Bildpunktes:
Um den Ortsvektor des Bildpunktes P′ von P unter der Abbildung
$\alpha\colon \vec{x}' = A \cdot \vec{x} + \vec{c}$
zu ermitteln, berechnet man
$\vec{p}' = A \cdot \vec{p} + \vec{c}$.

Gleichung einer Bildgeraden:
Um eine Gleichung der Bildgeraden g′ von
$g\colon \vec{x} = \vec{p} + t \cdot \vec{u}$
unter der Abbildung
$\alpha\colon \vec{x}' = A \cdot \vec{x} + \vec{c}$
zu ermitteln, berechnet man

$$\begin{aligned}\vec{x}' &= A \cdot (\vec{p} + t \cdot \vec{u}) + \vec{c}\\ &= A \cdot \vec{p} + \vec{c} + t \cdot A \cdot \vec{u}.\end{aligned}$$

Gegeben ist die Abbildung $\alpha\colon \vec{x}' = \begin{pmatrix} 3 & -2 \\ 2 & 5 \end{pmatrix} \cdot \vec{x} + \begin{pmatrix} 3 \\ -1 \end{pmatrix}$.

Koordinaten des Bildes des Punktes P(4 | 3):

$$\vec{p}' = \begin{pmatrix} 3 & -2 \\ 2 & 5 \end{pmatrix} \cdot \begin{pmatrix} 4 \\ 3 \end{pmatrix} + \begin{pmatrix} 3 \\ -1 \end{pmatrix} = \begin{pmatrix} 12-6 \\ 8+15 \end{pmatrix} + \begin{pmatrix} 3 \\ -1 \end{pmatrix} = \begin{pmatrix} 6 \\ 23 \end{pmatrix} + \begin{pmatrix} 3 \\ -1 \end{pmatrix} = \begin{pmatrix} 9 \\ 22 \end{pmatrix};\ P'(9 \mid 22)$$

Gleichung der Bildgeraden von $g\colon \vec{x} = \begin{pmatrix} 8 \\ -2 \end{pmatrix} + t \cdot \begin{pmatrix} -1 \\ 3 \end{pmatrix};\ t \in \mathbb{R}$:

$$\begin{aligned} g'\colon \vec{x} &= \begin{pmatrix} 3 & -2 \\ 2 & 5 \end{pmatrix} \cdot \left[\begin{pmatrix} 8 \\ -2 \end{pmatrix} + t \cdot \begin{pmatrix} -1 \\ 3 \end{pmatrix}\right] + \begin{pmatrix} 3 \\ -1 \end{pmatrix}\\ &= \begin{pmatrix} 3 & -2 \\ 2 & 5 \end{pmatrix} \cdot \begin{pmatrix} 8 \\ -2 \end{pmatrix} + t \cdot \begin{pmatrix} 3 & -2 \\ 2 & 5 \end{pmatrix} \cdot \begin{pmatrix} -1 \\ 3 \end{pmatrix} + \begin{pmatrix} 3 \\ -1 \end{pmatrix}\\ &= \begin{pmatrix} 24+4 \\ 16-10 \end{pmatrix} + \begin{pmatrix} 3 \\ -1 \end{pmatrix} + t \cdot \begin{pmatrix} -3-6 \\ -2+15 \end{pmatrix}\\ &= \begin{pmatrix} 31 \\ 5 \end{pmatrix} + t \cdot \begin{pmatrix} -9 \\ 13 \end{pmatrix};\ t \in \mathbb{R}\end{aligned}$$

Aufgabe 1 | Lösung S. 175

Bestimmen Sie das Bild des Punktes P für die affine Abbildung α.

a) P(2 | − 3); α: $\vec{x}' = \begin{pmatrix} -1 & 2 \\ 3 & -5 \end{pmatrix} \cdot \vec{x}$

b) P(− 5 | 2); α: $\vec{x}' = \begin{pmatrix} 4 & 3 \\ -2 & 1 \end{pmatrix} \cdot \vec{x} + \begin{pmatrix} -2 \\ 3 \end{pmatrix}$

Aufgabe 2

Ermitteln Sie eine Gleichung der Bildgeraden g′ für die Abbildung α.

a) α: $\vec{x}' = \begin{pmatrix} 3 & -1 \\ -2 & 4 \end{pmatrix} \cdot \vec{x}$; g: $\vec{x} = t \cdot \begin{pmatrix} 5 \\ 7 \end{pmatrix}$

b) α: $\vec{x}' = \begin{pmatrix} -2 & 9 \\ -6 & -3 \end{pmatrix} \cdot \vec{x}$; g: $\vec{x} = \begin{pmatrix} 0 \\ 5 \end{pmatrix} + t \cdot \begin{pmatrix} 4 \\ -9 \end{pmatrix}$

c) α: $\vec{x}' = \begin{pmatrix} 5 & 0 \\ -4 & 3 \end{pmatrix} \cdot \vec{x} + \begin{pmatrix} -8 \\ 1 \end{pmatrix}$; g: $\vec{x} = \begin{pmatrix} 8 \\ -2 \end{pmatrix} + t \cdot \begin{pmatrix} -1 \\ 3 \end{pmatrix}$

Aufgabe 3

Ermitteln Sie für α: $\vec{x}' = \begin{pmatrix} 2 & 7 \\ -11 & 8 \end{pmatrix} \cdot \vec{x} + \begin{pmatrix} 9 \\ 17 \end{pmatrix}$ die Bilder der Punkte P(− 3 | 7) und Q(2 | 5) sowie die Bilder der Geraden g: $\vec{x} = \begin{pmatrix} 17 \\ -0{,}5 \end{pmatrix} + t \cdot \begin{pmatrix} -6 \\ 1{,}5 \end{pmatrix}$ und h: $\vec{x} = \begin{pmatrix} -8 \\ -9 \end{pmatrix} + t \cdot \begin{pmatrix} -6 \\ 11 \end{pmatrix}$.

Das müssen Sie wissen:

Bilder von Punkten und Geraden

Abbildung α: $\vec{x}' = A \cdot \vec{x} + \vec{c}$

Hat P den Ortsvektor $\vec{p}$, gilt für den Ortsvektor $\vec{p}'$ des **Bildpunktes**:
P′: $\vec{p}' = A \cdot \vec{p} + \vec{c}$.

Hat die Gerade g die Gleichung $\vec{x} = \vec{p} + t \cdot \vec{u}$, gilt für die **Gleichung der Bildgeraden**:
g′: $\vec{x}' = A \cdot \vec{p} + \vec{c} + t \cdot A \cdot \vec{u}$.

Verschiebungen, Streckungen, Drehungen

Hier geht's zum passenden Lern-Video

In dieser Lerneinheit üben Sie,
wie man die Gleichung einer Abbildung bestimmen kann.

Strategien zur Bestimmung der Gleichung einer Abbildung:

a) Man bestimmt die Koordinaten der Bildpunkte von $O(0\,|\,0)$, $E_1(1\,|\,0)$, $E_2(0\,|\,1)$ und verwendet die Gleichung $\vec{x}' = \overrightarrow{OO'} + x_1 \cdot \overrightarrow{O'E_1'} + x_2 \cdot \overrightarrow{O'E_2'}$.

b) Man berechnet die Koordinaten des Bildpunktes X' von $X(x_1\,|\,x_2)$.

Verschiebungen

Nach der Strategie b) erhält man (Fig. 1):

$$\vec{x}' = \vec{x} + \vec{v} = \begin{pmatrix} x_1 \\ x_2 \end{pmatrix} + \begin{pmatrix} v_1 \\ v_2 \end{pmatrix} = \begin{pmatrix} 1 & 0 \\ 0 & 1 \end{pmatrix} \cdot \vec{x} + \begin{pmatrix} v_1 \\ v_2 \end{pmatrix}.$$

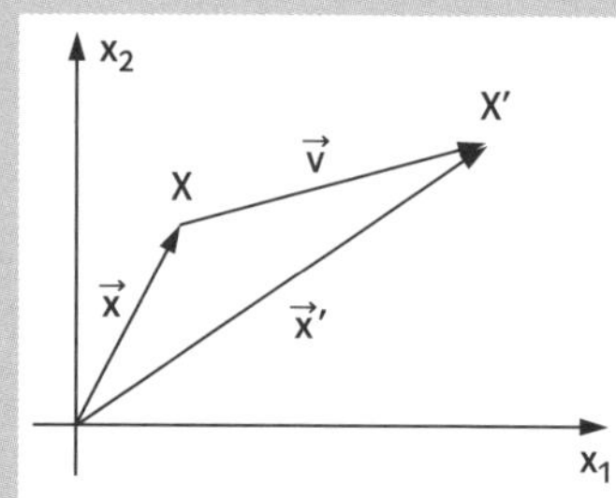

Fig. 1

Zentrische Streckungen

Mit dem Streckfaktor k gilt (Fig. 2):

$$\vec{x}' = k \cdot \vec{x} = k \cdot \begin{pmatrix} x_1 \\ x_2 \end{pmatrix} = \begin{pmatrix} k \cdot x_1 \\ k \cdot x_2 \end{pmatrix} = \begin{pmatrix} k & 0 \\ 0 & k \end{pmatrix} \cdot \vec{x}.$$

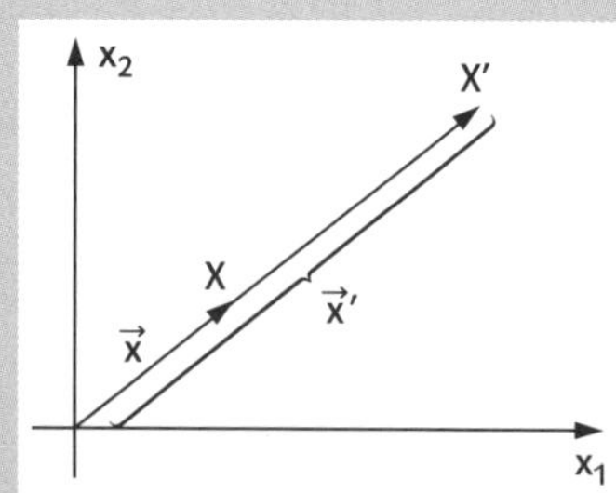

Fig. 2

Drehungen um den Ursprung mit dem Winkel φ

Mit $\vec{x} = \begin{pmatrix} x_1 \\ x_2 \end{pmatrix} = \begin{pmatrix} r \cdot \cos(\alpha) \\ r \cdot \sin(\alpha) \end{pmatrix}$ ergibt sich (Fig. 3):

$$\vec{x}' = \begin{pmatrix} r \cdot \cos(\alpha + \varphi) \\ r \cdot \sin(\alpha + \varphi) \end{pmatrix}.$$

Unter Verwendung der Additionstheoreme
$\sin(\alpha + \beta) = \sin(\alpha) \cdot \cos(\beta) + \cos(\alpha) \cdot \sin(\beta)$
$\cos(\alpha + \beta) = \cos(\alpha) \cdot \cos(\beta) - \sin(\alpha) \cdot \sin(\beta)$
erhält man:

$$\vec{x}' = \begin{pmatrix} r \cdot \cos(\alpha + \varphi) \\ r \cdot \sin(\alpha + \varphi) \end{pmatrix}$$

$$= \begin{pmatrix} r \cdot \cos(\alpha) \cdot \cos(\varphi) - r \cdot \sin(\alpha) \cdot \sin(\varphi) \\ r \cdot \sin(\alpha) \cdot \cos(\varphi) + r \cdot \cos(\alpha) \cdot \sin(\varphi) \end{pmatrix}$$

$$= \begin{pmatrix} x_1 \cdot \cos(\varphi) - x_2 \cdot \sin(\varphi) \\ x_2 \cdot \cos(\varphi) + x_1 \cdot \sin(\varphi) \end{pmatrix}$$

$$= \begin{pmatrix} \cos(\varphi) & -\sin(\varphi) \\ \sin(\varphi) & \cos(\varphi) \end{pmatrix} \cdot \vec{x}.$$

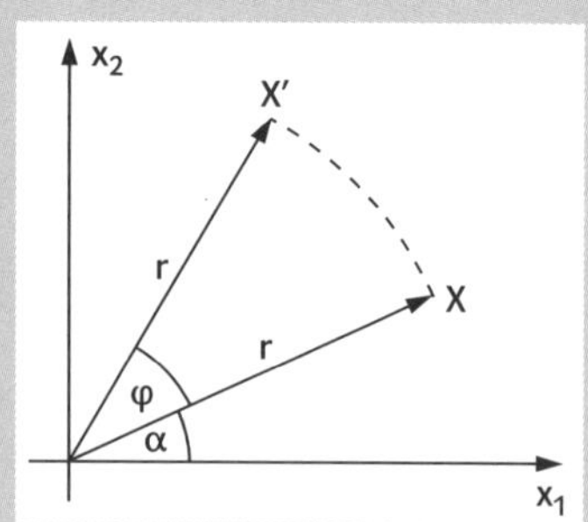

Fig. 3

Aufgabe 1 | Lösung S. 175

Ermitteln Sie die Matrixdarstellung einer Verschiebung um den Vektor

a) $\vec{v} = \begin{pmatrix} 3 \\ -1 \end{pmatrix}$ b) $\vec{v} = \begin{pmatrix} -0{,}5 \\ 1{,}25 \end{pmatrix}$ c) $\vec{v} = \begin{pmatrix} 0{,}75 \\ 2{,}2 \end{pmatrix}$ d) $\vec{v} = \begin{pmatrix} -3 \\ -5{,}5 \end{pmatrix}$.

Aufgabe 2

Ermitteln Sie die Matrixdarstellung einer zentrischen Streckung vom Ursprung aus mit dem Streckfaktor

a) $k = 3$ b) $k = -4$ c) $k = 0{,}5$ d) $k = -2{,}5$.

Aufgabe 3

Ermitteln Sie die Matrixdarstellung einer Drehung um den Ursprung O um den Winkel

a) $\varphi = 30°$ b) $\varphi = 45°$ c) $\varphi = 60°$ d) $\varphi = 90°$.

Aufgabe 4

Zeigen Sie, dass es sich bei der Matrixdarstellung $\vec{x}' = \begin{pmatrix} \frac{2}{3} \cdot \sqrt{2} & -\frac{1}{3} \\ \frac{1}{3} & \frac{2}{3} \cdot \sqrt{2} \end{pmatrix} \cdot \vec{x}$ um eine Drehung handelt.

Bestimmen Sie den Drehwinkel.

Aufgabe 5

Ermitteln Sie eine Gleichung der Bildgeraden g′ der Geraden

g: $\vec{x} = \begin{pmatrix} 2 \\ 1 \end{pmatrix} + t \cdot \begin{pmatrix} 3 \\ 2 \end{pmatrix}$, $t \in \mathbb{R}$

bei einer Drehung um den Ursprung um den Winkel $\varphi = 60°$.

Das müssen Sie wissen:

Verschiebungen	Zentrische Streckungen	Drehungen um O(0 | 0)
Verschiebungsvektor $\vec{v}$	Streckfaktor k	Drehwinkel φ
$\vec{x}' = \begin{pmatrix} 1 & 0 \\ 0 & 1 \end{pmatrix} \cdot \vec{x} + \vec{v}$	$\vec{x}' = \begin{pmatrix} k & 0 \\ 0 & k \end{pmatrix} \cdot \vec{x}$	$\vec{x}' = \begin{pmatrix} \cos(\varphi) & -\sin(\varphi) \\ \sin(\varphi) & \cos(\varphi) \end{pmatrix} \cdot \vec{x}$

Spiegelung an einer Geraden

Hier geht's zum passenden Lern-Video

In dieser Lerneinheit üben Sie,
wie man die Gleichung einer Abbildung bei einer Spiegelung an einer Geraden g bestimmen kann.

Orthogonale Spiegelung an einer Geraden durch den Ursprung

Gegeben ist die Gerade g: $\vec{x} = r \cdot \begin{pmatrix} 2 \\ 1 \end{pmatrix}$; $r \in \mathbb{R}$. Gesucht ist die Abbildungsgleichung in Matrizenform für die orthogonale Spiegelung an g (Fig. 1).

Es sei l die Lotgerade zu g durch den Punkt P:

l: $\vec{x} = \vec{p} + s \cdot \begin{pmatrix} 1 \\ -2 \end{pmatrix}$; $s \in \mathbb{R}$.

Für den Schnittpunkt S von g und l gilt:

$r \cdot \begin{pmatrix} 2 \\ 1 \end{pmatrix} = \vec{p} + s \cdot \begin{pmatrix} 1 \\ -2 \end{pmatrix}$. Aus $\begin{cases} 2r = p_1 + s \\ r = p_2 - 2s \end{cases}$ folgt

$s = \frac{1}{5}(-p_1 + 2p_2)$.

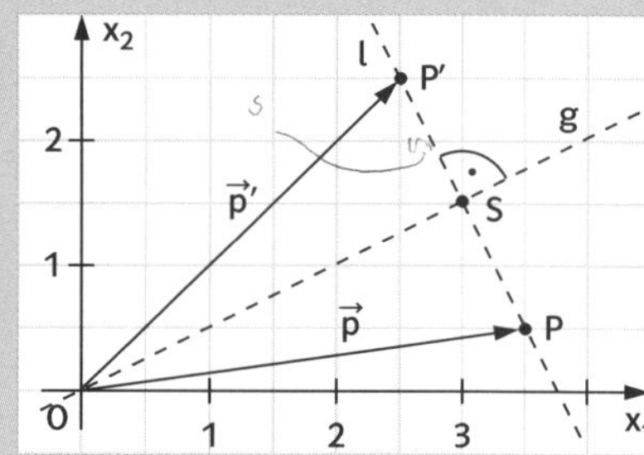

Fig. 1

Für den Ortsvektor $\vec{p}'$ des Bildpunktes P' von P gilt damit (Fig. 1):

$$\vec{p}' = \vec{p} + 2 \cdot s \cdot \begin{pmatrix} 1 \\ -2 \end{pmatrix} = \begin{pmatrix} p_1 \\ p_2 \end{pmatrix} + 2 \cdot \frac{1}{5}(-p_1 + 2p_2) \cdot \begin{pmatrix} 1 \\ -2 \end{pmatrix} = \begin{pmatrix} p_1 - \frac{2}{5}p_1 + \frac{4}{5}p_2 \\ p_2 + \frac{4}{5}p_1 - \frac{8}{5}p_2 \end{pmatrix}$$

$$= \begin{pmatrix} \frac{3}{5}p_1 + \frac{4}{5}p_2 \\ \frac{4}{5}p_1 - \frac{3}{5}p_2 \end{pmatrix} = \begin{pmatrix} \frac{3}{5} & \frac{4}{5} \\ \frac{4}{5} & -\frac{3}{5} \end{pmatrix} \cdot \begin{pmatrix} p_1 \\ p_2 \end{pmatrix} = \begin{pmatrix} \frac{3}{5} & \frac{4}{5} \\ \frac{4}{5} & -\frac{3}{5} \end{pmatrix} \cdot \vec{p}.$$

Für einen Punkt $X(x_1 | x_2)$ und den Bildpunkt $X'(x_1' | x_2')$ gilt also: $\vec{x}' = \begin{pmatrix} \frac{3}{5} & \frac{4}{5} \\ \frac{4}{5} & -\frac{3}{5} \end{pmatrix} \cdot \vec{x}$.

Orthogonale Spiegelung an einer Geraden, die nicht durch den Ursprung geht

Für die orthogonale Spiegelung (Fig. 2) an der Geraden h: $\vec{x} = \begin{pmatrix} 0 \\ 1 \end{pmatrix} + r \cdot \begin{pmatrix} 2 \\ 1 \end{pmatrix}$ ergibt eine entsprechende Rechnung

$s = \frac{1}{5}(-p_1 + 2p_2 - 2)$.

Die Abbildungsgleichung ist

$$\vec{x}' = \begin{pmatrix} \frac{3}{5} & \frac{4}{5} \\ \frac{4}{5} & -\frac{3}{5} \end{pmatrix} \cdot \vec{x} - \frac{4}{5} \cdot \begin{pmatrix} 1 \\ 2 \end{pmatrix}.$$

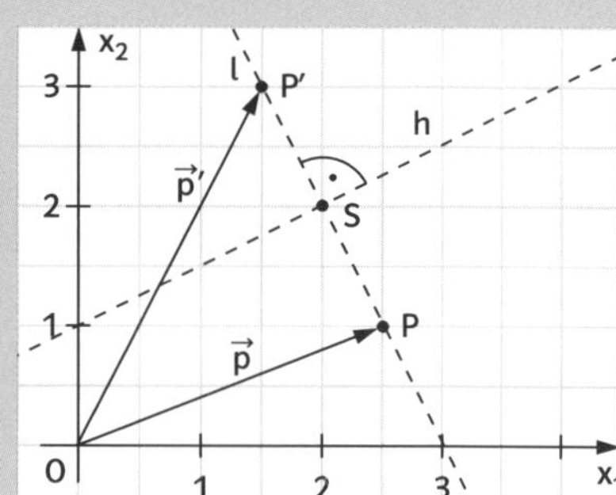

Fig. 2

Aufgabe 1 | Lösung S. 176

Ermitteln Sie die Matrixdarstellung einer orthogonalen Spiegelung an der Geraden

a) $\vec{x} = r \cdot \begin{pmatrix} 1 \\ 2 \end{pmatrix}$ b) $\vec{x} = r \cdot \begin{pmatrix} 2 \\ -1 \end{pmatrix}$ c) $\vec{x} = \begin{pmatrix} 2 \\ 3 \end{pmatrix} + r \cdot \begin{pmatrix} 2 \\ 1 \end{pmatrix}$ d) $\vec{x} = \begin{pmatrix} 1 \\ -2 \end{pmatrix} + r \cdot \begin{pmatrix} 4 \\ -1 \end{pmatrix}$.

Aufgabe 2

Ermitteln Sie eine Gleichung der Bildgeraden g' der Geraden g: $\vec{x} = \begin{pmatrix} 2 \\ 1 \end{pmatrix} + t \cdot \begin{pmatrix} 1 \\ 1 \end{pmatrix}$ bei der orthogonalen Spiegelung an der Geraden $\vec{x} = r \cdot \begin{pmatrix} 3 \\ 1 \end{pmatrix}$.

Aufgabe 3

Zeigen Sie: Für die Abbildungsmatrix A einer orthogonalen Spiegelung an der Geraden g: $\vec{x} = r \cdot \begin{pmatrix} u \\ v \end{pmatrix}$ gilt: $A = \frac{1}{u^2 + v^2} \cdot \begin{pmatrix} u^2 - v^2 & 2uv \\ 2uv & v^2 - u^2 \end{pmatrix}$.

Aufgabe 4

Für eine Spiegelung mit der Abbildungsgleichung $\vec{x}' = A \cdot \vec{x}$ gilt: $A \cdot A = E$.
Erläutern Sie diesen Sachverhalt.

Das müssen Sie wissen:

Orthogonale Spiegelung an einer Geraden g

Gegeben ist die Gerade g: $\vec{x} = \vec{u} + r \cdot \vec{v} = \vec{u} + r \cdot \begin{pmatrix} v_1 \\ v_2 \end{pmatrix}$

Um die **Abbildungsgleichung** zu ermitteln, sind folgende Schritte durchzuführen:

1) Gleichung der zu g orthogonalen Geraden l durch $P(p_1 | p_2)$ mit dem Ortsvektor $\vec{p}$:
l: $\vec{x} = \begin{pmatrix} p_1 \\ p_2 \end{pmatrix} + s \cdot \begin{pmatrix} v_2 \\ -v_1 \end{pmatrix}$, denn es ist $\begin{pmatrix} v_1 \\ v_2 \end{pmatrix} \cdot \begin{pmatrix} v_2 \\ -v_1 \end{pmatrix} = 0$.
2) $g \cap l$ ergibt ein LGS für r und s; Bestimmung von s in Abhängigkeit von p_1 und p_2.
3) Ortsvektor $\vec{p}'$ des Bildpunktes P': $\vec{p}' = \vec{p} + 2 \cdot s \cdot \begin{pmatrix} v_2 \\ -v_1 \end{pmatrix}$ mit dem in 2) bestimmten s.

Parallelprojektion auf eine Gerade

In dieser Lerneinheit üben Sie,
wie man die Gleichung einer Abbildung bei einer Parallelprojektion in vorgegebener Richtung auf eine Gerade g bestimmen kann.

Parallelprojektion auf eine Gerade durch den Ursprung

Gegeben ist die Gerade g: $\vec{x} = r \cdot \begin{pmatrix} 2 \\ 1 \end{pmatrix}$; $r \in \mathbb{R}$. Gesucht ist die Abbildungsgleichung in Matrizenform für die Parallelprojektion in Richtung $\vec{v} = \begin{pmatrix} 2 \\ -1 \end{pmatrix}$ auf die Gerade g (Fig. 1).

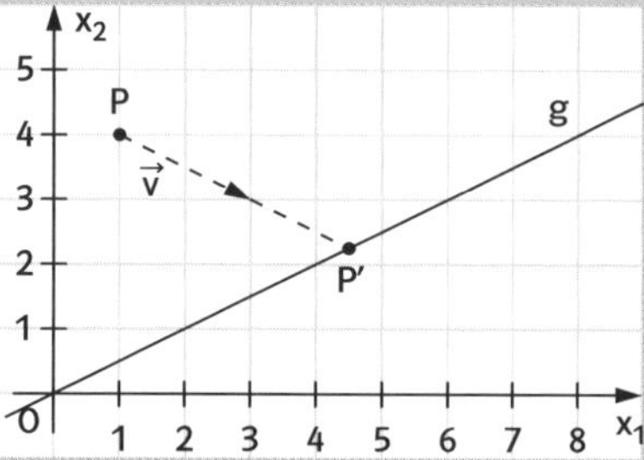

Fig. 1

Es sei l die Gerade durch den Punkt P mit dem Richtungsvektor $\vec{v}$:

l: $\vec{x} = \vec{p} + s \cdot \begin{pmatrix} 2 \\ -1 \end{pmatrix}$; $s \in \mathbb{R}$.

Für den Schnittpunkt S von g und l gilt:

$r \cdot \begin{pmatrix} 2 \\ 1 \end{pmatrix} = \vec{p} + s \cdot \begin{pmatrix} 2 \\ -1 \end{pmatrix}$. Aus $\begin{cases} 2r = p_1 + 2s \\ r = p_2 - s \end{cases}$ folgt

$s = \frac{1}{4}(-p_1 + 2p_2)$.

Für den Ortsvektor $\vec{p}'$ des Bildpunktes P' von P gilt damit (Fig. 1):

$$\vec{p}' = \vec{p} + s \cdot \begin{pmatrix} 2 \\ -1 \end{pmatrix} = \begin{pmatrix} p_1 \\ p_2 \end{pmatrix} + \frac{1}{4}(-p_1 + 2p_2) \cdot \begin{pmatrix} 2 \\ -1 \end{pmatrix} = \begin{pmatrix} p_1 - \frac{2}{5}p_1 + p_2 \\ p_2 + \frac{1}{4}p_1 - \frac{1}{2}p_2 \end{pmatrix}$$

$$= \begin{pmatrix} \frac{1}{2}p_1 + p_2 \\ \frac{1}{4}p_1 + \frac{1}{2}p_2 \end{pmatrix} = \begin{pmatrix} \frac{1}{2} & 1 \\ \frac{1}{4} & \frac{1}{2} \end{pmatrix} \cdot \begin{pmatrix} p_1 \\ p_2 \end{pmatrix} = \begin{pmatrix} \frac{1}{2} & 1 \\ \frac{1}{4} & \frac{1}{2} \end{pmatrix} \cdot \vec{p}.$$

Für einen Punkt $X(x_1 | x_2)$ und den Bildpunkt $X'(x_1' | x_2')$ gilt also: $\vec{x} = \begin{pmatrix} 0{,}5 & 1 \\ 0{,}25 & 0{,}5 \end{pmatrix} \cdot \vec{x}$.

Parallelprojektion auf eine Gerade, die nicht durch den Ursprung geht

Für die Parallelprojektion in Richtung

$\vec{v} = \begin{pmatrix} 2 \\ -1 \end{pmatrix}$ auf h: $\vec{x} = \begin{pmatrix} 0 \\ 1 \end{pmatrix} + r \cdot \begin{pmatrix} 2 \\ 1 \end{pmatrix}$

ergibt eine entsprechende Rechnung

$s = \frac{1}{5}(-p_1 + 2p_2 - 2)$.

Die Abbildungsgleichung ist

$\vec{x}' = \begin{pmatrix} 0{,}5 & 1 \\ 0{,}25 & 0{,}5 \end{pmatrix} \cdot \vec{x} + \begin{pmatrix} -1 \\ 0{,}5 \end{pmatrix}$.

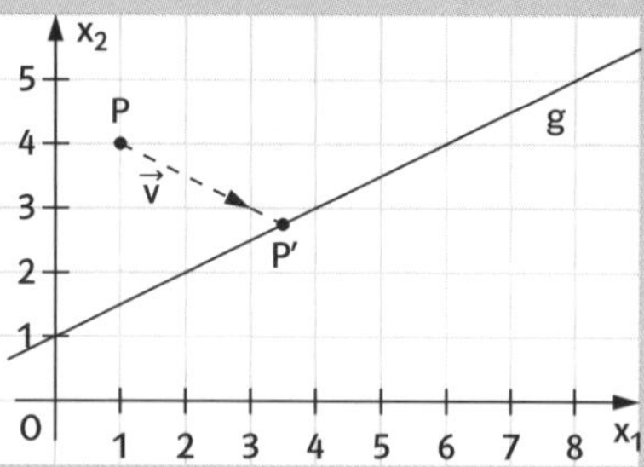

Fig. 2

Aufgabe 1 | Lösung S. 177

Ermitteln Sie die Gleichung einer Parallelprojektion in Richtung $\vec{v}$ auf die Gerade g.

a) $\vec{v} = \begin{pmatrix} 1 \\ -1 \end{pmatrix}$; g: $\vec{x} = r \cdot \begin{pmatrix} 2 \\ 1 \end{pmatrix}$

b) $\vec{v} = \begin{pmatrix} 1 \\ 0 \end{pmatrix}$; g: $\vec{x} = r \cdot \begin{pmatrix} 1 \\ -1 \end{pmatrix}$

c) $\vec{v} = \begin{pmatrix} -1 \\ -2 \end{pmatrix}$; g: $\vec{x} = \begin{pmatrix} 0 \\ 2 \end{pmatrix} + r \cdot \begin{pmatrix} 3 \\ 1 \end{pmatrix}$

d) $\vec{v} = \begin{pmatrix} 1 \\ 1 \end{pmatrix}$; g: $\vec{x} = \begin{pmatrix} 1 \\ 0{,}5 \end{pmatrix} + r \cdot \begin{pmatrix} 2 \\ -1 \end{pmatrix}$

Aufgabe 2

Die Abbildung α ist die Parallelprojektion in Richtung $\vec{v} = \begin{pmatrix} 2 \\ 3 \end{pmatrix}$ auf die Gerade g: $\vec{x} = r \cdot \begin{pmatrix} 1 \\ -3 \end{pmatrix}$.

a) Bestimmen Sie die Abbildungsgleichung für α in der Form $\vec{x}' = A \cdot \vec{x}$.

b) Ermitteln Sie die Koordinaten der Bildpunkte von A(2 | 3) und B(0 | −3).

c) Weisen Sie die Gültigkeit der Gleichung $A^2 = A$ nach.

Erläutern Sie diese Gleichung im Sachzusammenhang.

Das müssen Sie wissen:

Parallelprojektion in Richtung $\vec{v}$ auf eine Gerade g

Gegeben sind die Projektionsrichtung $\vec{v} = \begin{pmatrix} v_1 \\ v_2 \end{pmatrix}$ und die Gerade g: $\vec{x} = \vec{u} + r \cdot \vec{w}$.

Um die **Abbildungsgleichung** zu ermitteln, sind folgende **Schritte** durchzuführen:

1) Gleichung der Geraden l durch $P(p_1 | p_2)$ mit dem Ortsvektor $\vec{p}$ und dem Richtungsvektor $\vec{v}$:
l: $\vec{x} = \begin{pmatrix} p_1 \\ p_2 \end{pmatrix} + s \cdot \begin{pmatrix} v_1 \\ v_2 \end{pmatrix}$.

2) $g \cap l$ ergibt ein LGS für r und s; Bestimmung von s in Abhängigkeit von p_1 und p_2.

3) Ortsvektor $\vec{p}'$ des Bildpunktes P': $\vec{p}' = \vec{p} + s \cdot \begin{pmatrix} v_1 \\ v_2 \end{pmatrix}$ mit dem in 2) bestimmten s.

(Beachten Sie den Unterschied zwischen den Ortsvektoren von P' bei einer orthogonalen Spiegelung und einer Parallelprojektion!)

Fixpunkte und Fixpunktgeraden

Hier geht's zum passenden Lern-Video

verständlich 274

In dieser Lerneinheit üben Sie,
wie man Fixpunkte und Fixpunktgeraden einer Abbildung ermitteln kann.

Ein Punkt, der bei einer Abbildung auf sich abgebildet wird, heißt **Fixpunkt**.
Eine Gerade, die aus lauter Fixpunkten besteht, heißt **Fixpunktgerade**.

Ein Punkt F mit dem Ortsvektor $\vec{x}$ ist Fixpunkt der Abbildung

$\alpha\colon\ \vec{x}' = A \cdot \vec{x} + \vec{c}$ mit $A = \begin{pmatrix} a_1 & b_1 \\ a_2 & b_2 \end{pmatrix}$,

wenn gilt:

$A \cdot \vec{x} + \vec{c} = \vec{x}$ bzw. $(A - E) \cdot \vec{x} = -\vec{c}$.

Hieraus folgt das LGS $\left\{ \begin{array}{l} (a_1 - 1) \cdot x_1 + b_1 \cdot x_2 = -c_1 \\ a_2 \cdot x_1 + (b_2 - 1) \cdot x_2 = -c_2 \end{array} \right.$.

Hat dieses LGS
- **genau eine Lösung**, dann hat α **genau einen Fixpunkt**,
- **keine Lösung**, dann hat α **keinen Fixpunkt**,
- **unendlich viele Lösungen**, dann hat α eine **Fixpunktgerade**.

Für die Abbildung $\alpha\colon\ \vec{x}' = \begin{pmatrix} 6 & -4 \\ -3 & 1 \end{pmatrix} \cdot \vec{x} + \begin{pmatrix} 2 \\ 6 \end{pmatrix}$ ergibt sich das LGS $\left\{ \begin{array}{r} 5 \cdot x_1 - 4 \cdot x_2 = -2 \\ -3 \cdot x_1 = -6 \end{array} \right.$
mit der einzigen Lösung (2; 3). Damit ist $F(2\,|\,3)$ der **einzige Fixpunkt** von α.

Für die Abbildung $\beta\colon\ \vec{x}' = \begin{pmatrix} 2 & 1 \\ 1 & 2 \end{pmatrix} \cdot \vec{x} + \begin{pmatrix} -5 \\ 1 \end{pmatrix}$ ergibt sich das LGS $\left\{ \begin{array}{l} x_1 + x_2 = 5 \\ x_1 + x_2 = -1 \end{array} \right.$
Dieses LGS hat keine Lösung. Damit hat β auch **keinen Fixpunkt**.

Für die Abbildung $\gamma\colon\ \vec{x}' = \begin{pmatrix} -2 & 6 \\ 4 & -7 \end{pmatrix} \cdot \vec{x} + \begin{pmatrix} 3 \\ -4 \end{pmatrix}$ ergibt sich das LGS

$\left\{ \begin{array}{l} -3x_1 + 6x_2 = -3 \\ 4x_1 - 8x_2 = 4 \end{array} \right.$ bzw. $\left\{ \begin{array}{l} x_1 - 2x_2 = 1 \\ x_1 - 2x_2 = 1 \end{array} \right.$.

Dieses LGS hat die Lösungsmenge $\{(x_1; x_2)\,|\,x_1 - 2x_2 = 1\}$.
Damit ist die Gerade mit der Gleichung $x_1 - 2x_2 = 1$ **Fixpunktgerade** von γ.

Aufgabe 1 | Lösung S. 177

Bestimmen Sie alle Fixpunkte der Abbildung.

a) $\vec{x}' = \begin{pmatrix} 3 & 1 \\ 1 & 2 \end{pmatrix} \cdot \vec{x} + \begin{pmatrix} 1 \\ -1 \end{pmatrix}$ b) $\vec{x}' = \begin{pmatrix} 5 & -4 \\ -4 & 5 \end{pmatrix} \cdot \vec{x} + \begin{pmatrix} 2 \\ -3 \end{pmatrix}$ c) $\vec{x}' = \begin{pmatrix} 5 & -2 \\ 6 & -2 \end{pmatrix} \cdot \vec{x} + \begin{pmatrix} 2 \\ 3 \end{pmatrix}$

Aufgabe 2

Die Abbildung α hat die Fixpunktgerade g; der Punkt P wird auf P′ abgebildet. Ermitteln Sie die Abbildungsgleichung von α.

a) g: $x_1 + x_2 = 0$; P(3 | 0); P′(6 | −3) b) g: $x_1 - x_2 + 1 = 0$; P(0 | 4); P′(6 | 1)

Aufgabe 3

Für jedes $t \in \mathbb{R}$ ist eine Abbildung gegeben durch

$$\alpha_t:\ \vec{x}' = \begin{pmatrix} 4t-3 & 1-t \\ 8t-4 & 2-2t \end{pmatrix} \cdot \vec{x} + \begin{pmatrix} 1-t \\ 1-2t \end{pmatrix}.$$

a) Zeigen Sie, dass alle α_t eine gemeinsame Fixpunktgerade haben.
b) Für welchen Wert von t ist α_t nicht umkehrbar? Ist für diesen Wert von t die Gleichung $A^2 = A$ erfüllt?
   Ermitteln Sie die Bildpunkte von P(0 | 3) und Q(1 | 0). Welche Abbildung vermuten Sie?
c) Skizzieren Sie für $t = 0{,}5$ die Fixpunktgerade sowie einige Punkte und deren Bildpunkte. Ist für $t = 0{,}5$ die Gleichung $A^2 = E$ erfüllt? Beschreiben Sie die Abbildung.

Das müssen Sie wissen:

Fixpunkte und Fixpunktgeraden

Die Bedingung für Fixpunkte bei der Abbildung $\alpha:\ \vec{x}' = A \cdot \vec{x} + \vec{c}$ ist
$A \cdot \vec{x} + \vec{c} = \vec{x}$ bzw. $(A-E) \cdot \vec{x} = -\vec{c}$.

Hieraus folgt das LGS $\left\{ \begin{array}{l} (a_1-1) \cdot x_1 + b_1 \cdot x_2 = -c_1 \\ a_2 \cdot x_1 + (b_2-1) \cdot x_2 = -c_2 \end{array} \right.$.

Das LGS hat
1) **genau eine** Lösung, dann hat α **genau einen Fixpunkt**,
2) **keine** Lösung, dann hat α **keinen Fixpunkt**,
3) **unendlich viele** Lösungen, dann hat α eine **Fixpunktgerade**.

Fixgeraden

In dieser Lerneinheit üben Sie,
wie man Fixgeraden einer Abbildung ermitteln kann.

Eine Gerade, die auf sich selbst abgebildet wird, heißt **Fixgerade.**

Eine Gerade f: $\vec{x} = \vec{p} + t \cdot \vec{u}$ ist genau dann eine Fixgerade der Abbildung α: $\vec{x}' = A \cdot \vec{x} + \vec{c}$, wenn der Vektor $A \cdot (\vec{p} + t \cdot \vec{u}) + \vec{c} = A \cdot \vec{p} + \vec{c} + t \cdot A \cdot \vec{u}$ wieder ein Ortsvektor eines Punktes der Geraden f ist. Dies bedeutet:

1) $A \cdot \vec{u}$ muss ein Vielfaches von $\vec{u}$ sein; d.h. $\vec{u}$ muss ein **Eigenvektor** sein.
2) Es muss ein $t_0 \in \mathbb{R}$ existieren mit $A \cdot \vec{p} + \vec{c} = \vec{p} + t_0 \cdot \vec{u}$;
   d.h. auch $A \cdot \vec{p} + \vec{c} - \vec{p}$ muss ein Vielfaches von $\vec{u}$ sein.

Strategie zur Ermittlung von Fixgeraden:
Man berechnet zunächst die **Fixpunkte**, die **Eigenwerte** und die **Eigenvektoren.**

- Ist P mit dem Ortsvektor $\vec{p}$ ein Fixpunkt von α, ist die Gerade f: $\vec{x} = \vec{p} + t \cdot \vec{u}$ genau dann **Fixgerade** von α, wenn $\vec{u}$ Eigenvektor von A ist.
- Hat α keinen Fixpunkt, ist die Gerade f: $\vec{x} = \vec{p} + t \cdot \vec{u}$ genau dann **Fixgerade**, wenn
  1) $\vec{u}$ ein Eigenvektor von A und
  2) $A \cdot \vec{p} + \vec{c} - \vec{p}$ ein Vielfaches von $\vec{u}$ ist.

Die Abbildung α: $\vec{x}' = \begin{pmatrix} -3 & -2 \\ 5 & 4 \end{pmatrix} \cdot \vec{x} + \begin{pmatrix} 0 \\ 1 \end{pmatrix}$ hat den Fixpunkt $F(1\,|-2)$; $\lambda_1 = 2$; $\lambda_2 = -1$;

Eigenvektoren zu $\lambda_1 = 2$ sind $\vec{u} = r \cdot \begin{pmatrix} 2 \\ -5 \end{pmatrix}$; Eigenvektoren zu $\lambda_2 = -1$ sind $\vec{u} = s \cdot \begin{pmatrix} 1 \\ -1 \end{pmatrix}$.

Fixgeraden: f_1: $\vec{x} = \begin{pmatrix} 1 \\ -2 \end{pmatrix} + r \cdot \begin{pmatrix} 2 \\ -5 \end{pmatrix}$ und f_2: $\vec{x} = \begin{pmatrix} 1 \\ -2 \end{pmatrix} + s \cdot \begin{pmatrix} 1 \\ -1 \end{pmatrix}$

Die Abbildung β: $\vec{x}' = \begin{pmatrix} 1 & 0 \\ 0 & -1 \end{pmatrix} \cdot \vec{x} + \begin{pmatrix} 3 \\ 0 \end{pmatrix}$ hat keinen Fixpunkt; $\lambda_1 = 1$; $\vec{u} = r \cdot \begin{pmatrix} 1 \\ 0 \end{pmatrix}$;

$\lambda_2 = -1$; $\vec{u} = s \cdot \begin{pmatrix} 0 \\ 1 \end{pmatrix}$. Es ist $A \cdot \vec{p} + \vec{c} - \vec{p} = \begin{pmatrix} 1 & 0 \\ 0 & -1 \end{pmatrix} \cdot \begin{pmatrix} p_1 \\ p_2 \end{pmatrix} + \begin{pmatrix} 3 \\ 0 \end{pmatrix} - \begin{pmatrix} p_1 \\ p_2 \end{pmatrix} = \begin{pmatrix} 3 \\ -2p_2 \end{pmatrix}$.

Die Bedingung $\begin{pmatrix} 3 \\ -2p_2 \end{pmatrix} = r \cdot \begin{pmatrix} 1 \\ 0 \end{pmatrix}$ ist erfüllt für $r = 3$; $p_1 \in \mathbb{R}$; $p_2 = 0$;

die Bedingung $\begin{pmatrix} 3 \\ -2p_2 \end{pmatrix} = s \cdot \begin{pmatrix} 0 \\ 1 \end{pmatrix}$ ist nicht erfüllbar.

Fixgerade: $\vec{x} = \begin{pmatrix} p_1 \\ 0 \end{pmatrix} + t \cdot \begin{pmatrix} 1 \\ 0 \end{pmatrix} = t^* \cdot \begin{pmatrix} 1 \\ 0 \end{pmatrix}$, d.h. die x_1-Achse.

Aufgabe 1 | Lösung S. 179

Untersuchen Sie die Abbildung α auf Fixgeraden.

a) $\alpha: \vec{x}' = \begin{pmatrix} 4 & 5 \\ -2 & -3 \end{pmatrix} \cdot \vec{x} + \begin{pmatrix} 1 \\ 0 \end{pmatrix}$

b) $\alpha: \vec{x}' = \begin{pmatrix} -3 & 4 \\ 4 & -3 \end{pmatrix} \cdot \vec{x} + \begin{pmatrix} 2 \\ -2 \end{pmatrix}$

c) $\alpha: \vec{x}' = \begin{pmatrix} 3 & 2 \\ -2 & -1 \end{pmatrix} \cdot \vec{x}$

d) $\alpha: \vec{x}' = \begin{pmatrix} 7 & -6 \\ 3 & -2 \end{pmatrix} \cdot \vec{x} + \begin{pmatrix} 4 \\ 5 \end{pmatrix}$

e) $\alpha: \vec{x}' = \begin{pmatrix} 1 & -2 \\ 2 & 2 \end{pmatrix} \cdot \vec{x}$

f) $\alpha: \vec{x}' = \begin{pmatrix} \frac{1}{2} & \frac{1}{2} \\ 1 & 0 \end{pmatrix} \cdot \vec{x} + \begin{pmatrix} \frac{3}{2} \\ 3 \end{pmatrix}$

Aufgabe 2

Bestimmen Sie die Fixpunkte, Fixpunktgerade und Fixgeraden von α_t in Abhängigkeit von t.

a) $\alpha_t: \vec{x}' = \begin{pmatrix} 1 & 0 \\ 1+t & -t \end{pmatrix} \cdot \vec{x};\ t \neq -1$

b) $\alpha_t: \vec{x}' = \begin{pmatrix} 1+t & t \\ -t & 1-t \end{pmatrix} \cdot \vec{x};\ t \neq 0$

Aufgabe 3

Die Abbildung α_t hat den Fixpunkt $F(3|1)$ und bildet für $t \neq 1$ den Punkt $A(1|1)$ auf $A'(-1+4t|-1+2t)$, den Punkt $B(1|0)$ auf $B'(2-2t|1-t)$ ab.

a) Ermitteln Sie die Matrixdarstellung von α_t.

b) Bestimmen Sie t so, dass alle Fixgeraden von α_t parallel sind.

Das müssen Sie wissen:

Fixgeraden

Strategie zur Ermittlung von Fixgeraden:

Man berechnet zunächst die **Fixpunkte** von α sowie die **Eigenwerte** und **Eigenvektoren** von A.

a) Hat α einen Fixpunkt, so ist f: $\vec{x} = \vec{p} + t \cdot \vec{u}$ genau dann **Fixgerade**, wenn $\vec{u}$ Eigenvektor ist.

b) Hat α keinen Fixpunkt, so ist f: $\vec{x} = \vec{p} + t \cdot \vec{u}$ genau dann **Fixgerade**, wenn

1) $\vec{u}$ ein Eigenvektor von A und
2) $A \cdot \vec{p} + \vec{c} - \vec{p}$ ein Vielfaches von $\vec{u}$ ist.

Verkettung von Abbildungen

Hier geht's zum passenden Lern-Video

In dieser Lerneinheit üben Sie,
wie man Abbildungen verkettet.

Das Hintereinanderausführen von Abbildungen nennt man **Verketten**. Die Matrixdarstellung einer Verkettung erhält man mithilfe der **Matrizenmultiplikation**, denn es gilt: Sind durch $\alpha\colon \vec{x}' = A \cdot \vec{x} + \vec{c}_1$ und $\beta\colon \vec{x}' = B \cdot \vec{x} + \vec{c}_2$ zwei Abbildungen gegeben, so gilt für die Verkettung die Reihenfolge „erst β, dann α":

$$\begin{aligned}\alpha \circ \beta\colon \vec{x}' &= A \cdot (B \cdot \vec{x} + \vec{c}_2) + \vec{c}_1 \\ &= A \cdot B \cdot \vec{x} + A \cdot \vec{c}_2 + \vec{c}_1 \\ &= C \cdot \vec{x} + \vec{d}\end{aligned}$$

mit $A \cdot B = C$ und $A \cdot \vec{c}_2 + \vec{c}_1 = \vec{d}$.

Für $\alpha\colon \vec{x}' = \begin{pmatrix} 1 & -1 \\ 2 & 3 \end{pmatrix} \cdot \vec{x} + \begin{pmatrix} 3 \\ 4 \end{pmatrix}$ und $\beta\colon \vec{x}' = \begin{pmatrix} 5 & 2 \\ 1 & -5 \end{pmatrix} \cdot \vec{x} + \begin{pmatrix} -1 \\ 6 \end{pmatrix}$

ist $A = \begin{pmatrix} 1 & -1 \\ 2 & 3 \end{pmatrix}$ und $B = \begin{pmatrix} 5 & 2 \\ 1 & -5 \end{pmatrix}$. Mithilfe des Schemas

		5	2
		1	−5
1	−1	5 − 1	2 + 5
2	3	10 + 3	4 − 15

ergibt sich das Matrizenprodukt $A \cdot B = \begin{pmatrix} 4 & 7 \\ 13 & -11 \end{pmatrix}$.

Weiterhin gilt mit $\vec{c}_2 = \begin{pmatrix} -1 \\ 6 \end{pmatrix}$ und $\vec{c}_1 = \begin{pmatrix} 3 \\ 4 \end{pmatrix}$:

$A \cdot \vec{c}_2 = \begin{pmatrix} 1 & -1 \\ 2 & 3 \end{pmatrix} \cdot \begin{pmatrix} -1 \\ 6 \end{pmatrix} = \begin{pmatrix} -1-6 \\ -2+18 \end{pmatrix} = \begin{pmatrix} -7 \\ 16 \end{pmatrix}$; $A \cdot \vec{c}_2 + \vec{c}_1 = \begin{pmatrix} -7 \\ 16 \end{pmatrix} + \begin{pmatrix} 3 \\ 4 \end{pmatrix} = \begin{pmatrix} -4 \\ 20 \end{pmatrix}$.

Damit ergibt sich:

$\alpha \circ \beta\colon \vec{x}' = \begin{pmatrix} 4 & 7 \\ 13 & -11 \end{pmatrix} \cdot \vec{x} + \begin{pmatrix} -4 \\ 20 \end{pmatrix}$.

Aufgabe 1 | Lösung S. 180

Gegeben sind die Matrizen $A = \begin{pmatrix} 0{,}5 & \sqrt{3} \\ \sqrt{2} & 1 \end{pmatrix}$ und $B = \begin{pmatrix} 2 & -1 \\ 5 & \sqrt{3} \end{pmatrix}$.

Berechnen Sie $A \cdot B$, $B \cdot A$, $A \cdot A$ und $B \cdot B$.

Aufgabe 2

Gegeben sind die Abbildungen $\alpha: \vec{x}' = \begin{pmatrix} 1 & 2 \\ -2 & -3 \end{pmatrix} \cdot \vec{x}$ und $\beta: \vec{x}' = \begin{pmatrix} 3 & 5 \\ 1 & 4 \end{pmatrix} \cdot \vec{x}$.

Ermitteln Sie $\alpha \circ \beta$, $\beta \circ \alpha$, $\alpha \circ \alpha$, $\beta \circ \beta$.

Aufgabe 3

Gegeben sind die Abbildungen

$\alpha: \vec{x}' = \begin{pmatrix} 0 & 1 \\ 2 & -5 \end{pmatrix} \cdot \vec{x} + \begin{pmatrix} -6 \\ 1 \end{pmatrix}$ und $\beta: \vec{x}' = \begin{pmatrix} 3 & 8 \\ 5 & -1 \end{pmatrix} \cdot \vec{x} + \begin{pmatrix} 1 \\ -9 \end{pmatrix}$.

Ermitteln Sie $\alpha \circ \beta$ und $\beta \circ \alpha$.

Aufgabe 4

P′ ist der Bildpunkt des Punktes P bei einer zentrischen Streckung vom Ursprung mit dem Streckfaktor 2; P″ ist der Bildpunkt von P′ bei einer Spiegelung an der Geraden durch den Ursprung, die mit der x_1-Achse einen Winkel von 60° einschließt.

a) Ermitteln Sie die Matrixdarstellung der Abbildung, die P auf P″ abbildet.
b) Berechnen Sie die Koordinaten des Bildpunktes P″ für P(2,5 | 1).
c) Überprüfen Sie das Ergebnis mit einer Zeichnung.

Aufgabe 5

Die Gerade g′ ist das Bild der Geraden g: $\vec{x} = t \cdot \begin{pmatrix} 2 \\ 0{,}5 \end{pmatrix}$; $t \in \mathbb{R}$ bei der Spiegelung an der Geraden durch den Ursprung, die mit der x_1-Achse einen Winkel von 60° einschließt.
Die Gerade g″ ist das Bild von g′ bei einer Drehung um den Ursprung um 30°.
Ermitteln Sie eine Gleichung von g″.
Überprüfen Sie das Ergebnis mit einer Zeichnung.

Das müssen Sie wissen:

Verkettung von Abbildungen

$\alpha: \quad \vec{x}' = A \cdot \vec{x} + \vec{c}_1$ und $\beta: \quad \vec{x}' = B \cdot \vec{x} + \vec{c}_2$

$\alpha \circ \beta: \quad \vec{x}' = A \cdot (B \cdot \vec{x} + \vec{c}_2) + \vec{c}_1 = A \cdot B \cdot \vec{x} + A \cdot \vec{c}_2 + \vec{c}_1 = C \cdot \vec{x} + \vec{d}$

Parallelprojektion auf eine Koordinatenebene

In dieser Lerneinheit üben Sie,
wie man die Abbildungsgleichung bei einer Parallelprojektion auf eine Koordinatenebene ermitteln kann.

Bei einer Parallelprojektion eines gegebenen Punktes P des Raumes auf eine so genannte **Projektionsebene** E ergibt sich der Bildpunkt P′ als Schnittpunkt der Projektionsgeraden g durch P mit E. Die Projektionsgerade wird meistens durch Angabe eines Vektors $\vec{v}$, der Projektionsrichtung, vorgegeben. Eine Parallelprojektion des Raumes auf eine Ebene lässt sich durch eine 3 × 3-Matrix A beschreiben. Die Spalten dieser Matrix sind die Ortsvektoren der Bilder von $E_1(1|0|0)$, $E_2(0|1|0)$ und $E_3(0|0|1)$.

Bei der Projektion auf eine Koordinatenebene werden zwei dieser Punkte auf sich abgebildet. Nur der dritte Punkt muss als Schnittpunkt von g und E berechnet werden.

Parallelprojektion auf die x_1x_2-Ebene
Die Punkte E_1 und E_2 bleiben fest (Fig. 1).

Ist $\vec{v} = \begin{pmatrix} v_1 \\ v_2 \\ v_3 \end{pmatrix}$ mit $v_3 \neq 0$ die Projektionsrichtung, so gilt mit $E_3(0|0|1)$:

$$g: \vec{x} = \begin{pmatrix} 0 \\ 0 \\ 1 \end{pmatrix} + t \cdot \begin{pmatrix} v_1 \\ v_2 \\ v_3 \end{pmatrix}.$$

Für die x_1x_2-Ebene gilt: $x_3 = 0$.

Die Schnittbedingung $\begin{pmatrix} 0 \\ 0 \\ 1 \end{pmatrix} + t \cdot \begin{pmatrix} v_1 \\ v_2 \\ v_3 \end{pmatrix} = \begin{pmatrix} x_1 \\ x_2 \\ 0 \end{pmatrix}$ liefert

$$t = -\frac{1}{v_3};\ x_1 = -\frac{v_1}{v_3};\ x_2 = -\frac{v_2}{v_3}.$$

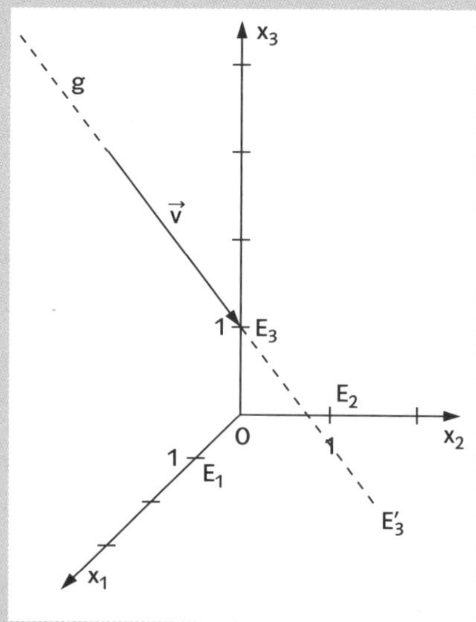

Fig. 1

Damit ergibt sich die Abbildungsgleichung

$$\vec{x}' = A \cdot \vec{x} \text{ mit } A = \begin{pmatrix} 1 & 0 & -\frac{v_1}{v_3} \\ 0 & 1 & -\frac{v_2}{v_3} \\ 0 & 0 & 0 \end{pmatrix};\ v_3 \neq 0.$$

Parallelprojektion auf die x_2x_3-Ebene

$$A = \begin{pmatrix} 0 & 0 & 0 \\ -\frac{v_2}{v_1} & 1 & 0 \\ -\frac{v_3}{v_1} & 0 & 1 \end{pmatrix} \text{ mit } v_1 \neq 0$$

Parallelprojektion auf die x_1x_3-Ebene

$$A = \begin{pmatrix} 1 & -\frac{v_1}{v_2} & 0 \\ 0 & 0 & 0 \\ 0 & -\frac{v_3}{v_2} & 1 \end{pmatrix} \text{ mit } v_2 \neq 0$$

Aufgabe 1 | Lösung S. 182

Gegeben sind in einem kartesischen Koordinatensystem (Längeneinheit 1 cm) eine senkrechte Pyramide mit quadratischer Grundfläche mit den Ecken O(0 | 0 | 0), A(3 | 0 | 0), B(3 | 3 | 0), C(0 | 3 | 0) und der Spitze S(1,5 | 1,5 | 4) sowie durch $\vec{v} = \begin{pmatrix} 1 \\ 0{,}5 \\ 0{,}5 \end{pmatrix}$ die Richtung einer Parallelprojektion auf die x_2x_3-Ebene.

a) Bestimmen Sie die Abbildungsgleichung $\vec{x}' = A \cdot \vec{x}$.

b) Zeigen Sie: Es gilt die Gleichung $A^2 = A$. Erläutern Sie diesen Sachverhalt.

c) Ermitteln Sie die Koordinaten der Bildpunkte aller Ecken der Pyramide.

d) Zeichnen Sie das Bild der Pyramide in der x_2x_3-Ebene.

Aufgabe 2

Die Punkte O, A, B, C und D, E, F, G mit O(0 | 0 | 0), A(2 | 0 | 0), B(2 | 4 | 0), C(0 | 4 | 0), D(0 | 0 | 3), E(2 | 0 | 3), F(2 | 4 | 3), G(0 | 4 | 3) sind Eckpunkte eines Quaders.

Die Richtung $\vec{v} = \begin{pmatrix} -1 \\ -1 \\ -2 \end{pmatrix}$ ist Projektionsrichtung in die x_2x_3-Ebene.

a) Bestimmen Sie die Abbildungsmatrix P und die Abbildungsgleichung.

b) Ermitteln Sie die Koordinaten der Bildpunkte aller Ecken des Quaders.

c) Zeichnen Sie das Bild des Quaders in der x_2x_3-Ebene.

Aufgabe 3

Gegeben ist die Pyramide OABC mit O(0 | 0 | 0), A(0 | 0 | 2), B($\sqrt{3}$ | 1 | 0) und C($\sqrt{3}$ | −1 | 0). Berechnen Sie die Bilder der Eckpunkte und zeichnen Sie das Bild, wenn die x_2x_3-Ebene die Projektionsebene ist und die Projektionsrichtung dadurch gegeben ist, dass der Punkt P(1 | 1 | 1) auf den Ursprung abgebildet wird.

Das müssen Sie wissen:

Parallelprojektion auf eine Koordinatenebene

x_1x_2-Ebene

$$A = \begin{pmatrix} 1 & 0 & -\frac{v_1}{v_3} \\ 0 & 1 & -\frac{v_2}{v_3} \\ 0 & 0 & 0 \end{pmatrix} \text{ mit } v_3 \neq 0.$$

x_2x_3-Ebene

$$A = \begin{pmatrix} 0 & 0 & 0 \\ -\frac{v_2}{v_1} & 1 & 0 \\ -\frac{v_3}{v_1} & 0 & 1 \end{pmatrix} \text{ mit } v_1 \neq 0$$

x_1x_3-Ebene

$$A = \begin{pmatrix} 1 & -\frac{v_1}{v_2} & 0 \\ 0 & 0 & 0 \\ 0 & -\frac{v_3}{v_2} & 1 \end{pmatrix} \text{ mit } v_2 \neq 0$$

Da alle Punkte der Projektionsebene Fixpunkte sind, erfüllt jede dieser Matrizen die Gleichung $A^2 = A$.

Parallelprojektion auf eine Ebene durch den Ursprung

In dieser Lerneinheit üben Sie,
wie man die Gleichung einer Abbildung bei einer Parallelprojektion in vorgegebener Richtung auf eine Ebene E, die durch den Ursprung verläuft, bestimmen kann.

Gegeben sind die Ebene E: $2x_1 + 4x_2 - 3x_3 = 0$ und die Projektionsrichtung $\vec{v} = \begin{pmatrix} 3 \\ 5 \\ 9 \end{pmatrix}$.

Gesucht ist die Abbildungsgleichung in Matrizenform für die **Parallelprojektion in Richtung $\vec{v}$ auf die Ebene E.**

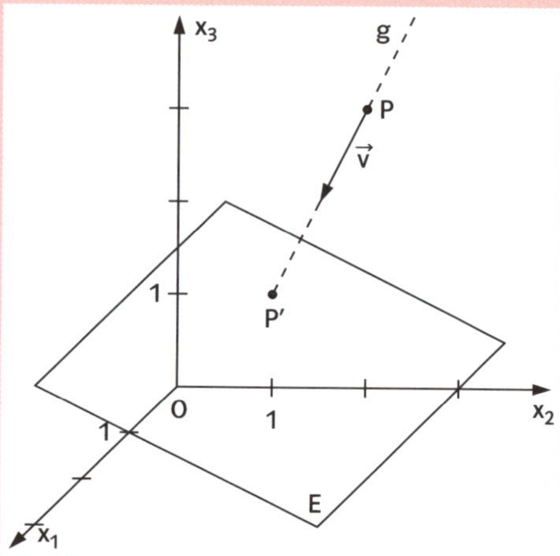

Fig. 1

Es sei g die Gerade durch den Punkt P mit dem Richtungsvektor $\vec{v}$:

g: $\vec{x} = \vec{p} + s \cdot \begin{pmatrix} 3 \\ 5 \\ 9 \end{pmatrix}$; $s \in \mathbb{R}$.

Für den Schnittpunkt S von g und E gilt:
$2(p_1 + 3s) + 4(p_2 + 5s) - 3(p_3 + 9s) = 0$.
Hieraus folgt
$s = 2p_1 + 4p_2 - 3p_3$.

Für den Ortsvektor $\vec{p}'$ des Bildpunktes P' von P gilt damit (Fig. 1):

$$\vec{p}' = \vec{p} + s \cdot \begin{pmatrix} 3 \\ 5 \\ 9 \end{pmatrix} = \begin{pmatrix} p_1 \\ p_2 \\ p_3 \end{pmatrix} + (2p_1 + 4p_2 - 3p_3) \cdot \begin{pmatrix} 3 \\ 5 \\ 9 \end{pmatrix} = \begin{pmatrix} p_1 + 6p_1 + 12p_2 - 9p_3 \\ p_2 + 10p_1 + 20p_2 - 15p_3 \\ p_3 + 18p_1 + 36p_2 - 27p_3 \end{pmatrix}$$

$$= \begin{pmatrix} 7p_1 + 12p_2 - 9p_3 \\ 10p_1 + 21p_2 - 15p_3 \\ 18p_1 + 36p_2 - 26p_3 \end{pmatrix} = \begin{pmatrix} 7 & 12 & -9 \\ 10 & 21 & -15 \\ 18 & 36 & -26 \end{pmatrix} \cdot \begin{pmatrix} p_1 \\ p_2 \\ p_3 \end{pmatrix} = \begin{pmatrix} 7 & 12 & -9 \\ 10 & 21 & -15 \\ 18 & 36 & -26 \end{pmatrix} \cdot \vec{p}.$$

Für einen Punkt $X(x_1 | x_2 | x_3)$ und den Bildpunkt $X'(x_1' | x_2' | x_3')$ gilt also:

$$\vec{x}' = \begin{pmatrix} 7 & 12 & -9 \\ 10 & 21 & -15 \\ 18 & 36 & -26 \end{pmatrix} \cdot \vec{x}.$$

Da alle Punkte der Ebene E Fixpunkte sind, erfüllt die Matrix $A = \begin{pmatrix} 7 & 12 & -9 \\ 10 & 21 & -15 \\ 18 & 36 & -26 \end{pmatrix}$ die Bedingung $A^2 = A$.

Aufgabe 1 | Lösung S. 183

Ermitteln Sie die Gleichung einer Parallelprojektion in Richtung $\vec{v}$ auf die Ebene E.

a) $\vec{v} = \begin{pmatrix} 6 \\ -2 \\ 1 \end{pmatrix}$; E: $x_1 + x_2 - 2x_3 = 0$

b) $\vec{v} = \begin{pmatrix} 2 \\ -1 \\ 5 \end{pmatrix}$; E: $3x_1 - 4x_2 + x_3 = 0$

Aufgabe 2

Ermitteln Sie die Abbildungsgleichung einer orthogonalen Projektion auf die Ebene E.

a) E: $2x_1 + 3x_2 - x_3 = 0$

b) E: $4x_1 - 3x_2 + 2x_3 = 0$

Aufgabe 3

Die Abbildung α ist die Parallelprojektion in Richtung $\vec{v} = \begin{pmatrix} -1 \\ 2 \\ 2 \end{pmatrix}$ auf die Ebene E: $3x_1 - 2x_2 + 4x_3 = 0$.

a) Bestimmen Sie die Abbildungsgleichung für α in der Form $\vec{x}' = A \cdot \vec{x}$.

b) Zeigen Sie: Es gilt $A^2 = A$.

c) Ermitteln Sie die Koordinaten der Bildpunkte von $P(0\,|\,-3\,|\,-2)$ und $Q(2\,|\,3\,|\,4)$.

d) Bestimmen Sie eine Gleichung der Bildgeraden h' zu h: $\vec{x} = \begin{pmatrix} -1 \\ -1 \\ 2 \end{pmatrix} + r \cdot \begin{pmatrix} 1 \\ -1 \\ 1 \end{pmatrix}$; $r \in \mathbb{R}$.

Das müssen Sie wissen:

Parallelprojektion in Richtung $\vec{v}$ auf eine Ebene durch den Ursprung

Gegeben sind die Projektionsrichtung $\vec{v} = \begin{pmatrix} v_1 \\ v_2 \\ v_3 \end{pmatrix}$ und die Ebene E: $ax_1 + bx_2 + cx_3 = 0$.

Um die **Abbildungsgleichung** zu ermitteln, sind folgende **Schritte** durchzuführen:

1) Gleichung der Geraden g durch $P(p_1\,|\,p_2\,|\,p_3)$ mit dem Richtungsvektor $\vec{v}$:

$$g: \vec{x} = \begin{pmatrix} p_1 \\ p_2 \\ p_3 \end{pmatrix} + s \cdot \begin{pmatrix} v_1 \\ v_2 \\ v_3 \end{pmatrix}.$$

2) $g \cap E$ ergibt eine Gleichung für s; Bestimmung von s in Abhängigkeit von p_1, p_2 und p_3.

3) Ortsvektor $\vec{p}'$ des Bildpunktes P': $\vec{p}' = \vec{p} + s \cdot \begin{pmatrix} v_1 \\ v_2 \\ v_3 \end{pmatrix}$ mit dem in 2) bestimmten s.

Spiegelung an einer Ebene durch den Ursprung

Hier geht's zum passenden Lern-Video

In dieser Lerneinheit üben Sie,
wie man die Gleichung einer Abbildung bei einer orthogonalen Spiegelung an einer Ebene E durch den Ursprung bestimmen kann.

Gegeben ist die Ebene E: $2x_1 - 2x_2 + x_3 = 0$. Gesucht ist die Abbildungsgleichung in Matrizenform für die orthogonale Spiegelung an E (Fig. 1).

Es sei g die Lotgerade zu E durch den Punkt P. Ein Normalenvektor von E ist ein Richtungsvektor von g.

$$g\colon\ \vec{x} = \vec{p} + s \cdot \begin{pmatrix} 2 \\ -2 \\ 1 \end{pmatrix};\ s \in \mathbb{R}.$$

Für den Schnittpunkt S von g und E gilt:
$2(p_1 + 2s) - 2(p_2 - 2s) + (p_3 + s) = 0.$
Hieraus folgt
$s = \frac{1}{9}(-2p_1 + 2p_2 - p_3).$
Für den Ortsvektor $\vec{p}\,'$ des Bildpunktes P′ von P gilt damit (Fig. 1):

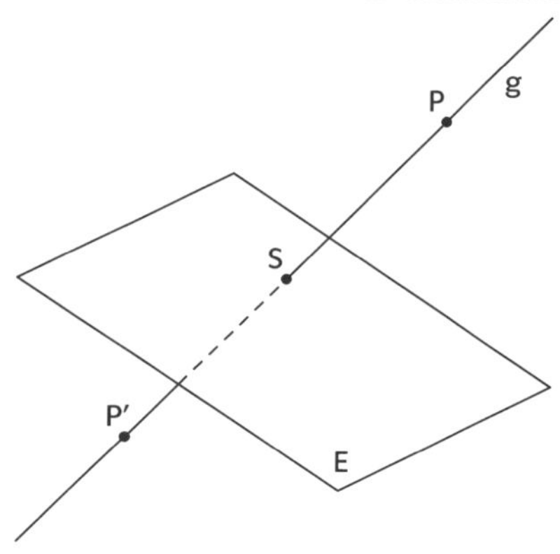

Fig. 1

$$\vec{p}\,' = \vec{p} + 2 \cdot s \cdot \begin{pmatrix} 2 \\ -2 \\ 1 \end{pmatrix} = \begin{pmatrix} p_1 \\ p_2 \\ p_3 \end{pmatrix} + 2 \cdot \frac{1}{9}(-2p_1 + 2p_2 - p_3) \cdot \begin{pmatrix} 2 \\ -2 \\ 1 \end{pmatrix} = \begin{pmatrix} p_1 - \frac{8}{9}p_1 + \frac{8}{9}p_2 - \frac{4}{9}p_3 \\ p_2 + \frac{8}{9}p_1 - \frac{8}{9}p_2 + \frac{4}{9}p_3 \\ p_3 - \frac{4}{9}p_1 + \frac{4}{9}p_2 - \frac{2}{9}p_3 \end{pmatrix}$$

$$= \begin{pmatrix} \frac{1}{9}p_1 + \frac{8}{9}p_2 - \frac{4}{9}p_3 \\ \frac{8}{9}p_1 + \frac{1}{9}p_2 - \frac{4}{9}p_3 \\ -\frac{4}{9}p_1 + \frac{4}{9}p_2 + \frac{7}{9}p_3 \end{pmatrix} = \begin{pmatrix} \frac{1}{9} & \frac{8}{9} & -\frac{4}{9} \\ \frac{8}{9} & \frac{1}{9} & \frac{4}{9} \\ -\frac{4}{9} & \frac{4}{9} & \frac{7}{9} \end{pmatrix} \cdot \begin{pmatrix} p_1 \\ p_2 \\ p_3 \end{pmatrix} = \begin{pmatrix} \frac{1}{9} & \frac{8}{9} & -\frac{4}{9} \\ \frac{8}{9} & \frac{1}{9} & \frac{4}{9} \\ -\frac{4}{9} & \frac{4}{9} & \frac{7}{9} \end{pmatrix} \cdot \vec{p}.$$

Für einen Punkt $X(x_1 | x_2 | x_3)$ und den Bildpunkt $X'(x_1' | x_2' | x_3')$ gilt also

$$\vec{x}\,' = \begin{pmatrix} \frac{1}{9} & \frac{8}{9} & -\frac{4}{9} \\ \frac{8}{9} & \frac{1}{9} & \frac{4}{9} \\ -\frac{4}{9} & \frac{4}{9} & \frac{7}{9} \end{pmatrix} \cdot \vec{x}.$$

Da es sich um eine Spiegelung handelt, erfüllt die Matrix $A = \begin{pmatrix} \frac{1}{9} & \frac{8}{9} & -\frac{4}{9} \\ \frac{8}{9} & \frac{1}{9} & \frac{4}{9} \\ -\frac{4}{9} & \frac{4}{9} & \frac{7}{9} \end{pmatrix}$ die Bedingung $A^2 = E$, wobei E die Einheitsmatrix ist.

Aufgabe 1 | Lösung S. 184

Ermitteln Sie die Matrixdarstellung einer orthogonalen Spiegelung an der Ebene E.

a) E: $3x_1 + x_2 - 2x_3 = 0$

b) E: $x_1 - x_2 + 2x_3 = 0$

Aufgabe 2

Gegeben sind die orthogonale Spiegelung an der Ebene E: $x_1 + 2x_2 + x_3 = 0$ sowie die Punkte $P(3|-1|5)$ und $Q(0|2|4)$.

a) Ermitteln Sie die Abbildungsgleichung der Spiegelung.

b) Berechnen Sie die Koordinaten der Bildpunkte P′ und Q′.

c) Die Gerade h geht durch P und Q. Ermitteln Sie eine Gleichung der Bildgeraden h′.

Aufgabe 3

Zeigen Sie: Für die Abbildungsmatrix A einer orthogonalen Spiegelung an der Ebene

E: $ax_1 + bx_2 + cx_3 = 0$ gilt: $A = \frac{1}{a^2+b^2+c^2} \cdot \begin{pmatrix} -a^2+b^2+c^2 & -2ab & -2ac \\ -2ab & a^2-b^2+c^2 & -2bc \\ -2ac & -2bc & a^2+b^2-c^2 \end{pmatrix}$.

Aufgabe 4

Ermitteln Sie die Abbildungsgleichung einer orthogonalen Spiegelung an der Geraden

g: $\vec{x} = r \cdot \begin{pmatrix} 1 \\ 1 \\ 1 \end{pmatrix}$; $r \in \mathbb{R}$.

Das müssen Sie wissen:

Orthogonale Spiegelung an einer Ebene E durch den Ursprung

Gegeben ist die Ebene E: $ax_1 + bx_2 + cx_3 = 0$.

Um die **Abbildungsgleichung** zu ermitteln, sind folgende **Schritte** durchzuführen:

1) Gleichung der zu E orthogonalen Geraden g durch P mit dem Ortsvektor $\vec{p}$:
   g: $\vec{x} = \begin{pmatrix} p_1 \\ p_2 \\ p_3 \end{pmatrix} + s \cdot \begin{pmatrix} a \\ b \\ c \end{pmatrix}$, denn ein Normalenvektor von E ist ein Richtungsvektor von g.

2) $g \cap E$ ergibt eine Gleichung für s; Bestimmung von s in Abhängigkeit von p_1, p_2 und p_3.

3) Ortsvektor $\vec{p}\,'$ des Bildpunktes P′: $\vec{p}\,' = \vec{p} + 2 \cdot s \cdot \begin{pmatrix} a \\ b \\ c \end{pmatrix}$ mit dem in 2) bestimmten s.

Untersuchung einer Abbildung auf Parallelprojektion

In dieser Lerneinheit üben Sie,
wie man eine vorgegebene Abbildung darauf untersuchen kann, ob eine Parallelprojektion auf eine Ebene vorliegt. Ist dies der Fall, sind die Projektionsebene und die Projektionsrichtung gesucht.

Gegeben ist die Abbildung α: $\vec{x}' = \begin{pmatrix} 3 & 1 & -2 \\ -2 & 0 & 2 \\ 2 & 1 & -1 \end{pmatrix} \cdot \vec{x}$.

1) Test auf Parallelprojektion

Die Matrix $A = \begin{pmatrix} 3 & 1 & -2 \\ -2 & 0 & 2 \\ 2 & 1 & -1 \end{pmatrix}$ erfüllt die Gleichung $A^2 = A$.

Damit ist α eine Parallelprojektion.

2) Projektionsebene

Bei einer Parallelprojektion sind alle Punkte der Projektionsebene Fixpunkte.
Bedingung hierfür ist: $A \cdot \vec{x} = \vec{x}$ bzw. $(A - E) \cdot \vec{x} = \vec{0}$, E ist die Einheitsmatrix.

Aus $\begin{pmatrix} 2 & 1 & -2 \\ -2 & -1 & 2 \\ 2 & 1 & -2 \end{pmatrix} \cdot \vec{x} = \vec{0}$ folgt das LGS $\begin{cases} 2x_1 + x_2 - 2x_3 = 0 \\ -2x_1 - x_2 + 2x_3 = 0 \\ 2x_1 + x_2 - 2x_3 = 0 \end{cases}$.

Damit ergibt sich für α die **Projektionsebene** $2x_1 + x_2 - 2x_3 = 0$.

3) Projektionsrichtung $\vec{v}$

Die Richtung $\vec{v}$ ist dadurch ausgezeichnet, dass das Bild von $\vec{v}$ der Nullvektor $\vec{0}$ ist:

$A \cdot \vec{v} = \vec{0}$. Daraus ergibt sich das LGS $\begin{cases} 3v_1 + v_2 - 2v_3 = 0 \\ -2v_1 + 2v_3 = 0 \\ 2v_1 + v_2 - v_3 = 0 \end{cases}$.

Mit $v_3 = t$ folgt $v_1 = t$; $v_2 = -t$.

Also werden die Vektoren $\vec{v} = t \cdot \begin{pmatrix} 1 \\ -1 \\ 1 \end{pmatrix}$ von α auf $\vec{0}$ abgebildet.

Ist S ein Punkt der Projektionsebene und $\vec{v}$ die **Projektionsrichtung**, so muss die Abbildung α jede Gerade g durch S, die parallel zu $\vec{v}$ verläuft, auf den Punkt S abbilden.

Ist S ein Punkt der Ebene, dann ist g: $\vec{x} = \vec{s} + t \cdot \begin{pmatrix} 1 \\ -1 \\ 1 \end{pmatrix}$ eine Gleichung von g.

Als Bild von g ergibt sich: $A \cdot \left(\vec{s} + t \cdot \begin{pmatrix} 1 \\ -1 \\ 1 \end{pmatrix}\right) = A \cdot \vec{s} + t \cdot A \cdot \begin{pmatrix} 1 \\ -1 \\ 1 \end{pmatrix} = \vec{s} + \vec{0} = \vec{s}$.

Aufgabe 1 | Lösung S. 185

Untersuchen Sie die Abbildung auf Parallelprojektion auf eine Ebene. Ermitteln Sie gegebenenfalls eine Gleichung der Projektionsebene und die Projektionsrichtung.

a) $\vec{x}' = \begin{pmatrix} 1 & 0 & 0 \\ \frac{3}{2} & \frac{1}{2} & -\frac{1}{2} \\ \frac{3}{2} & -\frac{1}{2} & \frac{1}{2} \end{pmatrix} \cdot \vec{x}$ b) $\vec{x}' = \begin{pmatrix} \frac{3}{2} & 1 & -\frac{1}{2} \\ -1 & -1 & 1 \\ -\frac{1}{2} & -1 & \frac{3}{2} \end{pmatrix} \cdot \vec{x}$ c) $\vec{x}' = \begin{pmatrix} \frac{4}{3} & -\frac{2}{3} & 1 \\ 1 & 0 & 1 \\ -1 & 1 & \frac{4}{3} \end{pmatrix} \cdot \vec{x}$

Aufgabe 2

Gegeben ist eine Parallelprojektion auf eine Ebene durch

$\alpha: \vec{x}' = \begin{pmatrix} \frac{5}{3} & -\frac{2}{3} & 1 \\ \frac{2}{3} & \frac{1}{3} & 1 \\ -\frac{2}{3} & \frac{2}{3} & 0 \end{pmatrix} \cdot \vec{x}.$

a) Ermitteln Sie eine Gleichung der Projektionsebene und die Projektionsrichtung.

b) Die Abbildung α bildet das Dreieck ABC mit den Eckpunkten A(2|1|3), B(0|1|1) und C(3|−1|4) auf das Dreieck A′B′C′ ab.
Berechnen Sie die Koordinaten der Eckpunkte A′, B′ und C′.

Das müssen Sie wissen:

Untersuchung auf Parallelprojektion

Um eine durch $\vec{x}' = A \cdot \vec{x}$ vorgegebene Abbildung auf Parallelprojektion zu untersuchen, sind folgende **Schritte** durchzuführen:

1) Test auf **Parallelprojektion:**
$\mathbf{A^2 = A}$

2) Bestimmung der **Projektionsebene** als Menge von Fixpunkten:
$(A - E) \cdot \vec{x} = \vec{0}$

3) Bestimmung der **Projektionsrichtung** $\vec{v}$:
Bei einer Parallelprojektion in Richtung $\vec{v}$ wird $\vec{v}$ auf den Nullvektor abgebildet:
$A \cdot \vec{v} = \vec{0}$.

LGS | Vektoren | Geraden; Ebenen | Kreise; Kugeln | Matrizen | Abbildungen | Prozesse

Untersuchung einer Abbildung auf orthogonale Spiegelung

In dieser Lerneinheit üben Sie,
wie man eine vorgegebene Abbildung darauf untersuchen kann, ob eine orthogonale Spiegelung an einer Ebene vorliegt. Ist dies der Fall, ist die Spiegelungsebene gesucht.

Gegeben ist die Abbildung α: $\vec{x}' = \frac{1}{3}\begin{pmatrix} 2 & -1 & -2 \\ -1 & 2 & -2 \\ -2 & -2 & -1 \end{pmatrix} \cdot \vec{x}$.

1) Test auf Spiegelung

Die Matrix $A = \frac{1}{3}\begin{pmatrix} 2 & -1 & -2 \\ -1 & 2 & -2 \\ -2 & -2 & -1 \end{pmatrix}$ erfüllt die Gleichung $A^2 = E$, wobei E die Einheitsmatrix ist. Damit ist α eine Spiegelung.

2) Spiegelungsebene

Bei einer Spiegelung sind alle Punkte der Ebene, an der die Punkte gespiegelt werden, Fixpunkte. Bedingung hierfür ist: $A \cdot \vec{x} = \vec{x}$ bzw. $(A - E) \cdot \vec{x} = \vec{0}$.

Aus $\begin{pmatrix} -\frac{1}{3} & -\frac{1}{3} & -\frac{2}{3} \\ -\frac{1}{3} & -\frac{1}{3} & -\frac{2}{3} \\ -\frac{2}{3} & -\frac{2}{3} & -\frac{4}{3} \end{pmatrix} \cdot \vec{x} = \vec{0}$ folgt das LGS $\begin{cases} -\frac{1}{3}x_1 - \frac{1}{3}x_2 - \frac{2}{3}x_3 = 0 \\ -\frac{1}{3}x_1 - \frac{1}{3}x_2 - \frac{2}{3}x_3 = 0 \\ -\frac{2}{3}x_1 - \frac{2}{3}x_2 - \frac{4}{3}x_3 = 0 \end{cases}$.

Damit ergibt sich für α die Ebene mit der Gleichung $x_1 + x_2 + 2x_3 = 0$ als **Spiegelungsebene.**

3) Untersuchung auf **orthogonale Spiegelung**

Ein Normalenvektor der Ebene ist $\vec{v} = \begin{pmatrix} 1 \\ 1 \\ 2 \end{pmatrix}$. Ist S ein Punkt der Ebene mit dem Ortsvektor $\vec{s}$, so muss bei einer Spiegelung mit der Richtung $\vec{v}$ für den Ortsvektor $\vec{p} = \vec{s} + t \cdot \vec{v}$ eines Punktes P gelten: $\vec{p}' = A \cdot \vec{p} = \vec{s} - t \cdot \vec{v}$.

$A \cdot \left(\vec{s} + t \cdot \begin{pmatrix} 1 \\ 1 \\ 2 \end{pmatrix}\right) = A \cdot \vec{s} + t \cdot A \cdot \begin{pmatrix} 1 \\ 1 \\ 2 \end{pmatrix}$; wegen $A \cdot \vec{s} = \vec{s}$ und $A \cdot \begin{pmatrix} 1 \\ 1 \\ 2 \end{pmatrix} = \begin{pmatrix} -1 \\ -1 \\ -2 \end{pmatrix}$ ergibt sich

$$A \cdot \left(\vec{s} + t \cdot \begin{pmatrix} 1 \\ 1 \\ 2 \end{pmatrix}\right) = \vec{s} + t \cdot \begin{pmatrix} -1 \\ -1 \\ -2 \end{pmatrix} = \vec{s} - t \cdot \begin{pmatrix} 1 \\ 1 \\ 2 \end{pmatrix}.$$

Damit ist α eine orthogonale Spiegelung an der Ebene $x_1 + x_2 + 2x_3 = 0$.

Aufgabe 1 | Lösung S. 186

Untersuchen Sie die Abbildung auf orthogonale Spiegelung an einer Ebene.

a) $\vec{x}' = \frac{1}{3} \cdot \begin{pmatrix} 1 & 2 & 2 \\ 2 & 1 & -2 \\ 2 & -2 & 1 \end{pmatrix} \cdot \vec{x}$

b) $\vec{x}' = \frac{1}{5} \cdot \begin{pmatrix} 3 & -4 & -6 \\ -1 & 3 & -3 \\ -2 & -4 & -1 \end{pmatrix} \cdot \vec{x}$

Aufgabe 2

Zeigen Sie: Die Abbildung $\vec{x}' = \begin{pmatrix} 0 & -0{,}5 & 0{,}5 \\ -1 & 0{,}5 & 0{,}5 \\ 1 & 0{,}5 & 0{,}5 \end{pmatrix} \cdot \vec{x}$ ist eine Schrägspiegelung an einer Ebene E. Ermitteln Sie eine Gleichung von E und die Richtung der Spiegelung. Verwenden Sie dabei den Sachverhalt, dass bei einer Schrägspiegelung für Vektoren $\vec{v}$ gilt: $A \cdot \vec{v} = -\vec{v}$.

Das müssen Sie wissen:

Untersuchung auf Parallelprojektion

Um eine durch $\vec{x}' = A \cdot \vec{x}$ vorgegebene Abbildung auf orthogonale Spiegelung an einer Ebene zu untersuchen, sind folgende **Schritte** durchzuführen:

1) Test auf **Spiegelung**:
   $A^2 = E$

2) Bestimmung der **Spiegelungsebene** als Menge von Fixpunkten:
   $(A - E) \cdot \vec{x} = \vec{0}$

3) Untersuchung auf **orthogonale Spiegelung**:
   Die Richtung $\vec{v}$ einer orthogonalen Spiegelung ergibt sich als Normalenvektor der Spiegelungsebene. Weiterhin muss gelten mit $\vec{s}$ als Ortsvektor eines Punktes in der Spiegelungsebene:
   $A \cdot (\vec{s} + t \cdot \vec{v}) = \vec{s} - t \cdot \vec{v}$.

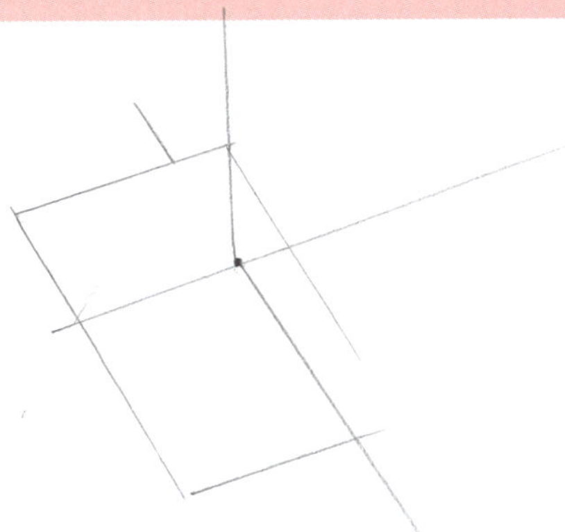

Musterklausur 3:

Abbildungen in der Ebene und im Raum

Aufgabenstellung

Die Abbildung α bildet den Punkt $A(6\,|\,-2)$ auf den Punkt $A'(2\,|\,6)$ ab und hat die Gerade

$g\colon\ \vec{x} = t \cdot \begin{pmatrix} 2 \\ 1 \end{pmatrix};\ t \in \mathbb{R}$

als Fixpunktgerade.

a) Stellen Sie die Abbildungsgleichung von α auf.
Berechnen Sie die Koordinaten des Bildpunktes B′ von $B(7\,|\,1)$.

b) Bestimmen Sie die Fixgeraden von α.
Es sei P ein Punkt, der nicht auf g liegt, und P′ der Bildpunkt bei der Abbildung α.
Zeigen Sie: Die Mitte der Strecke PP′ liegt auf der Fixpunktgeraden g.
Beschreiben Sie die Abbildung α geometrisch.

c) Der Punkt $C(c_1\,|\,c_2)$ ist Eckpunkt des Dreiecks ABC mit $A(6\,|\,-2)$ und $B(7\,|\,1)$. Durch die Abbildung α soll das Dreieck ABC so auf ein Bilddreieck A′C′B′ abgebildet werden, dass die Gerade durch B′ und C′ parallel zur x_1-Achse und die Gerade durch A′ und C′ parallel zur x_2-Achse ist.
Konstruieren Sie C und beschreiben Sie die Konstruktion.
Berechnen Sie die Koordinaten von C.

Gegeben ist eine senkrechte quadratische Pyramide mit der Grundfläche ABCD und der Spitze S: $A(6\,|\,0\,|\,0)$, $B(8\,|\,4\,|\,0)$, $C(4\,|\,6\,|\,0)$, $D(2\,|\,2\,|\,0)$, $S(5\,|\,3\,|\,5)$ sowie durch $\vec{v} = \begin{pmatrix} -1 \\ -0{,}5 \\ -0{,}4 \end{pmatrix}$ die Richtung einer Parallelprojektion auf die x_2x_3-Ebene.

d) Bestimmen Sie die Abbildungsgleichung dieser Parallelprojektion.

e) Ermitteln Sie die Koordinaten der Bildpunkte aller Ecken der Pyramide.
Zeichnen Sie das Bild der Pyramide in der x_2x_3-Ebene.

Ausformulierte Lösung:

a) Abbildungsgleichung von α:

Da die Fixpunktgerade durch den Ursprung geht, ist O(0 | 0) Fixpunkt.

Ansatz: $x_1' = a_1x_1 + b_1x_2$
$x_2' = a_2x_1 + b_2x_2$

A(6 | −2) wird auf A′(2 | 6) abgebildet:

$2 = 6a_1 - 2b_1$ (1) $6 = 6a_2 - 2b_2$ (2)

Der Punkt P(2 | 1) ist Fixpunkt:

$2 = 2a_1 + b_1$ (3) $1 = 2a_2 + b_2$ (4)

Die Gleichungen (1) und (3) liefern $a_1 = 0{,}6$ und $b_1 = 0{,}8$; die Gleichungen (2) und (4) liefern $a_2 = 0{,}8$ und $b_2 = -0{,}6$. Damit ergibt sich:

$$\alpha: \vec{x}' = \begin{pmatrix} 0{,}6 & 0{,}8 \\ 0{,}8 & -0{,}6 \end{pmatrix} \cdot \vec{x}.$$

Koordinaten von B′:

Mit B(7 | 1) ergibt sich: $\begin{pmatrix} 0{,}6 & 0{,}8 \\ 0{,}8 & -0{,}6 \end{pmatrix} \cdot \begin{pmatrix} 7 \\ 1 \end{pmatrix} = \begin{pmatrix} 0{,}6 \cdot 7 + 0{,}8 \cdot 1 \\ 0{,}8 \cdot 7 - 0{,}6 \cdot 1 \end{pmatrix} = \begin{pmatrix} 5 \\ 5 \end{pmatrix}.$

Damit hat B′ die Koordinaten **B′(5 | 5)**.

b) Fixgeraden von α:

Die Eigenwerte ergeben sich aus der charakteristischen Gleichung $(0{,}6-\lambda)\cdot(-0{,}6-\lambda) - 0{,}8 \cdot 0{,}8 = 0$ bzw. $\lambda^2 - 1 = 0$. Die Lösungen sind $\lambda_1 = 1$; $\lambda_2 = -1$.

Der Eigenwert $\lambda_1 = 1$ ergibt die Fixpunktgerade g.

Eigenvektoren zu $\lambda_2 = -1$:

Aus $\left\{ \begin{array}{l} (0{,}6+1)u_1 + 0{,}8u_2 = 0 \\ 0{,}8u_1 + (-0{,}6+1)u_2 = 0 \end{array} \right.$ bzw. $\left\{ \begin{array}{l} 1{,}6u_1 + 0{,}8u_2 = 0 \\ 0{,}8u_1 + 0{,}4u_2 = 0 \end{array} \right.$ folgt $\vec{u} = r \cdot \begin{pmatrix} 1 \\ -2 \end{pmatrix}$; $r \in \mathbb{R} \setminus \{0\}$.

Die Abbildung α hat also eine **Schar von Fixgeraden** mit der Gleichung

$\vec{x} = \begin{pmatrix} 0 \\ c \end{pmatrix} + r \cdot \begin{pmatrix} 1 \\ -2 \end{pmatrix}$, die **orthogonal zur Fixpunktgeraden g** sind.

Nachweis, dass die Mitte der Strecke PP′ auf der Fixpunktgeraden g liegt:

Mit $P(p_1 | p_2)$ ergibt sich für den Ortsvektor von P′:

$$\vec{p}' = \begin{pmatrix} 0{,}6 & 0{,}8 \\ 0{,}8 & -0{,}6 \end{pmatrix} \cdot \begin{pmatrix} p_1 \\ p_2 \end{pmatrix} = \begin{pmatrix} 0{,}6p_1 + 0{,}8p_2 \\ 0{,}8p_1 - 0{,}6p_2 \end{pmatrix}.$$

Die Mitte $M(m_1 | m_2)$ von PP′ hat die Koordinaten:

$m_1 = \frac{1}{2}(p_1 + 0{,}6p_1 + 0{,}8p_2) = 0{,}8p_1 + 0{,}4p_2$; $m_2 = \frac{1}{2}(p_2 + 0{,}8p_1 - 0{,}6p_2) = 0{,}4p_1 + 0{,}2p_2$.

Diese Koordinaten erfüllen die Gleichung von g.

Geometrische Beschreibung der Abbildung α:

Die Abbildung α ist eine **orthogonale Spiegelung an der Fixpunktgeraden g.**

c) Konstruktion von C:

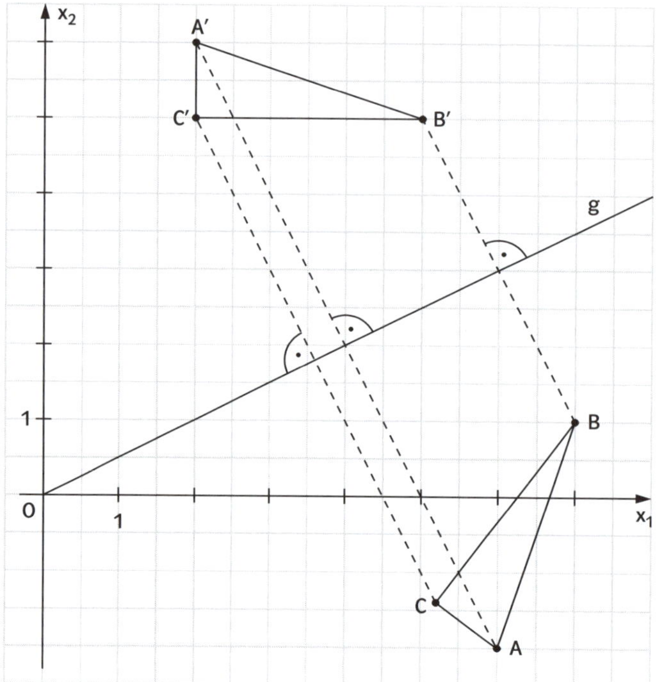

Beschreibung der Konstruktion:
Die Parallele zur x_1-Achse durch B′ und die Parallele zur x_2-Achse durch A′ schneiden sich in C′. Orthogonale Spiegelung des Punktes C′ an der Geraden g ergibt C.

Berechnung der Koordinaten von C:
Die Gerade durch B′ und C′ ist parallel zur x_1-Achse; die Gerade durch A′ und C′ ist parallel zur x_2-Achse. Also hat C′ die Koordinaten C′(2 | 5). Mit $C(c_1 \mid c_2)$ ergibt sich für die Koordinaten von C′:

$$\begin{pmatrix} 0{,}6 & 0{,}8 \\ 0{,}8 & -0{,}6 \end{pmatrix} \cdot \begin{pmatrix} c_1 \\ c_2 \end{pmatrix} = \begin{pmatrix} 0{,}6\,c_1 + 0{,}8\,c_2 \\ 0{,}8\,c_1 - 0{,}6\,c_2 \end{pmatrix}.$$

Das LGS $\begin{cases} 0{,}6\,c_1 + 0{,}8\,c_2 = 2 \\ 0{,}8\,c_1 - 0{,}6\,c_2 = 5 \end{cases}$ hat die Lösung $c_1 = \frac{26}{5} = 5{,}2$; $c_2 = -\frac{7}{5} = -1{,}4$.

Der Punkt C hat die Koordinaten **C(5,2 | −1,4).**

d) Abbildungsgleichung der Parallelprojektion auf die x_2x_3-Ebene:

Die Punkte $E_2(0\,|\,1\,|\,0)$ und $E_3(0\,|\,0\,|\,1)$ liegen in der Projektionsebene. Daher gilt: $E_2'(0\,|\,1\,|\,0)$ und $E_3'(0\,|\,0\,|\,1)$. Der Bildpunkt E_1' des Punktes $E_1(1\,|\,0\,|\,0)$ ergibt sich als Schnittpunkt der Geraden h durch E_1 und dem Richtungsvektor $\vec{v}$ mit der x_2x_3-Ebene:

$$h\colon \vec{x} = \begin{pmatrix}1\\0\\0\end{pmatrix} + t\cdot\begin{pmatrix}-1\\-0{,}5\\-0{,}4\end{pmatrix};\ t\in\mathbb{R}.$$

Aus $\begin{pmatrix}1\\0\\0\end{pmatrix} + t\cdot\begin{pmatrix}-1\\-0{,}5\\-0{,}4\end{pmatrix} = \begin{pmatrix}0\\x_2\\x_3\end{pmatrix}$ erhält man das LGS $\begin{cases}1-t=0\\-0{,}5t=x_2\\-0{,}4t=x_3\end{cases}$ mit der Lösung

$t = 1;\ x_2 = -0{,}5;\ x_3 = -0{,}4$. Also gilt: $E_1'(0\,|\,-0{,}5\,|\,-0{,}4)$.

Insgesamt ergibt sich die Projektionsmatrix $A = \begin{pmatrix}0&0&0\\-0{,}5&1&0\\-0{,}4&0&1\end{pmatrix}$ und die

Abbildungsgleichung $\vec{x}\,' = \begin{pmatrix}0&0&0\\-0{,}5&1&0\\-0{,}4&0&1\end{pmatrix}\cdot\vec{x}$.

e) Koordinaten der Bildpunkte:

$A'(0\,|\,-3\,|\,-2{,}4)$; $B'(0\,|\,0\,|\,-3{,}2)$; $C'(0\,|\,4\,|\,-1{,}6)$; $D'(0\,|\,1\,|\,-0{,}8)$; $S'(0\,|\,0{,}5\,|\,3)$

Zeichnung:

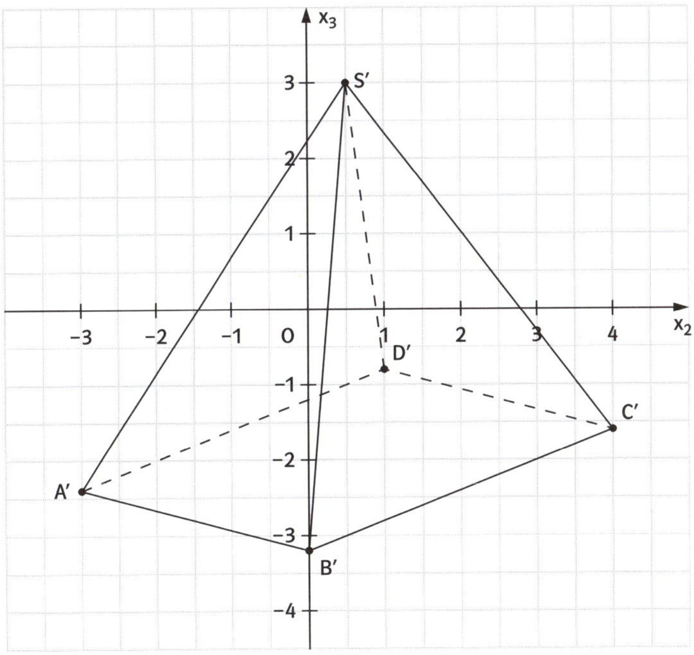

Darstellungen von Prozessen

Hier geht's zum passenden Lern-Video

In dieser Lerneinheit üben Sie,
wie man bei mehrstufigen Prozessen aus Beschreibungen die Übergangsmatrix gewinnen kann.

Es gibt Vorgänge in der Praxis, so genannte **mehrstufige Prozesse**, bei denen Objekte in verschiedenen **Zuständen** sein können. Häufig sind die Daten, die einen solchen Prozess festlegen, durch einen in **Worten** formulierten Text oder auch durch eine **Tabelle** oder einen **Übergangsgraphen** gegeben. Aus diesen Darstellungen kann man die **Übergangsmatrix A** bestimmen, um dann den Prozess durch die Matrix-Vektor-Schreibweise $A \cdot \vec{x} = \vec{y}$ formulieren zu können. Der Vektor $\vec{x}$ enthält die Eingangswerte; man spricht auch von der **Anfangs-** oder **Startverteilung**. Der **Zustandsvektor** $\vec{y}$ enthält die Ausgangswerte nach einem Zeitschritt.

Ein Weibchen legt 20 Eier und stirbt kurz darauf. Von den Eiern überleben nur 30 %. Nach einem Monat entwickeln sich aus den überlebenden Eiern Larven, von denen wiederum nur 40 % überleben. Nach einem weiteren Monat verpuppen sich die Larven und werden zu weiblichen Käfern, die wieder jeweils 20 Eier legen.

Diesen **Entwicklungsprozess** kann man als Diagramm oder als Tabelle darstellen (E: Eier; L: Larven; K: Käfer).

Übergangsgraph:

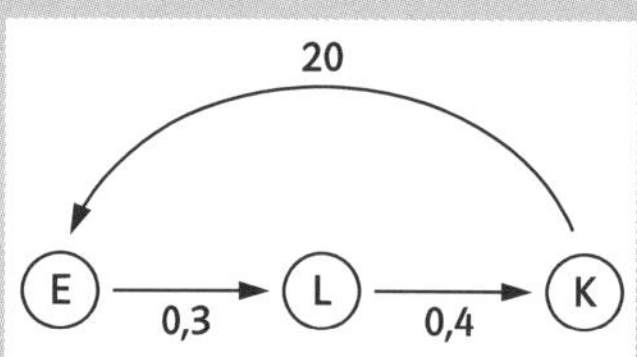

Tabelle:

von / nach	E	L	K
E	0	0	20
L	0,3	0	0
K	0	0,4	0

Der Tabelle entnimmt man die Elemente der Übergangsmatrix A:

$A = \begin{pmatrix} 0 & 0 & 20 \\ 0{,}3 & 0 & 0 \\ 0 & 0{,}4 & 0 \end{pmatrix}$. Der Prozess lässt sich also durch $\begin{pmatrix} 0 & 0 & 20 \\ 0{,}3 & 0 & 0 \\ 0 & 0{,}4 & 0 \end{pmatrix} \cdot \vec{x} = \vec{y}$ beschreiben.

Besteht die Population zu Beginn aus 100 Eiern, 40 Larven und 15 Käfern, ist

$\vec{x} = \begin{pmatrix} 100 \\ 40 \\ 15 \end{pmatrix}$ die Anfangsverteilung und es gilt: $\begin{pmatrix} 0 & 0 & 20 \\ 0{,}3 & 0 & 0 \\ 0 & 0{,}4 & 0 \end{pmatrix} \cdot \begin{pmatrix} 100 \\ 40 \\ 15 \end{pmatrix} = \begin{pmatrix} 300 \\ 30 \\ 16 \end{pmatrix}$.

Nach einem Monat besteht die Population aus 300 Eiern, 30 Larven und 16 Käfern.

Aufgabe 1 | Lösung S. 187

In einer Kantine gibt es täglich zwei Essen, eines mit (F) und eines ohne Fleisch (V).
80 % der F-Esser wählen am nächsten Tag wieder F, die übrigen wechseln zu V.
90 % der V-Esser wählen wieder V, die übrigen wechseln zu F.

a) Stellen Sie die Übergangsmatrix auf.
b) An einem Tag wählen 600 Personen das Essen F und 50 das Essen V. Wie ist am nächsten Tag die Verteilung der Essen, wenn insgesamt die gleiche Personenzahl in die Kantine geht?

Aufgabe 2

In einem Land gibt es drei Parteien A, B und C. Bei der letzten Wahl ergab sich folgende Stimmenverteilung:

Partei	A	B	C
Stimmen (in Mio.)	3	4,5	2

Mithilfe statistischer Analysen wurde das Wählerverhalten bei dieser Wahl untersucht. Das Diagramm zeigt das Ergebnis für die Wählerwanderungen.

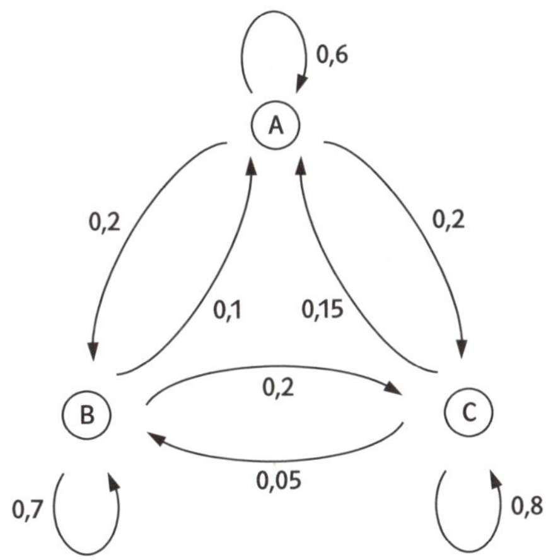

a) Stellen Sie die Übergangsmatrix auf.
b) Mit welcher Stimmenverteilung können die Parteien bei der nächsten Wahl rechnen, wenn sich die Gesamtzahl der Wähler und das Wahlverhalten nicht ändern?

Das müssen Sie wissen:

Darstellungen von Prozessen

Mehrstufige Prozesse können in **Worten**, durch eine **Tabelle** oder durch einen **Übergangsgraphen** beschrieben werden. Aus diesen Beschreibungen kann die **Übergangsmatrix A** ermittelt werden.

Für eine gegebene **Anfangsverteilung** $\vec{x}$ ergibt sich durch $A \cdot \vec{x} = \vec{y}$ der **Zustandsvektor** $\vec{y}$ nach einem Zeitschritt.

Zustandsvektoren nach k Zeitschritten

In dieser Lerneinheit üben Sie,
wie man bei einem Entwicklungsprozess die Verteilung nach mehreren Zeitschritten bestimmen kann.

Es sei $\vec{v}_0$ die Startverteilung und $\vec{v}_k$ die Verteilung nach k Zeitschritten.

Mit A als Übergangsmatrix gilt die **rekursive** Beschreibung:
$\vec{v}_1 = A \cdot \vec{v}_0;\ \vec{v}_k = A \cdot \vec{v}_{k-1}$.
Wegen $\vec{v}_2 = A \cdot \vec{v}_1 = A \cdot (A \cdot \vec{v}_0) = A^2 \cdot \vec{v}_0$ ergibt sich die **implizite** Beschreibung:
$\vec{v}_k = A^k \cdot \vec{v}_0$.

Ist die Verteilung einen Zeitschritt vor dem Start gesucht, so ist die Gleichung $A \cdot \vec{v}_{-1} = \vec{v}_0$ zu lösen, wenn $\vec{v}_{-1}$ die Verteilung im Vormonat angibt. Wegen $A^{-1} \cdot A \cdot \vec{v}_{-1} = A^{-1} \cdot \vec{v}_0$ folgt $\vec{v}_{-1} = A^{-1} \cdot \vec{v}_0$.

Ein monatlicher Entwicklungsprozess mit den Zuständen Z_1, Z_2 und Z_3 kann durch folgende Übergangsmatrix beschrieben werden:

$A = \begin{pmatrix} 5 & 0 & 0 \\ 1 & 0 & 2 \\ 0 & 1 & 1 \end{pmatrix}$. Die Startverteilung sei $\vec{v}_0 = \begin{pmatrix} 20 \\ 50 \\ 80 \end{pmatrix}$.

Ist die Verteilung nach 4 Monaten gesucht, so gilt: $\vec{v}_4 = A^4 \cdot \vec{v}_0$.

Mit $A^2 = \begin{pmatrix} 25 & 0 & 0 \\ 5 & 2 & 2 \\ 1 & 1 & 3 \end{pmatrix}$ und $A^4 = (A^2)^2 = \begin{pmatrix} 625 & 0 & 0 \\ 137 & 6 & 10 \\ 33 & 5 & 11 \end{pmatrix}$ ergibt sich

$$\vec{v}_4 = \begin{pmatrix} 625 & 0 & 0 \\ 137 & 6 & 10 \\ 33 & 5 & 11 \end{pmatrix} \cdot \begin{pmatrix} 20 \\ 50 \\ 80 \end{pmatrix} = \begin{pmatrix} 12\,500 \\ 3840 \\ 1790 \end{pmatrix}.$$

Nach 4 Monaten befinden sich 12 500 Einheiten im Zustand Z_1, 3840 Einheiten im Zustand Z_2 und 1790 Einheiten im Zustand Z_3.

Die Verteilung im Vormonat ist $\vec{v}_{-1} = A^{-1} \cdot \vec{v}_0 = \begin{pmatrix} 5 & 0 & 0 \\ 1 & 0 & 2 \\ 0 & 1 & 1 \end{pmatrix}^{-1} \cdot \begin{pmatrix} 20 \\ 50 \\ 80 \end{pmatrix} = \begin{pmatrix} 4 \\ 57 \\ 23 \end{pmatrix}$.

Im Vormonat befanden sich 4 Einheiten im Zustand Z_1, 57 im Zustand Z_2 und 23 im Zustand Z_3.

Aufgabe 1 | Lösung S. 187

Der Übergangsgraph beschreibt die Entwicklung einer Käferpopulation mit den Stadien E: Eier, L_1: einjährige Larven, L_2: zweijährige Larven, K: Käfer, wobei die Brüche angeben, welche Anteile überleben.

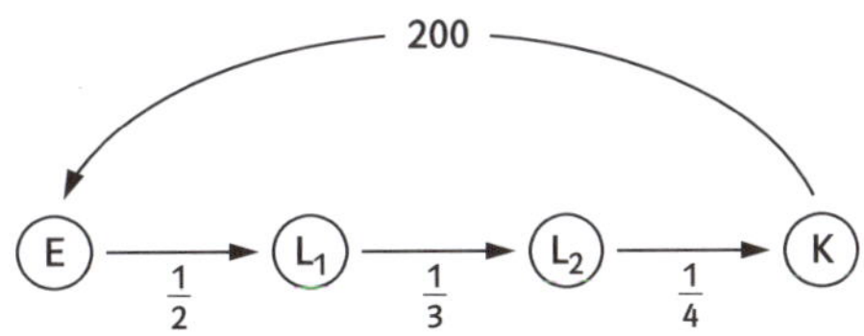

a) Stellen Sie eine Übergangsmatrix auf.

b) In einem Gebiet gibt es 10 000 Eier, 6000 einjährige Larven, 3000 zweijährige Larven und 2000 Käfer. Berechnen Sie die Anzahlen für die verschiedenen Stadien der Population nach zwei bzw. nach drei weiteren Zeiteinheiten.

Aufgabe 2

Die jährliche Populationsentwicklung einer Tierart kann durch den abgebildeten Übergangsgraphen beschrieben werden. Dabei bedeuten A_1 bis A_3 drei unterschiedliche Altersstufen. In der Startverteilung befinden sich 60 Tiere in A_1, 40 Tiere in A_2 und 10 Tiere in A_3.

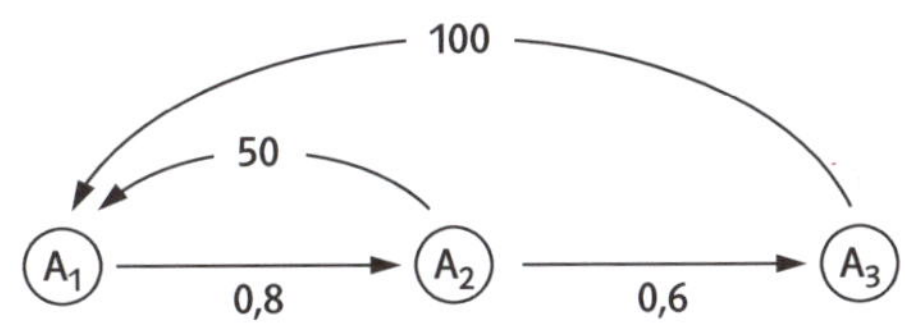

a) Geben Sie die Übergangsmatrix an.

b) Berechnen Sie die Verteilung auf die verschiedenen Altersstufen nach vier Zeitschritten.

Aufgabe 3

Der Übergangsgraph zeigt das monatliche Wechselverhalten von 5600 Personen zwischen den drei Supermärkten A, B und C. In einem bestimmten Monat kaufen jeweils 1800 Personen im Supermarkt A bzw. B und 2000 Personen im Supermarkt C.

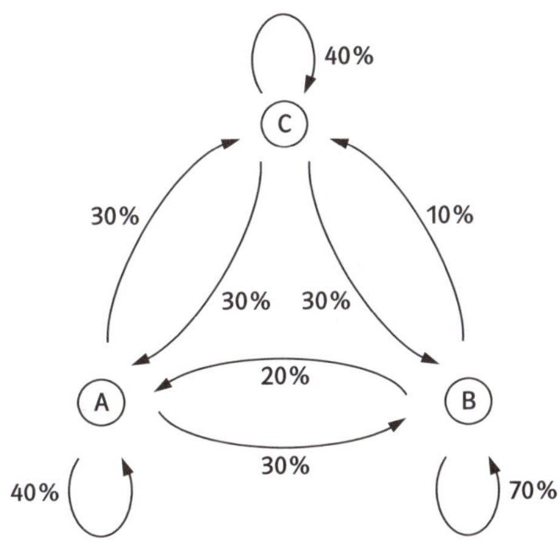

a) Geben Sie die Übergangsmatrix an.

b) Berechnen Sie die Verteilungen der nächsten beiden Monate.

c) Bestimmen Sie die Verteilung im Vormonat.

Das müssen Sie wissen:

Zustandvektoren nach k Zeitschritten

Für einen mehrstufigen Prozess mit der Übergangsmatrix A und der Startverteilung $\vec{v}_0$ gilt für den Zustandsvektor nach k Zeitschritten: $\vec{v}_k = A^k \cdot \vec{v}_0$.

Ist $\vec{v}_{-1}$ der Zustand einen Zeitschritt **vor** der Startverteilung, so gilt: $\vec{v}_{-1} = A^{-1} \cdot \vec{v}_0$.

Zyklisches Verhalten bei mehrstufigen Prozessen

In dieser Lerneinheit üben Sie,
wie man einen mehrstufigen Prozess auf zyklisches Verhalten untersuchen kann.

Es gibt Entwicklungsprozesse, bei denen sich eine gegebene Ausgangspopulation innerhalb einer bestimmten Zeitspanne reproduziert. Die Ursache für ein solches **zyklisches Verhalten** liegt in einer besonderen Struktur der zugehörigen Übergangsmatrix A. Ist $\vec{v}_0$ eine Startverteilung, so gilt für die einzelnen Zeitschritte:

$\vec{v}_1 = A \cdot \vec{v}_0;\ \vec{v}_2 = A^2 \cdot \vec{v}_0;\ \vec{v}_3 = A^3 \cdot \vec{v}_0$ usw.

Ist nun für ein $k \in \mathbb{N} \setminus \{0\}$ die Bedingung $\vec{v}_k = A^k \cdot \vec{v}_0 = E \cdot \vec{v}_0 = \vec{v}_0$ erfüllt, stellt sich nach einem Zyklus von k Zeitschritten die Ausgangssituation wieder ein. Deshalb heißt eine quadratische Matrix A **zyklisch**, wenn es ein $k \in \mathbb{N} \setminus \{0\}$ gibt mit $\mathbf{A^k = E}$.

Die Entwicklung einer Käferart mit den Entwicklungsstadien Eier, Larven und Käfer kann durch den Übergangsgraphen in Fig. 1 beschrieben werden.

Übergangsgraph:

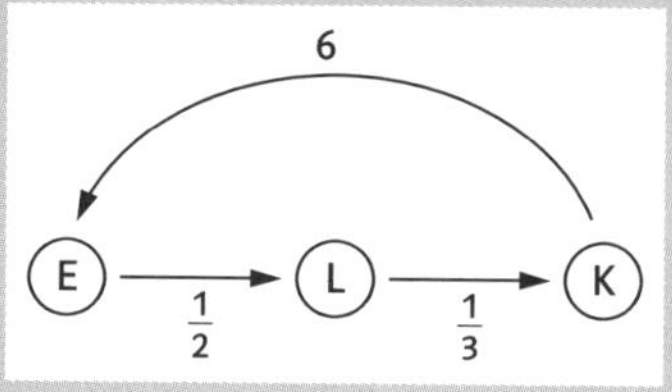

Fig. 1

Mit $A = \begin{pmatrix} 0 & 0 & 6 \\ \frac{1}{2} & 0 & 0 \\ 0 & \frac{1}{3} & 0 \end{pmatrix}$ ergibt sich

$A^2 = \begin{pmatrix} 0 & 2 & 0 \\ 0 & 0 & 3 \\ \frac{1}{6} & 0 & 0 \end{pmatrix};\quad A^3 = \begin{pmatrix} 1 & 0 & 0 \\ 0 & 1 & 0 \\ 0 & 0 & 1 \end{pmatrix}.$

Ist $\vec{v}_0 = \begin{pmatrix} 150 \\ 30 \\ 20 \end{pmatrix}$ die Startverteilung, so gilt:

$\vec{v}_1 = A \cdot \vec{v}_0 = \begin{pmatrix} 120 \\ 75 \\ 10 \end{pmatrix};$

$\vec{v}_2 = A^2 \cdot \vec{v}_0 = \begin{pmatrix} 60 \\ 60 \\ 25 \end{pmatrix};$

$\vec{v}_3 = A^3 \cdot \vec{v}_0 = \begin{pmatrix} 150 \\ 30 \\ 20 \end{pmatrix}.$

In Fig. 2 ist die zeitliche Entwicklung mit einem Zyklus von drei Zeitschritten graphisch veranschaulicht.

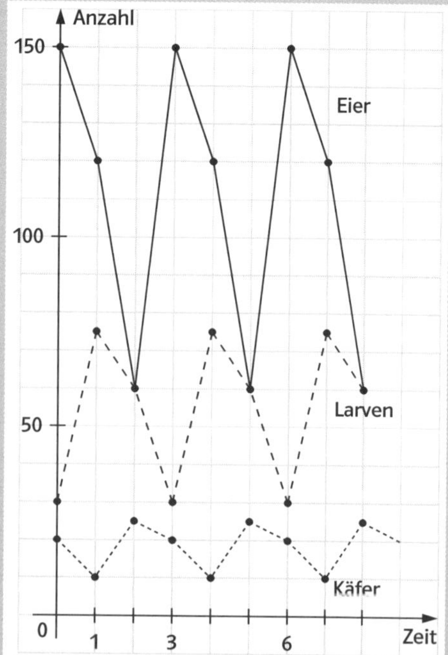

Fig. 2

Aufgabe 1 | Lösung S. 188

Die jährliche Entwicklung einer Tierart mit den Altersstufen A_1, A_2 und A_3 kann durch die Übergangsmatrix $A = \begin{pmatrix} 0 & 0 & 10 \\ 0{,}5 & 0 & 0 \\ 0 & 0{,}2 & 0 \end{pmatrix}$ beschrieben werden.

a) Zeichnen Sie einen Übergangsgraphen.

b) Zeigen Sie: Die Entwicklung ist zyklisch.

c) Zu Beginn einer Untersuchung sind 200 Individuen in A_1, 100 in A_2 und 50 in A_3. Berechnen Sie die Zustandsvektoren nach ein, zwei und drei Jahren. Veranschaulichen Sie die Entwicklung wie in Fig. 2.

d) Die Matrix A wird geändert in $B = \begin{pmatrix} 0 & 0 & 12 \\ 0{,}5 & 0 & 0 \\ 0 & 0{,}2 & 0 \end{pmatrix}$ bzw. in $C = \begin{pmatrix} 0 & 0 & 8 \\ 0{,}5 & 0 & 0 \\ 0 & 0{,}2 & 0 \end{pmatrix}$.

Zeigen Sie: Es gilt $B^{3k} = 1{,}2^k \cdot E$ bzw. $C^{3k} = 0{,}8^k \cdot E$ und interpretieren Sie dies.

e) Zeigen Sie: Eine Entwicklung mit der Matrix $D = \begin{pmatrix} 0 & 0 & a \\ b & 0 & 0 \\ 0 & c & 0 \end{pmatrix}$, $a > 0$, $0 < b \leqq 1$, $0 < c \leqq 1$ hat einen Zyklus von drei Jahren, wenn gilt: $a \cdot b \cdot c = 1$.

Aufgabe 2

Gegeben ist die Matrix $A = \begin{pmatrix} 0 & 0 & 0 & a \\ b & 0 & 0 & 0 \\ 0 & c & 0 & 0 \\ 0 & 0 & d & 0 \end{pmatrix}$ mit $a > 0$, $0 < b \leqq 1$, $0 < c \leqq 1$, $0 < d \leqq 1$.

a) Untersuchen Sie, ob A für $a = 24$, $b = \frac{1}{2}$, $c = \frac{1}{3}$ und $d = \frac{1}{4}$ zyklisch ist.

b) Welche Bedingung müssen a, b, c und d erfüllen, damit A zyklisch ist?

Das müssen Sie wissen:

Zyklische Prozesse

Ein mehrstufiger Prozess ist **zyklisch**, d. h. die Ausgangsverteilung stellt sich nach k Zeitschritten wieder ein, wenn die zugehörige Übergangsmatrix A die Bedingung $\mathbf{A^k = E}$ für ein $k \in \mathbb{N} \setminus \{0\}$ erfüllt.

Stationäre Verteilungen bei mehrstufigen Prozessen

In dieser Lerneinheit üben Sie,
wie man bei einem mehrstufigen Prozess eine stationäre Verteilung ermitteln kann.

Es gibt Prozesse, bei denen sich langfristig ein Zustandsvektor nicht mehr ändert, also stabil bleibt. Man spricht dann von einer **stabilen** oder **stationären Verteilung** oder auch von einer **Gleichgewichtsverteilung.** Bei einem Prozess mit einer stationären Verteilung nähert sich die Matrizenfolge A^n einer **Grenzmatrix G.** Eine stationäre Verteilung $\vec{x}$ kann aber ohne Kenntnis dieser Grenzmatrix G ermittelt werden. Denn wenn es eine stationäre Verteilung $\vec{x}$ gibt, muss diese die Bedingung $A \cdot \vec{x} = \vec{x}$ mit $\vec{x} \neq \vec{0}$ erfüllen. Diese Bedingung kann man umschreiben in $(A - E) \cdot \vec{x} = \vec{0}$.

In einem Land gibt es drei wöchentlich erscheinende Computer-Zeitschriften Z_1, Z_2 und Z_3. Der Übergangsgraph zeigt, wie sich die Käuferanteile von Woche zu Woche ändern.

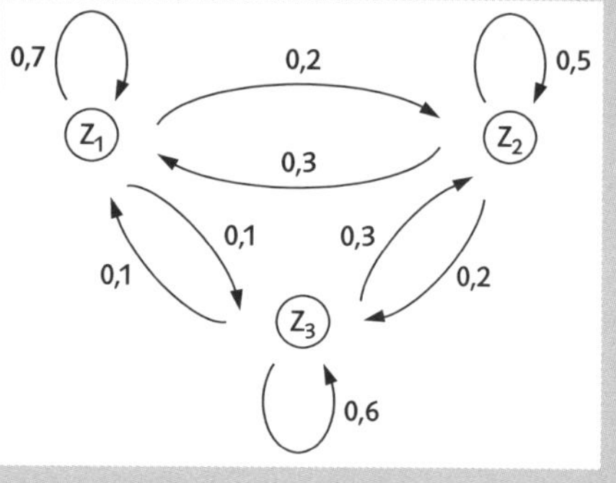

Die Übergangsmatrix ist $A = \begin{pmatrix} 0{,}7 & 0{,}3 & 0{,}1 \\ 0{,}2 & 0{,}5 & 0{,}3 \\ 0{,}1 & 0{,}2 & 0{,}6 \end{pmatrix}$.

Um zu untersuchen, ob es eine stationäre Verteilung gibt, ist die Gleichung

$\begin{pmatrix} -0{,}3 & 0{,}3 & 0{,}1 \\ 0{,}2 & -0{,}5 & 0{,}3 \\ 0{,}1 & 0{,}2 & -0{,}4 \end{pmatrix} \cdot \vec{x} = \vec{0}$ zu lösen.

Aus dem LGS $\left\{ \begin{array}{r} -0{,}3x_1 + 0{,}3x_2 + 0{,}1x_3 = 0 \\ 0{,}2x_1 - 0{,}5x_2 + 0{,}3x_3 = 0 \\ 0{,}1x_1 + 0{,}2x_2 - 0{,}4x_3 = 0 \end{array} \right.$ bzw. $\left\{ \begin{array}{r} -0{,}3x_1 + 0{,}3x_2 + 0{,}1x_3 = 0 \\ -0{,}9x_2 + 1{,}1x_3 = 0 \\ 0 = 0 \end{array} \right.$

folgt mit $x_3 = t$ dann $x_2 = \frac{11}{9}t$; $x_1 = \frac{14}{9}t$.

Da es sich um Anteile handelt, ist $x_1 + x_2 + x_3 = 1$.

Aus $\frac{14}{9}t + \frac{11}{9}t + t = 1$ folgt $t = \frac{9}{34}$.

Es existiert eine stationäre Verteilung $\vec{x} = \begin{pmatrix} x_1 \\ x_2 \\ x_3 \end{pmatrix}$ mit $x_1 \approx 0{,}41$, $x_2 \approx 0{,}32$, $x_3 \approx 0{,}26$.

Auf lange Sicht sind die Käuferanteile für die drei Zeitschriften rund 41 %, 32 % und 26 %.

Aufgabe 1 | Lösung S. 189

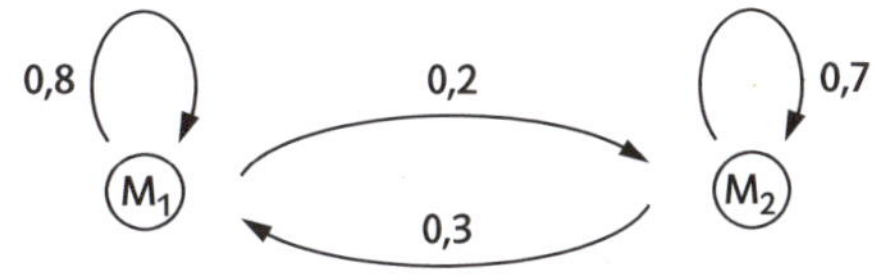

Das Diagramm zeigt, wie sich bei einer Insektenart die Merkmale M_1 und M_2 vererben.

a) Ermitteln Sie die Übergangsmatrizen für 1 Zeiteinheit, 2 Zeiteinheiten, 3 Zeiteinheiten.

b) Es sei $\vec{x}_0 = \begin{pmatrix} 0{,}7 \\ 0{,}3 \end{pmatrix}$ die Anfangsverteilung der Merkmale.
Welche Verteilung ergibt sich nach 3 Zeiteinheiten?

c) Ermitteln Sie eine Gleichgewichtsverteilung und interpretieren Sie das Ergebnis.

Aufgabe 2

Die Entwicklung einer Population wird durch folgende Übergangsmatrix beschrieben:

$$A = \begin{pmatrix} 0 & 0 & 20 \\ 0{,}8 & 0 & 0 \\ 0 & 0{,}5 & 0 \end{pmatrix}.$$

a) Stellen Sie die Entwicklung durch ein Diagramm dar.

b) Es sei $x_1 = 40$, $x_2 = 20$, $x_3 = 10$ die Startverteilung. Berechnen Sie die Verteilung nach 4 Zeiteinheiten.

c) Untersuchen Sie, ob es eine stabile Verteilung gibt.

Aufgabe 3

Ein Atom kann drei Energiezustände E_1, E_2 und E_3 annehmen. Die Tabelle gibt an, welche Anteile der Atome in einem stark verdünnten Gas nach einer Zeiteinheit den Zustand ändern oder nicht.

nach \ von	E_1	E_2	E_3
E_1	0,5	0,4	0,2
E_2	0,4	0,4	0,4
E_3	0,1	0,2	0,4

a) Stellen Sie die Übergangsmatrix auf.

b) Die Anfangsverteilung sei $x_1 = 0{,}3$, $x_2 = 0{,}3$, $x_3 = 0{,}4$.
Ermitteln Sie die Anteile der Zustände nach einer Zeiteinheit, nach zwei und nach drei Zeiteinheiten.

c) Ermitteln Sie eine Gleichgewichtsverteilung und interpretieren Sie das Ergebnis.

Das müssen Sie wissen:

Stationäre Verteilungen bei mehrstufigen Prozessen

Eine Verteilung $\vec{x}$ mit $\vec{x} \neq \vec{0}$ heißt **stabile** oder **stationäre Verteilung (Gleichgewichtsverteilung)**, wenn sie die Bedingung $A \cdot \vec{x} = \vec{x}$ bzw. $(A - E) \cdot \vec{x} = \vec{0}$ erfüllt.

Produktionsprozesse

In dieser Lerneinheit üben Sie,
wie man bei Produktionsprozessen den Gesamtprozess mithilfe von Matrizenprodukten ermitteln kann.
Bei Produktionsprozessen handelt es sich um die Berechnung des Bedarfs verschiedener Grundsubstanzen zur Erstellung unterschiedlicher Produkte. Werden die Produkte in mehreren Stufen hergestellt, kann man den **Gesamtprozess** mithilfe von **Matrizenprodukten** darstellen.

Zweistufige Produktionsprozesse:
$\vec{x}$: Eingangsvektor der 1. Stufe
$\vec{y}$: Ausgangsvektor der 1. Stufe und Eingangsvektor der 2. Stufe
$\vec{z}$: Ausgangsvektor der 2. Stufe
B: Prozessmatrix der 1. Stufe
A: Prozessmatrix der 2. Stufe

1. Stufe: $\vec{y} = B \cdot \vec{x}$
2. Stufe: $\vec{z} = A \cdot \vec{y}$
Gesamtprozess: $\vec{z} = C \cdot \vec{x}$ mit $C = A \cdot B$

Ein Unternehmen fertigt aus drei Rohstoffen R_1, R_2 und R_3 zunächst drei Zwischenprodukte Z_1, Z_2 und Z_3 und aus diesen dann zwei Endprodukte E_1 und E_2. Das Diagramm zeigt den Materialbedarf (in Einheiten).

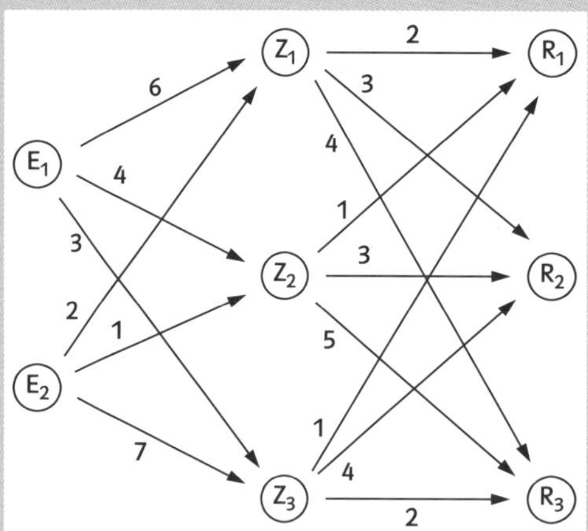

1. Stufe

	E_1	E_2
Z_1	6	2
Z_2	4	1
Z_3	3	7

2. Stufe

	Z_1	Z_2	Z_3
R_1	2	1	1
R_2	3	3	4
R_3	4	5	2

$$B = \begin{pmatrix} 6 & 2 \\ 4 & 1 \\ 3 & 7 \end{pmatrix} \qquad A = \begin{pmatrix} 2 & 1 & 1 \\ 3 & 3 & 4 \\ 4 & 5 & 2 \end{pmatrix}$$

Mit $C = A \cdot B = \begin{pmatrix} 19 & 12 \\ 42 & 37 \\ 50 & 27 \end{pmatrix}$ ergibt sich für den Gesamtprozess die Darstellung:

$$\begin{pmatrix} z_1 \\ z_2 \\ z_3 \end{pmatrix} = \begin{pmatrix} 19 & 12 \\ 42 & 37 \\ 50 & 27 \end{pmatrix} \cdot \begin{pmatrix} x_1 \\ x_2 \end{pmatrix}.$$

Sollen 15 Einheiten von E_1 und 20 Einheiten von E_2 hergestellt werden, gilt:

$$\begin{pmatrix} z_1 \\ z_2 \\ z_3 \end{pmatrix} = \begin{pmatrix} 19 & 12 \\ 42 & 37 \\ 50 & 27 \end{pmatrix} \cdot \begin{pmatrix} 15 \\ 20 \end{pmatrix} = \begin{pmatrix} 525 \\ 1370 \\ 1290 \end{pmatrix}.$$

Benötigt werden 525 Einheiten von R_1, 1370 Einheiten von R_2, 1290 Einheiten von R_3.

Aufgabe 1 | Lösung S. 190

In einer Firma werden aus drei Rohstoffen R_1, R_2 und R_3 zwei Endprodukte E_1 und E_2 hergestellt. Das Diagramm zeigt den Materialbedarf (in Einheiten).

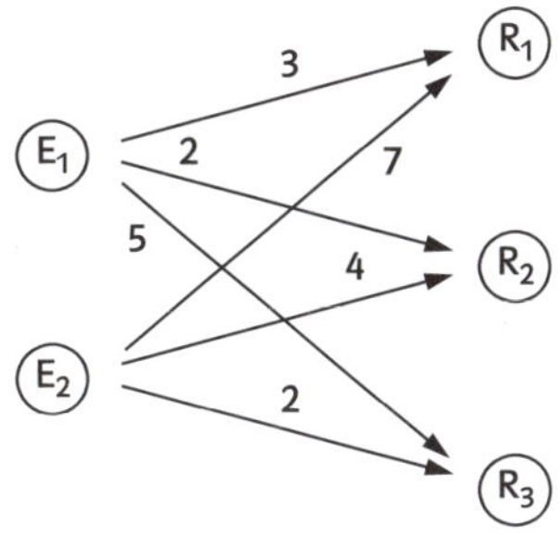

a) Beschreiben Sie den Prozess als LGS und in Matrix-Vektor-Schreibweise.

b) Berechnen Sie den Rohstoffbedarf, wenn 20 Einheiten von E_1 und 35 Einheiten von E_2 hergestellt werden sollen.

Aufgabe 2

In einem Produktionsprozess werden zunächst aus drei Rohstoffen R_1, R_2 und R_3 zwei Zwischenprodukte Z_1 und Z_2 hergestellt. Aus den Zwischenprodukten werden dann drei Endprodukte E_1, E_2 und E_3 produziert. Das Diagramm gibt den Bedarf (in Einheiten) eines Produktes an Vorprodukten an.

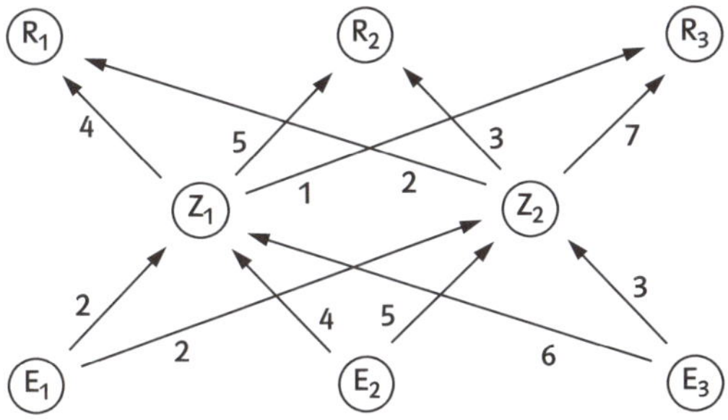

a) Beschreiben Sie die Stufen des Prozesses durch lineare Gleichungssysteme. Bestimmen Sie die Bedarfsmatrizen für die beiden Produktionsstufen und daraus die Bedarfsmatrix für den Gesamtprozess.

b) Ermitteln Sie den Rohstoffbedarf für 10 Einheiten von E_1, 15 Einheiten von E_2 und 30 Einheiten von E_3.

Das müssen Sie wissen:

Produktionsprozesse

Gilt bei einem zweistufigen Produktionsprozess:

1. Stufe: $\vec{y} = B \cdot \vec{x}$,

2. Stufe: $\vec{z} = A \cdot \vec{y}$,

so kann der Gesamtprozess dargestellt werden durch: $\vec{z} = C \cdot \vec{x}$ mit $C = A \cdot B$.

Musterklausur 4:

Atomare Teilchen in Energiezuständen

Aufgabenstellung

Ein atomares Teilchen kann drei Energiezustände E_1, E_2 und E_3 annehmen.
Die Tabelle gibt an, welche Anteile nach einer Zeiteinheit den Zustand ändern oder nicht.

nach \ von	E_1	E_2	E_3
E_1	0,5	0	0,5
E_2	0,5	0	0
E_3	0	1	0,5

Zu Beginn einer Untersuchung waren 40 % im Zustand E_1, 30 % im Zustand E_2 und 30 % im Zustand E_3.

a) Zeichnen Sie einen Übergangsgraphen und geben Sie die Übergangsmatrix A an.

b) Ermitteln Sie die Anteile der Energiezustände nach zwei bzw. nach vier Zeiteinheiten.

c) Bestimmen Sie den Zustandsvektor einen Zeitschritt vor der angegebenen Anfangsverteilung.

d) Untersuchen Sie, ob es eine stabile Verteilung gibt.

e) Für ein anderes Teilchen gilt die folgende Verteilung auf die Energiezustände.

nach \ von	E_1	E_2	E_3
E_1	0,2	0	0,4
E_2	0,2	1	0,3
E_3	0,6	0	0,3

Untersuchen Sie auch diesen Prozess auf eine stabile Verteilung und interpretieren Sie das Ergebnis.

Ausformulierte Lösung:

a) Übergangsgraph und Übergangsmatrix:

Übergangsgraph:

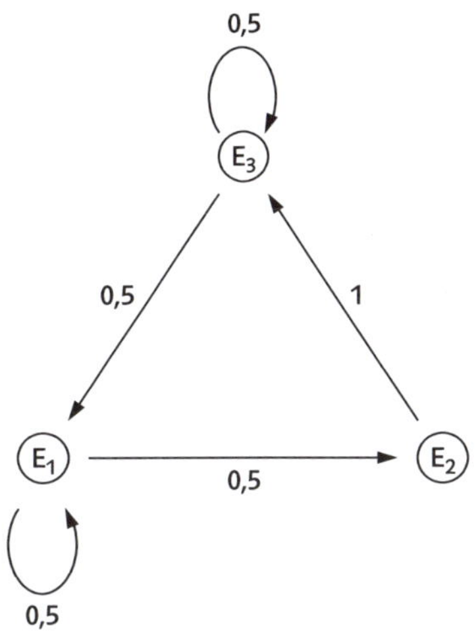

Übergangsmatrix:

$$A = \begin{pmatrix} 0,5 & 0 & 0,5 \\ 0,5 & 0 & 0 \\ 0 & 1 & 0,5 \end{pmatrix}$$

b) Anteile der Energiezustände nach zwei bzw. nach vier Zeiteinheiten:

Berechnung von A^2:

			0,5	0	0,5
			0,5	0	0,25
			0	1	0,5
0,5	0	0,5	0,25	0,5	0,5
0,5	0	0	0,25	0	0,25
0	1	0,5	0,5	0,5	0,25

Berechnung von A^4:

			0,25	0,5	0,5
			0,25	0	0,25
			0,5	0,5	0,25
0,25	0,5	0,5	0,4375	0,375	0,375
0,25	0	0,25	0,1875	0,25	0,1875
0,5	0,5	0,25	0,375	0,375	0,4375

$$\vec{v}_2 = A^2 \cdot \vec{v}_0 = \begin{pmatrix} 0,25 & 0,5 & 0,5 \\ 0,25 & 0 & 0,25 \\ 0,5 & 0,5 & 0,25 \end{pmatrix} \cdot \begin{pmatrix} 0,4 \\ 0,3 \\ 0,3 \end{pmatrix} = \begin{pmatrix} 0,4 \\ 0,175 \\ 0,425 \end{pmatrix}$$

$$\vec{v}_4 = A^4 \cdot \vec{v}_0 = \begin{pmatrix} 0,4375 & 0,375 & 0,375 \\ 0,1875 & 0,25 & 0,1875 \\ 0,375 & 0,375 & 0,4375 \end{pmatrix} \cdot \begin{pmatrix} 0,4 \\ 0,3 \\ 0,3 \end{pmatrix} = \begin{pmatrix} 0,4 \\ 0,20625 \\ 0,39375 \end{pmatrix}$$

c) Zustandsvektor einen Zeitschritt vor der Anfangsverteilung:
Gesucht ist $\vec{v}_{-1} = A^{-1} \cdot \vec{v}_0$.

Berechnung von A^{-1}:

	0,5	0	0,5	1	0	0		[1]
A	0,5	0	0	0	1	0	E	[2]
	0	1	0,5	0	0	1		[3]
	1	0	1	2	0	0		[4] = 2 · [1]
	0	1	0,5	0	0	1		[3]
	0	0	0,5	1	−1	0		[5] = [1] − [2]
	1	0	0	0	2	0		[4] − 2 · [5]
E	0	1	0	−1	1	1	A^{-1}	[3] − [5]
	0	0	1	2	−2	0		2 · [5]

Damit ergibt sich: $\vec{v}_{-1} = A^{-1} \cdot \vec{v}_0 = \begin{pmatrix} 0 & 2 & 0 \\ -1 & 1 & 1 \\ 2 & -2 & 0 \end{pmatrix} \cdot \begin{pmatrix} 0,4 \\ 0,3 \\ 0,3 \end{pmatrix} = \begin{pmatrix} 0,6 \\ 0,2 \\ 0,2 \end{pmatrix}$.

d) Untersuchung auf stabile Verteilung:

Zu lösen ist die Gleichung $(A - E) \cdot \vec{v} = \vec{0}$ bzw. das LGS $\left\{\begin{array}{l} -0,5v_1 + 0,5v_3 = 0 \\ 0,5v_1 - v_2 = 0 \\ v_2 - 0,5v_3 = 0 \end{array}\right.$:

$$\left\{\begin{array}{l} -0,5v_1 + 0,5v_3 = 0 \\ 0,5v_1 - v_2 = 0 \\ v_2 - 0,5v_3 = 0 \end{array}\right. \Leftrightarrow \left\{\begin{array}{l} -0,5v_1 + 0,5v_3 = 0 \\ 0,5v_1 - v_2 = 0 \\ -0,5v_1 + v_2 = 0 \end{array}\right. \Leftrightarrow \left\{\begin{array}{l} -0,5v_1 + 0,5v_3 = 0 \\ 0,5v_1 - v_2 = 0 \\ 0 = 0 \end{array}\right..$$

Mit $v_1 = t$ ergibt sich $v_2 = 0,5t$; $v_3 = t$. Wegen $v_1 + v_2 + v_3 = 1$ ist $t = \frac{2}{5}$ und damit
$\vec{v} = \frac{1}{5} \cdot \begin{pmatrix} 2 \\ 1 \\ 0 \end{pmatrix} = \begin{pmatrix} 0,4 \\ 0,2 \\ 0,4 \end{pmatrix}$.

e) Untersuchung des neuen Prozesses auf stabile Verteilung:
Die Gleichung $(A - E) \cdot \vec{w} = \vec{0}$ liefert das LGS

$\left\{\begin{array}{l} -0,8w_1 + 0,4w_3 = 0 \\ 0,2w_1 + 0,3w_3 = 0 \\ 0,6w_1 - 0,7w_3 = 0 \end{array}\right.$ und hieraus folgt $\left\{\begin{array}{l} -0,8w_1 + 0,4w_3 = 0 \\ 0,2w_1 + 0,3w_3 = 0 \\ 0,6w_1 - 0,7w_3 = 0 \end{array}\right..$

Addition der ersten beiden Gleichungen liefert $w_3 = 0$ und dann folgt $w_1 = 0$.
Mit $w_2 = t$ und $w_1 + w_2 + w_3 = 1$ ergibt sich $t = 1$ und damit die stabile Verteilung
$\vec{w} = \begin{pmatrix} 0 \\ 1 \\ 0 \end{pmatrix}$.
Langfristig sind also alle Teilchen im Energiezustand E_2.

Lösungen

Lösungsmengen linearer Gleichungssysteme

Aufgabe 1

a) $(3; -5)$
b) $\left(\frac{2}{3}; -\frac{5}{2}\right)$
c) $\left(\frac{147}{61}; -\frac{20}{61}\right)$
d) $(2; -0{,}5; 3)$
e) $(-2; 6; 10)$
f) $\left(-\frac{1}{3}; 7; 7\right)$

Aufgabe 2

a) $\{(4t; t+2; 2t) \mid t \in \mathbb{R}\}$
b) $\{\ \}$
c) $\{(2-t; 0{,}5t-2{,}5; t) \mid t \in \mathbb{R}\}$

Aufgabe 3

a) $(3; -10; -11)$
b) $(17; -43; -11)$
c) $(-32; 21; 19)$

Aufgabe 4

a) $x_1 = \frac{3}{3a+1}$;
genau eine Lösung für $a \neq -\frac{1}{3}$

b) $x_2 = \frac{-1}{a+1}$;
genau eine Lösung für $a \neq -1$

c) $(a^2 - a - 2) \cdot x_2 = 4a - 7$; $a^2 - a - 2 = 0$; $a_1 = 2$; $a_2 = -1$
genau eine Lösung für $a \neq 2$; $a \neq -1$

d) $(3 + a) \cdot x_3 = 3$; $3 + a = 0$; $a = -3$
genau eine Lösung für $a \neq -3$

e) $(a^2 - 1) \cdot x_2 = 7$; $a^2 - 1 = 0$; $a_1 = 1$; $a_2 = -1$
genau eine Lösung für $a \neq 1$; $a \neq -1$

f) $(a^2 + a - 2) \cdot x_1 = 4a + 10$; $a^2 + a - 2 = 0$; $a_1 = 1$; $a_2 = -2$
genau eine Lösung für $a \neq 1$; $a \neq -2$

Lineare Gleichungssysteme mit dem GTR

Aufgabe 1

a) (7,5; 0,3; 2,9)

b) $\left(\frac{107}{66}; -\frac{14}{33}; \frac{26}{33}\right)$

c) $\left(-\frac{1}{3}; 7; 7\right)$

Aufgabe 2

a) Das LGS hat unendlich viele Lösungen; mit $x_3 = t$ ergibt sich $x_2 = 2 + 0{,}5t$; $x_1 = 2t$.

b) Das LGS hat keine Lösung.

c) Das LGS hat unendlich viele Lösungen; mit $x_3 = t$ ergibt sich $x_2 = -2{,}5 + 0{,}5t$; $x_1 = 2 - t$.

Aufgabe 3

a) Das LGS hat unendlich viele Lösungen; mit $x_3 = t$ ergibt sich $x_2 = -\frac{1}{6}t$; $x_1 = -\frac{17}{12}t$.

b) Das LGS hat unendlich viele Lösungen; mit $x_3 = t$ ergibt sich $x_2 = \frac{13}{11}t$; $x_1 = -\frac{5}{11}t$.

c) Das LGS hat unendlich viele Lösungen; mit $x_3 = t$ ergibt sich $x_2 = \frac{11}{19}t$; $x_1 = \frac{2}{19}t$.

Vektoren als Menge von Pfeilen

Aufgabe 1

a)

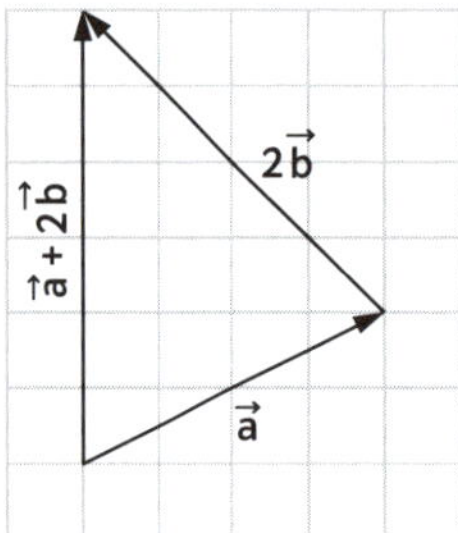

b)

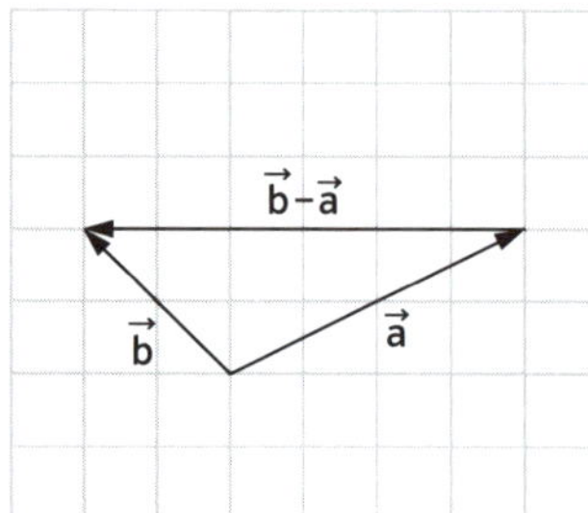

c)

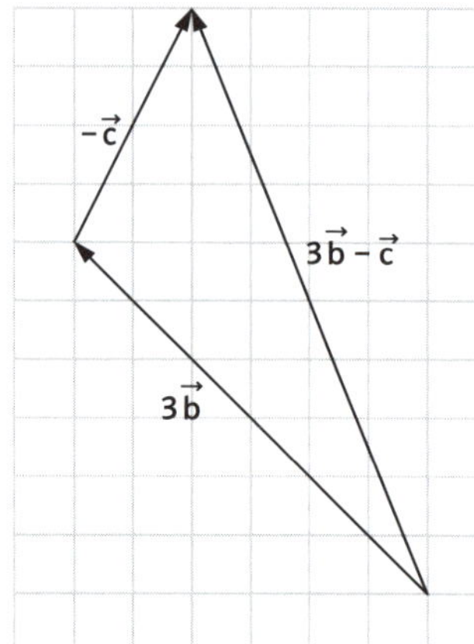

d)

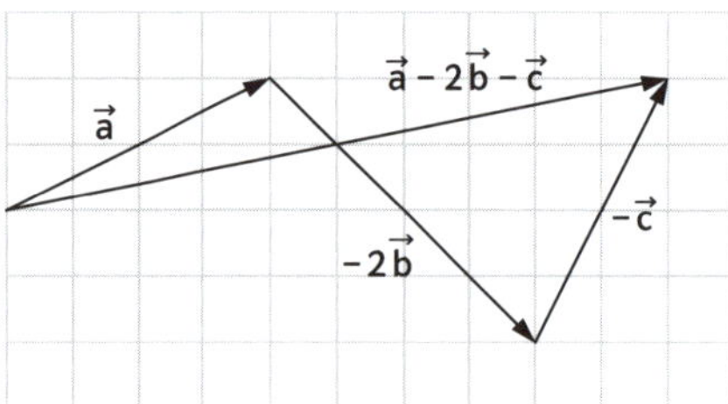

Aufgabe 2

$\overrightarrow{AC} = \vec{a} + \vec{b}$; $\quad \overrightarrow{BS} = -\vec{a} + \vec{c}$; $\quad \overrightarrow{CS} = -\vec{b} - \vec{a} + \vec{c}$

$\overrightarrow{DS} = -\vec{b} + \vec{c}$; $\quad \overrightarrow{MS} = -\frac{1}{2}(\vec{a} + \vec{b}) + \vec{c} = -\frac{1}{2}\vec{a} - \frac{1}{2}\vec{b} + \vec{c}$

Aufgabe 3

$\vec{m} = \vec{a} + \frac{1}{2}(-\vec{a} + \vec{b}) = \frac{1}{2}\vec{a} + \frac{1}{2}\vec{b}$

Aufgabe 4

$\overrightarrow{OD} = \vec{d} = \vec{a} + \overrightarrow{BC} = \vec{a} + (-\vec{b} + \vec{c}) = \vec{a} - \vec{b} + \vec{c}$

Punkte und Vektoren im Koordinatensystem

Aufgabe 1

$\overrightarrow{AB} = \begin{pmatrix} -6 \\ 4 \\ 3 \end{pmatrix}$; $\overrightarrow{BC} = \begin{pmatrix} 3 \\ -2 \\ 3 \end{pmatrix}$; $\overrightarrow{AC} = \begin{pmatrix} -3 \\ 2 \\ 6 \end{pmatrix}$

a) $2 \cdot \overrightarrow{AB} + 3 \cdot \overrightarrow{BC} = \begin{pmatrix} -3 \\ 2 \\ 15 \end{pmatrix}$ b) $4 \cdot \overrightarrow{AC} - 5 \cdot \overrightarrow{AB} = \begin{pmatrix} 18 \\ -12 \\ 9 \end{pmatrix}$ c) $3 \cdot \overrightarrow{AB} - \overrightarrow{BC} = \begin{pmatrix} -21 \\ 14 \\ 6 \end{pmatrix}$

Aufgabe 2

a) $\vec{a} = r \cdot \vec{b} + s \cdot \vec{c}$

Aus $\begin{cases} 1 = -2r + 4s \\ 2 = 5r - s \end{cases}$ folgt $r = \frac{1}{2}$; $s = \frac{1}{2}$; $\vec{a} = \frac{1}{2}\vec{b} + \frac{1}{2}\vec{c}$.

b) Aus $\begin{cases} -3 = -r \\ 10 = 4r + s \end{cases}$ folgt $r = 3$; $s = -2$; $\vec{a} = 3\vec{b} - 2\vec{c}$.

c) Aus $\begin{cases} 33 = 3r - 9s \\ 11 = 7r + s \\ -25 = -2r + 7s \end{cases}$ folgt $r = 2$; $s = -3$; $\vec{a} = 2\vec{b} - 3\vec{c}$.

Aufgabe 3

a) Aus $\begin{cases} 3 = r - s \\ 2 = 2r + 3s + 2t \\ 8 = r + s + 3t \end{cases}$ folgt $r = 1$; $s = -2$; $t = 3$; $\vec{x} = \vec{a} - 2\vec{b} + 3\vec{c}$.

b) Aus $\begin{cases} -15 = 3r - s + t \\ -7 = -7r + 2s - t \\ -20 = r + 3s + 5t \end{cases}$ folgt $r = 2$; $s = 1$; $t = -5$; $\vec{x} = 2\vec{a} + \vec{b} - 5\vec{c}$.

Aufgabe 4

a) M(1 | 7 | 1)

b) M(2 | 9 | −5)

c) M(−1 | 7 | −2)

Aufgabe 5

a) $\overrightarrow{OD} = \overrightarrow{OA} + \overrightarrow{BC} = \begin{pmatrix} 4 \\ 3 \\ 7 \end{pmatrix} + \begin{pmatrix} 5 \\ -14 \\ 2 \end{pmatrix} = \begin{pmatrix} 9 \\ -11 \\ 9 \end{pmatrix}$; D(9 | −11 | 9); M(3,5 | −1 | 8,5)

b) $\overrightarrow{OD} = \begin{pmatrix} -2 \\ 4 \\ 11 \end{pmatrix} + \begin{pmatrix} -6 \\ 13 \\ 2 \end{pmatrix} = \begin{pmatrix} -8 \\ 17 \\ 13 \end{pmatrix}$; D (−8 | 17 | 13); M (0,5 | 5,5 | 5)

Betrag eines Vektors; Länge einer Strecke; Einheitsvektor

Aufgabe 1

a) $|\vec{a}| = \sqrt{9 + 16} = 5$

b) $|\vec{a}| = \sqrt{4 + 1} = \sqrt{5}$

c) $|\vec{a}| = \sqrt{4 + 9 + 25} = \sqrt{38}$

d) $|\vec{a}| = \sqrt{1 + 1 + 1} = \sqrt{3}$

Aufgabe 2

a) $\overrightarrow{AB} = \begin{pmatrix} -3 \\ -1 \end{pmatrix}$; $|\overrightarrow{AB}| = \sqrt{9+1} = \sqrt{10}$

b) $\overrightarrow{AB} = \begin{pmatrix} 12 \\ -6 \end{pmatrix}$; $|\overrightarrow{AB}| = \sqrt{144+36} = \sqrt{180} = 6 \cdot \sqrt{5}$

c) $\overrightarrow{AB} = \begin{pmatrix} -18 \\ 2 \end{pmatrix}$; $|\overrightarrow{AB}| = \sqrt{324+4} = \sqrt{328} = 2 \cdot \sqrt{82}$

Aufgabe 3

a) $\overrightarrow{AB} = \begin{pmatrix} 2 \\ -1 \\ 4 \end{pmatrix}$; $|\overrightarrow{AB}| = \sqrt{21}$; $\overrightarrow{BC} = \begin{pmatrix} 0 \\ 2 \\ -2 \end{pmatrix}$; $|\overrightarrow{BC}| = 2\sqrt{2}$; $\overrightarrow{AC} = \begin{pmatrix} 2 \\ 1 \\ 2 \end{pmatrix}$; $|\overrightarrow{AC}| = 3$

b) $\overrightarrow{AB} = \begin{pmatrix} -2 \\ -6 \\ -2 \end{pmatrix}$; $|\overrightarrow{AB}| = \sqrt{44}$; $\overrightarrow{BC} = \begin{pmatrix} -1 \\ 3 \\ 8 \end{pmatrix}$; $|\overrightarrow{BC}| = \sqrt{74}$; $\overrightarrow{AC} = \begin{pmatrix} -3 \\ -3 \\ 6 \end{pmatrix}$; $|\overrightarrow{AC}| = \sqrt{54}$

Aufgabe 4

a) $|\vec{a}| = \sqrt{1+4+4} = 3$; $\vec{a}_0 = \frac{1}{3} \cdot \begin{pmatrix} 1 \\ 2 \\ 2 \end{pmatrix}$

b) $|\vec{a}| = \sqrt{9+144+16} = 13$; $\vec{a}_0 = \frac{1}{13} \cdot \begin{pmatrix} 3 \\ 12 \\ 4 \end{pmatrix}$

c) $|\vec{a}| = \sqrt{1+9+36} = \sqrt{46}$; $\vec{a}_0 = \frac{1}{\sqrt{46}} \cdot \begin{pmatrix} -1 \\ 3 \\ -6 \end{pmatrix}$

Aufgabe 5

a) $\overrightarrow{PQ} = \begin{pmatrix} 5 \\ 12 \end{pmatrix}$; $|\overrightarrow{PQ}| = \sqrt{169} = 13$;

$\overrightarrow{OA} = \overrightarrow{OQ} - 26 \cdot \frac{1}{13} \cdot \begin{pmatrix} 5 \\ 12 \end{pmatrix} = \begin{pmatrix} 7 \\ 15 \end{pmatrix} - 2 \cdot \begin{pmatrix} 5 \\ 12 \end{pmatrix} = \begin{pmatrix} -3 \\ -9 \end{pmatrix}$; A(−3 | −9)

$\overrightarrow{OB} = \overrightarrow{OQ} + 2 \cdot \begin{pmatrix} 5 \\ 12 \end{pmatrix} = \begin{pmatrix} 7 \\ 15 \end{pmatrix} + 2 \cdot \begin{pmatrix} 5 \\ 12 \end{pmatrix} = \begin{pmatrix} 17 \\ 39 \end{pmatrix}$; B(17 | 39)

b) $\overrightarrow{PQ} = \begin{pmatrix} 0 \\ 8 \\ 15 \end{pmatrix}$; $|\overrightarrow{PQ}| = \sqrt{64+225} = 17$;

$\overrightarrow{OA} = \overrightarrow{OQ} - 51 \cdot \frac{1}{17} \cdot \begin{pmatrix} 0 \\ 8 \\ 15 \end{pmatrix} = \begin{pmatrix} 2 \\ 6 \\ 20 \end{pmatrix} - 3 \cdot \begin{pmatrix} 0 \\ 8 \\ 15 \end{pmatrix} = \begin{pmatrix} 2 \\ -18 \\ -25 \end{pmatrix}$; A(2 | −18 | −25)

$\overrightarrow{OB} = \overrightarrow{OQ} + 3 \cdot \begin{pmatrix} 0 \\ 8 \\ 15 \end{pmatrix} = \begin{pmatrix} 2 \\ 6 \\ 20 \end{pmatrix} + 3 \cdot \begin{pmatrix} 0 \\ 8 \\ 15 \end{pmatrix} = \begin{pmatrix} 2 \\ 30 \\ 65 \end{pmatrix}$; B(2 | 30 | 65)

Lineare Abhängigkeit und Unabhängigkeit

Aufgabe 1

a) linear unabhängig
b) linear abhängig
c) linear unabhängig
d) linear unabhängig
e) linear unabhängig
f) linear abhängig

Aufgabe 2

$a = -2$ oder $a = 3$

Aufgabe 3

Man prüft z. B., ob die drei Vektoren $\overrightarrow{AB}, \overrightarrow{AC}, \overrightarrow{AD}$ linear abhängig sind oder nicht.

a) Die Vektoren sind linear unabhängig; also liegen die vier Punkte nicht in einer Ebene.

b) Die vier Punkte liegen nicht in einer Ebene.

Aufgabe 4

Aus $\left\{\begin{aligned} -r - s + 5t &= 0 \\ r + 2s + (3a+1)t &= 0 \\ -r + (2a+1)s - t &= 0 \end{aligned}\right.$ folgt $\left\{\begin{aligned} -r - s + 5t &= 0 \\ s + (3a+6)t &= 0 \\ (a^2 + 3a + 3)t &= 0 \end{aligned}\right.$.

Da $a^2 + 3a + 3 \neq 0$ ist für alle $a \in \mathbb{R}$, folgt $t = 0$ und dann $s = 0$; $r = 0$.

Skalarprodukt von Vektoren; Winkelberechnungen

Aufgabe 1

a) $\vec{a} \cdot \vec{b} = \begin{pmatrix} 2 \\ 3 \end{pmatrix} \cdot \begin{pmatrix} -1 \\ 4 \end{pmatrix} = -2 + 12 = 10$ b) $\vec{a} \cdot \vec{b} = \begin{pmatrix} 4 \\ 1 \end{pmatrix} \cdot \begin{pmatrix} 3 \\ -7 \end{pmatrix} = 5$ c) $\vec{a} \cdot \vec{b} = \begin{pmatrix} -5 \\ 1 \end{pmatrix} \cdot \begin{pmatrix} -2 \\ -3 \end{pmatrix} = 7$

d) $\vec{a} \cdot \vec{b} = \begin{pmatrix} -2 \\ 0 \\ 3 \end{pmatrix} \cdot \begin{pmatrix} 0 \\ 1 \\ 1 \end{pmatrix} = 3$ e) $\vec{a} \cdot \vec{b} = \begin{pmatrix} 3 \\ -2 \\ 5 \end{pmatrix} \cdot \begin{pmatrix} -1 \\ -1 \\ 2 \end{pmatrix} = 9$ f) $\vec{a} \cdot \vec{b} = \begin{pmatrix} 4 \\ -1 \\ 8 \end{pmatrix} \cdot \begin{pmatrix} 12 \\ 5 \\ -3 \end{pmatrix} = 19$

Aufgabe 2

a)

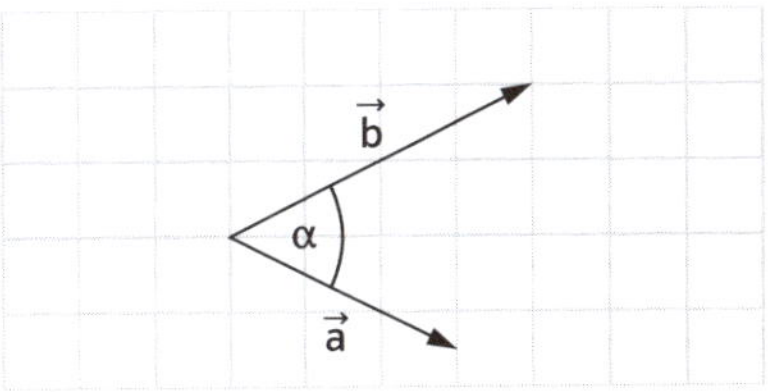

$$\cos(\alpha) = \frac{\begin{pmatrix} 1{,}5 \\ -1 \end{pmatrix} \cdot \begin{pmatrix} 2{,}5 \\ 1 \end{pmatrix}}{\sqrt{1{,}5^2 + (-1)^2} \cdot \sqrt{2{,}5^2 + 1^2}} = \frac{2{,}75}{\sqrt{3{,}25} \cdot \sqrt{7{,}25}}$$

$\alpha \approx 55{,}5°$

b)

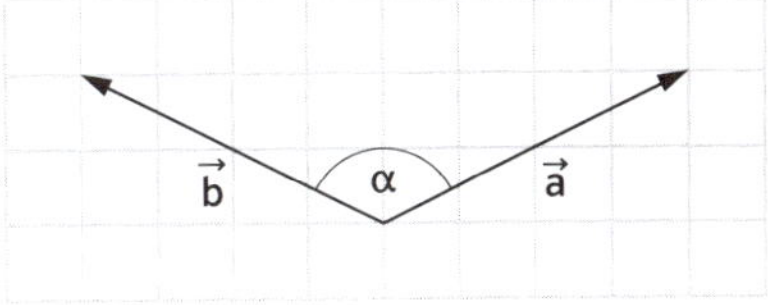

$$\cos(\alpha) = \frac{\begin{pmatrix} 2 \\ 1 \end{pmatrix} \cdot \begin{pmatrix} -2 \\ 1 \end{pmatrix}}{\sqrt{5} \cdot \sqrt{5}} = \frac{-3}{5}$$

$\alpha \approx 126{,}9°$

c)

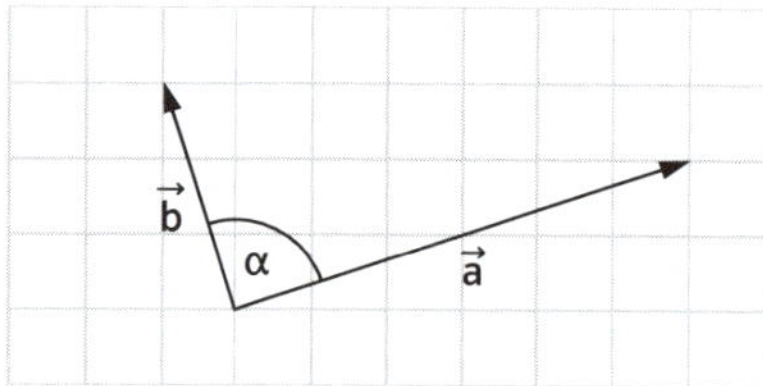

$$\cos(\alpha) = \frac{\begin{pmatrix}3\\1\end{pmatrix}\cdot\begin{pmatrix}-0{,}5\\1{,}5\end{pmatrix}}{\sqrt{10}\cdot\sqrt{2{,}5}} = \frac{0}{\sqrt{10}\cdot\sqrt{2{,}5}} = 0$$

$\alpha = 90°$

Aufgabe 3

a) $\cos(\alpha) = \frac{\begin{pmatrix}1\\2\\4\end{pmatrix}\cdot\begin{pmatrix}-3\\-1\\2\end{pmatrix}}{\sqrt{21}\cdot\sqrt{14}} = \frac{3}{\sqrt{21}\cdot\sqrt{14}}$; $\alpha \approx 79{,}92°$

b) $\cos(\alpha) = \frac{\begin{pmatrix}1\\-4\\-1\end{pmatrix}\cdot\begin{pmatrix}-6\\-9\\-2\end{pmatrix}}{\sqrt{18}\cdot\sqrt{121}} = \frac{32}{3\sqrt{2}\cdot 11}$; $\alpha \approx 46{,}71°$

Aufgabe 4

a)

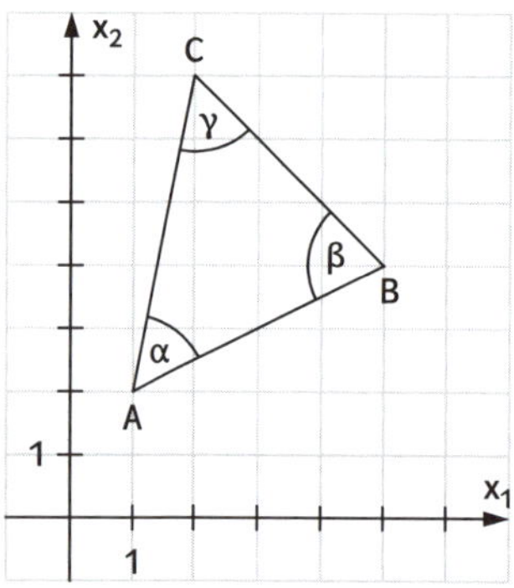

$\overrightarrow{AB} = \begin{pmatrix}4\\2\end{pmatrix}$; $|\overrightarrow{AB}| = \sqrt{20} \approx 4{,}47$

$\overrightarrow{BC} = \begin{pmatrix}-3\\3\end{pmatrix}$; $|\overrightarrow{BC}| = \sqrt{18} \approx 4{,}24$

$\overrightarrow{AC} = \begin{pmatrix}1\\5\end{pmatrix}$; $|\overrightarrow{AC}| = \sqrt{26} \approx 5{,}10$

$$\cos(\alpha) = \frac{\begin{pmatrix}4\\2\end{pmatrix}\cdot\begin{pmatrix}1\\5\end{pmatrix}}{\sqrt{20}\cdot\sqrt{26}} = \frac{14}{\sqrt{20}\cdot\sqrt{26}}$$

$\alpha \approx 52{,}13°$; $\beta \approx 71{,}57°$; $\gamma \approx 56{,}30°$

b)

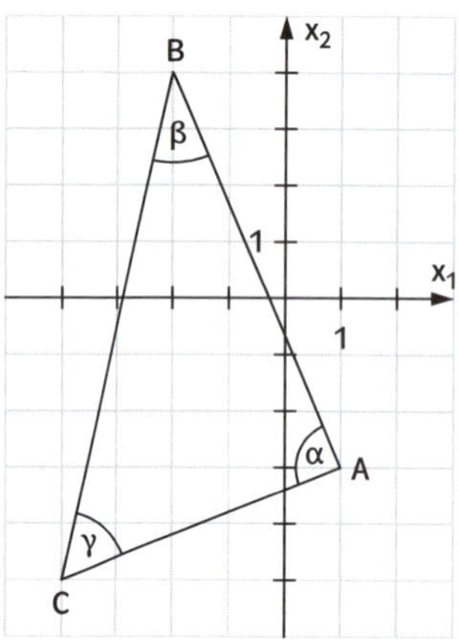

$\overrightarrow{AB} = \begin{pmatrix}-3\\7\end{pmatrix}$; $|\overrightarrow{AB}| = \sqrt{9+49} = \sqrt{58}$

$\overrightarrow{BC} = \begin{pmatrix}-2\\-9\end{pmatrix}$; $|\overrightarrow{BC}| = \sqrt{4+81} = \sqrt{85}$

$\overrightarrow{AC} = \begin{pmatrix}-5\\-2\end{pmatrix}$; $|\overrightarrow{AC}| = \sqrt{25+4} = \sqrt{29}$

$$\cos(\alpha) = \frac{\begin{pmatrix}-3\\7\end{pmatrix}\cdot\begin{pmatrix}-5\\-2\end{pmatrix}}{\sqrt{58}\cdot\sqrt{29}} = \frac{1}{\sqrt{58}\cdot\sqrt{29}}$$

$\alpha \approx 88{,}60°$; $\beta \approx 35{,}73°$; $\gamma \approx 55{,}67°$

Vektorprodukt von Vektoren

Aufgabe 1

a) $\vec{a} \times \vec{b} = \begin{pmatrix} 2 \\ 1 \\ 3 \end{pmatrix} \times \begin{pmatrix} 4 \\ 1 \\ 2 \end{pmatrix} = \begin{pmatrix} 1 \cdot 2 - 3 \cdot 1 \\ 3 \cdot 4 - 2 \cdot 2 \\ 2 \cdot 1 - 1 \cdot 4 \end{pmatrix} = \begin{pmatrix} -1 \\ 8 \\ -2 \end{pmatrix}$

b) $\vec{a} \times \vec{b} = \begin{pmatrix} -3 \\ 4 \\ 7 \end{pmatrix} \times \begin{pmatrix} 8 \\ 1 \\ 3 \end{pmatrix} = \begin{pmatrix} 4 \cdot 3 - 7 \cdot 1 \\ 7 \cdot 8 - (-3) \cdot 3 \\ -3 \cdot 1 - 4 \cdot 8 \end{pmatrix} = \begin{pmatrix} 5 \\ 65 \\ -35 \end{pmatrix}$

Aufgabe 2

a) $\vec{a} \times \vec{b} = \begin{pmatrix} 1 \\ 2 \\ 4 \end{pmatrix} \times \begin{pmatrix} 3 \\ -1 \\ -2 \end{pmatrix} = \begin{pmatrix} 0 \\ 14 \\ -7 \end{pmatrix} = \vec{c}$; $\quad |\vec{c}| = \sqrt{245} \quad$ $A = |\vec{c}| = \sqrt{245} \approx 15{,}7$

$\sin(\alpha) = \frac{|\vec{c}|}{|\vec{a}| \cdot |\vec{b}|} = \frac{\sqrt{245}}{\sqrt{21} \cdot \sqrt{14}}$; $\quad \alpha \approx 65{,}9°$

b) $\vec{a} \times \vec{b} = \begin{pmatrix} 4 \\ 1 \\ 5 \end{pmatrix} \times \begin{pmatrix} 9 \\ 2 \\ -4 \end{pmatrix} = \begin{pmatrix} -14 \\ 61 \\ -1 \end{pmatrix} = \vec{c}$; $\quad |\vec{c}| = \sqrt{3918} \quad$ $A = |\vec{c}| = \sqrt{3918} \approx 62{,}6$

$\sin(\alpha) = \frac{|\vec{c}|}{|\vec{a}| \cdot |\vec{b}|} = \frac{\sqrt{3918}}{\sqrt{42} \cdot \sqrt{101}}$; $\quad \alpha \approx 74{,}0°$

Aufgabe 3

a) $\overrightarrow{PQ} = \vec{a} = \begin{pmatrix} -6 \\ -3 \\ 4 \end{pmatrix}$; $\quad \overrightarrow{PR} = \vec{b} = \begin{pmatrix} -1 \\ -5 \\ 6 \end{pmatrix}$

$\vec{c} = \vec{a} \times \vec{b} = \begin{pmatrix} -6 \\ -3 \\ 4 \end{pmatrix} \times \begin{pmatrix} -1 \\ -5 \\ 6 \end{pmatrix} = \begin{pmatrix} 2 \\ 32 \\ 27 \end{pmatrix}$; $\quad |\vec{c}| = \sqrt{1757} \quad$ $A = \frac{1}{2} \cdot |\vec{c}| = \frac{1}{2} \cdot \sqrt{1757} \approx 21{,}0$

b) $\overrightarrow{PQ} = \vec{a} = \begin{pmatrix} 6 \\ -3 \\ 6 \end{pmatrix}$; $\quad \overrightarrow{PR} = \vec{b} = \begin{pmatrix} 9 \\ -8 \\ 9 \end{pmatrix}$

$\vec{c} = \vec{a} \times \vec{b} = \begin{pmatrix} 6 \\ -3 \\ 6 \end{pmatrix} \times \begin{pmatrix} 9 \\ -8 \\ 9 \end{pmatrix} = \begin{pmatrix} 21 \\ 0 \\ -21 \end{pmatrix}$; $\quad |\vec{c}| = \sqrt{882} \quad$ $A = \frac{1}{2} \cdot |\vec{c}| = \frac{1}{2} \cdot \sqrt{882} \approx 14{,}8$

Aufgabe 4

a) $\vec{a} \times \vec{b} = \begin{pmatrix} 5 \\ -2 \\ 3 \end{pmatrix} \times \begin{pmatrix} 1 \\ -2 \\ -7 \end{pmatrix} = \begin{pmatrix} 20 \\ 38 \\ -8 \end{pmatrix}$

$\vec{b} \times \vec{c} = \begin{pmatrix} 1 \\ -2 \\ -7 \end{pmatrix} \times \begin{pmatrix} 3 \\ 4 \\ -1 \end{pmatrix} = \begin{pmatrix} 30 \\ -20 \\ 10 \end{pmatrix}$

$\vec{c} \times \vec{a} = \begin{pmatrix} 3 \\ 4 \\ -1 \end{pmatrix} \times \begin{pmatrix} 5 \\ -2 \\ 3 \end{pmatrix} = \begin{pmatrix} 10 \\ -14 \\ -26 \end{pmatrix}$

b) $(\vec{a} \times \vec{b}) \times \vec{c} = \begin{pmatrix} 20 \\ 38 \\ -8 \end{pmatrix} \times \begin{pmatrix} 3 \\ 4 \\ -1 \end{pmatrix} = \begin{pmatrix} -6 \\ -4 \\ -34 \end{pmatrix}$

$\vec{a} \times (\vec{b} \times \vec{c}) = \begin{pmatrix} 5 \\ -2 \\ 3 \end{pmatrix} \times \begin{pmatrix} 30 \\ -20 \\ 10 \end{pmatrix} = \begin{pmatrix} 40 \\ 40 \\ -40 \end{pmatrix}$

Orthogonalität von Vektoren

Aufgabe 1

a) $\vec{a} \cdot \vec{b} = \begin{pmatrix} 4 \\ -3 \\ a_3 \end{pmatrix} \cdot \begin{pmatrix} 1 \\ 1 \\ -6 \end{pmatrix} = 4 - 3 - 6a_3 = 1 - 6a_3;$ $\quad 1 - 6a_3 = 0;$ $\quad a_3 = \frac{1}{6}$

b) $\vec{a} \cdot \vec{b} = \begin{pmatrix} 5 \\ 2 \\ 3 \end{pmatrix} \cdot \begin{pmatrix} 9 \\ b_2 \\ 4 \end{pmatrix} = 45 + 2b_2 + 12 = 57 + 2b_2;$ $\quad 57 + 2b_2 = 0;$ $\quad b_2 = -\frac{57}{2}$

Aufgabe 2

a) $\vec{a} \cdot \vec{b} = \begin{pmatrix} 2 \\ 3 \\ 5 \end{pmatrix} \cdot \begin{pmatrix} -1 \\ -1 \\ 1 \end{pmatrix} = -2 - 3 + 5 = 0;$ $\quad \vec{a}$ und $\vec{b}$ sind orthogonal.

b) $\vec{a} \cdot \vec{b} = \begin{pmatrix} -1{,}5 \\ -2 \\ 2 \end{pmatrix} \cdot \begin{pmatrix} 2 \\ -1 \\ 2 \end{pmatrix} = -3 + 2 + 4 = 3 \neq 0;$ $\quad \vec{a}$ und $\vec{b}$ sind nicht orthogonal.

Aufgabe 3

a) $\vec{n} = \begin{pmatrix} 1 \\ -3 \\ 1 \end{pmatrix}$ $\quad$ b) $\vec{n} = \begin{pmatrix} -2 \\ 1 \\ -1 \end{pmatrix}$ $\quad$ c) $\vec{n} = \begin{pmatrix} 11 \\ 9 \\ -6 \end{pmatrix}$

Aufgabe 4

a) $\overrightarrow{OC} = \overrightarrow{OB} + \overrightarrow{AD} = \begin{pmatrix} 3 \\ 5 \\ 5 \end{pmatrix} + \begin{pmatrix} 5 \\ -4 \\ -3 \end{pmatrix} = \begin{pmatrix} 8 \\ 1 \\ 2 \end{pmatrix};$ $\quad C(8\,|\,1\,|\,2)$

b) $\overrightarrow{AB} \cdot \overrightarrow{AD} = \begin{pmatrix} 0 \\ -3 \\ 4 \end{pmatrix} \cdot \begin{pmatrix} 5 \\ -4 \\ -3 \end{pmatrix} = 12 - 12 = 0;$

also bilden die Seiten AB und AD einen rechten Winkel.

c) $\overrightarrow{AB} \times \overrightarrow{AD} = \begin{pmatrix} 0 \\ -3 \\ 4 \end{pmatrix} \times \begin{pmatrix} 5 \\ -4 \\ -3 \end{pmatrix} = \begin{pmatrix} 25 \\ 20 \\ 15 \end{pmatrix} = \vec{c};$ $\quad |\vec{c}| = \sqrt{1250}$ $\quad A = |\vec{c}| = \sqrt{1250} \approx 35{,}4$

d) Es sei S der Schnittpunkt der Diagonalen; S ist die Mitte von AC.

$\overrightarrow{OS} = \overrightarrow{OA} + \frac{1}{2}\overrightarrow{AC} = \begin{pmatrix} 3 \\ 8 \\ 1 \end{pmatrix} + \frac{1}{2} \cdot \begin{pmatrix} 5 \\ -7 \\ 1 \end{pmatrix} = \begin{pmatrix} 5{,}5 \\ 4{,}5 \\ 1{,}5 \end{pmatrix};$ $\quad S(5{,}5\,|\,4{,}5\,|\,1{,}5)$

Geradengleichung in Parameterform

Aufgabe 1

a)

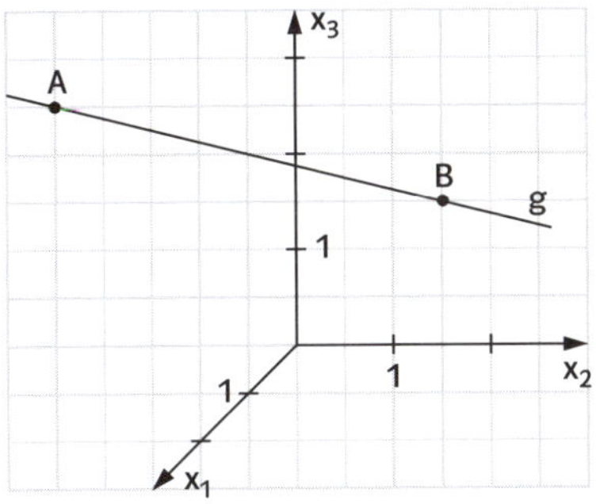

b) g: $\vec{x} = \begin{pmatrix} 1 \\ -2 \\ 3 \end{pmatrix} + r \cdot \begin{pmatrix} 4 \\ 6 \\ 1 \end{pmatrix};\ r \in \mathbb{R}$

c) C liegt nicht auf g.

Aufgabe 2

a) $\vec{x} = \begin{pmatrix} 3 \\ 8 \\ -3 \end{pmatrix} + r \cdot \begin{pmatrix} -3 \\ -9 \\ 5 \end{pmatrix};\ r \in \mathbb{R}$ b) $\vec{x} = \begin{pmatrix} -2 \\ 6 \\ 8 \end{pmatrix} + r \cdot \begin{pmatrix} 1 \\ 0 \\ 0 \end{pmatrix};\ r \in \mathbb{R}$

c) $\vec{x} = \begin{pmatrix} 3 \\ -7 \\ 1 \end{pmatrix} + r \cdot \begin{pmatrix} 0 \\ 1 \\ 0 \end{pmatrix};\ r \in \mathbb{R}$ d) $\vec{x} = \begin{pmatrix} 3 \\ -1 \\ 4 \end{pmatrix} + r \cdot \begin{pmatrix} 1 \\ 0 \\ 1 \end{pmatrix};\ r \in \mathbb{R}$

Aufgabe 3

a) Die Gerade g geht durch A(2 | 0 | 0) und ist parallel zur x_3-Achse.
b) Die Gerade h ist identisch mit der x_2-Achse.

Aufgabe 4

g: $\vec{x} = \begin{pmatrix} 2 \\ 3 \\ 0 \end{pmatrix} + r \cdot \begin{pmatrix} -2 \\ -3 \\ 2 \end{pmatrix};\ r \in \mathbb{R}$ h: $\vec{x} = \begin{pmatrix} 1 \\ 0 \\ 0 \end{pmatrix} + s \cdot \begin{pmatrix} 0 \\ 3 \\ 1 \end{pmatrix};\ s \in \mathbb{R}$

Aufgabe 5

a) $x_2 = -3x_1 - 1$ b) $\vec{x} = \begin{pmatrix} 0 \\ -3 \end{pmatrix} + t \cdot \begin{pmatrix} 1 \\ -2 \end{pmatrix};\ t \in \mathbb{R}$

Gegenseitige Lage zweier Geraden

Aufgabe 1

a) Aus $\begin{cases} 9 + 2r = 5 + 2s \\ 7 + r = 5 + s \\ 1 = 3 + s \end{cases}$ folgt $s = -2;\ r = -4;$

g und h schneiden sich; $S(1\,|\,3\,|\,1)$.

b) Das LGS $\begin{cases} 3 - r = -4 + 3s \\ 7 + 3r = 1 - 9s \\ 9 + 2r = 8 - 6s \end{cases}$ hat keine Lösung;

g und h schneiden sich nicht.

Aufgabe 2

a) h: $\vec{x} = \begin{pmatrix} 1 \\ 1 \\ 1 \end{pmatrix} + s \cdot \begin{pmatrix} 1 \\ -2 \\ 1 \end{pmatrix};\ s \in \mathbb{R}$

b) h: $\vec{x} = \begin{pmatrix} 1 \\ 0 \\ 1 \end{pmatrix} + t \cdot \begin{pmatrix} 2 \\ -2 \\ 1 \end{pmatrix};\ t \in \mathbb{R}$

c) h: $\vec{x} = \begin{pmatrix} 1 \\ 0 \\ 1 \end{pmatrix} + u \cdot \begin{pmatrix} 1 \\ 1 \\ 1 \end{pmatrix};\ u \in \mathbb{R}$

Aufgabe 3

g: $\vec{x} = \begin{pmatrix} 0 \\ 0 \\ 1 \end{pmatrix} + r \cdot \begin{pmatrix} 1{,}5 \\ 2 \\ -1 \end{pmatrix};\ r \in \mathbb{R}$

h: $\vec{x} = \begin{pmatrix} 1{,}5 \\ 0 \\ 0 \end{pmatrix} + s \cdot \begin{pmatrix} -1{,}5 \\ 2 \\ 1 \end{pmatrix};\ s \in \mathbb{R}$

g und h schneiden sich; $S(0{,}75\,|\,1\,|\,0{,}5)$

Aufgabe 4

g: $\vec{x} = \begin{pmatrix} 1 \\ 1 \\ 1 \end{pmatrix} + r \cdot \begin{pmatrix} 2 \\ 0 \\ 4 \end{pmatrix};\ r \in \mathbb{R}$

h: $\vec{x} = \begin{pmatrix} 1 \\ 2 \\ 6 \end{pmatrix} + s \cdot \begin{pmatrix} -2 \\ 1 \\ 1 \end{pmatrix};\ s \in \mathbb{R}$

$S(3\,|\,1\,|\,5);\ \begin{pmatrix} 2 \\ 0 \\ 4 \end{pmatrix} \cdot \begin{pmatrix} -2 \\ 1 \\ 1 \end{pmatrix} = 0;$ also sind g und h orthogonal.

Ebenengleichung in Parameterform

Aufgabe 1

a) $\vec{x} = \begin{pmatrix} 0 \\ 1 \\ 3 \end{pmatrix} + r \cdot \begin{pmatrix} -1 \\ 4 \\ -2 \end{pmatrix} + s \cdot \begin{pmatrix} 1 \\ 3 \\ -2 \end{pmatrix};\ r, s \in \mathbb{R}$

b) Der Punkt D liegt in E.

Aufgabe 2

E: $\vec{x} = \begin{pmatrix} 2 \\ -4 \\ 3 \end{pmatrix} + r \cdot \begin{pmatrix} 3 \\ 4 \\ -1 \end{pmatrix} + s \cdot \begin{pmatrix} 1 \\ -6 \\ 7 \end{pmatrix}$; $r, s \in \mathbb{R}$

Aufgabe 3

a) Aus $\begin{cases} 2 - 5r = 1 + s \\ -3 + 3r = -s \\ 20 - 3r = -1 + 4s \end{cases}$ folgt $r = -1$; $s = 6$;

g und h schneiden sich; $S(7 | -6 | 23)$.

b) E: $\vec{x} = \begin{pmatrix} 7 \\ -6 \\ 23 \end{pmatrix} + r \cdot \begin{pmatrix} -5 \\ 3 \\ -3 \end{pmatrix} + s \cdot \begin{pmatrix} 1 \\ -1 \\ 4 \end{pmatrix}$; $r, s \in \mathbb{R}$

Aufgabe 4

$\vec{x} = \begin{pmatrix} 3 \\ 0 \\ 2 \end{pmatrix} + r \cdot \begin{pmatrix} -3 \\ 4 \\ 0 \end{pmatrix} + s \cdot \begin{pmatrix} 0 \\ 2 \\ -1 \end{pmatrix}$; $r, s \in \mathbb{R}$

Aufgabe 5

a) siehe Fig.

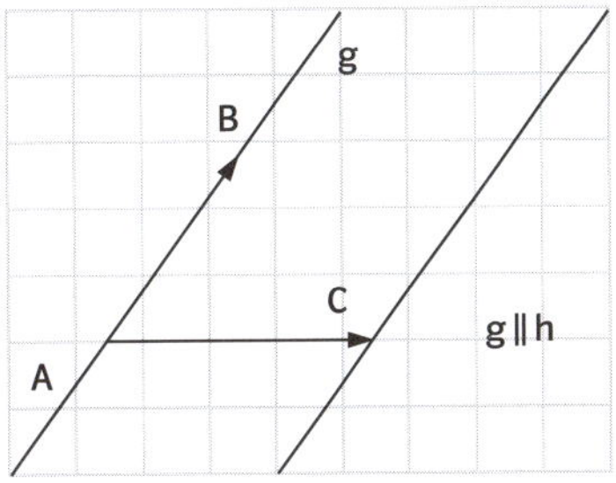

b) E: $\vec{x} = \begin{pmatrix} 1 \\ 2 \\ -1 \end{pmatrix} + r \cdot \begin{pmatrix} -3 \\ 1 \\ 5 \end{pmatrix} + s \cdot \begin{pmatrix} -2 \\ 1 \\ 0 \end{pmatrix}$; $r, s \in \mathbb{R}$

Ebenengleichung in Koordinatenform

Aufgabe 1

a) E: $\vec{x} = \begin{pmatrix} 1 \\ 2 \\ -1 \end{pmatrix} + r \cdot \begin{pmatrix} -2 \\ -2 \\ 5 \end{pmatrix} + s \cdot \begin{pmatrix} -2 \\ 3 \\ 4 \end{pmatrix}$; $r, s \in \mathbb{R}$

Eliminiert man r und s, ergibt sich: E: $23x_1 + 2x_2 + 10x_3 = 17$.

b) $23 \cdot 2 + 2 \cdot (-1) + 10 \cdot (-7) = -26$; also liegt D nicht in E.

Aufgabe 2

a) $\vec{x} = \begin{pmatrix}1\\2\\7\end{pmatrix} + r \cdot \begin{pmatrix}-4\\-4\\6\end{pmatrix} + s \cdot \begin{pmatrix}6\\5\\-8\end{pmatrix}$; $\quad x_1 + 2x_2 + 2x_3 = 19$

b) $\vec{x} = \begin{pmatrix}1\\1\\2\end{pmatrix} + r \cdot \begin{pmatrix}-2\\1\\2\end{pmatrix} + s \cdot \begin{pmatrix}1\\2\\1\end{pmatrix}$; $\quad 3x_1 - 4x_2 + 5x_3 = 9$

c) $\vec{x} = \begin{pmatrix}1\\1\\-1\end{pmatrix} + r \cdot \begin{pmatrix}1\\-6\\-7\end{pmatrix} + s \cdot \begin{pmatrix}4\\2\\-2\end{pmatrix}$; $\quad x_1 - x_2 + x_3 = -1$

d) $\vec{x} = \begin{pmatrix}-1\\3\\1\end{pmatrix} + r \cdot \begin{pmatrix}-4\\-1\\1\end{pmatrix} + s \cdot \begin{pmatrix}-7\\2\\3\end{pmatrix}$; $\quad x_1 - x_2 + 3x_3 = -1$

Aufgabe 3

a) $3x_1 - 6x_2 + 4x_3 = 16$

b) $8x_1 - 15x_2 - 2x_3 = 64$

Aufgabe 4

x_1x_2-Ebene: $x_3 = 0$
x_1x_3-Ebene: $x_2 = 0$
x_2x_3-Ebene: $x_1 = 0$

Aufgabe 5

a) $x_1 = \frac{3}{2} - \frac{3}{4}x_2 + \frac{1}{4}x_3$
$x_2 = 0 + x_2 + 0 \cdot x_3$
$x_3 = 0 + 0 \cdot x_2 + x_3$

Setzt man $x_2 = r$; $x_3 = s$ ergibt sich:

$$\vec{x} = \begin{pmatrix}\frac{3}{2}\\0\\0\end{pmatrix} + r \cdot \begin{pmatrix}-\frac{3}{4}\\1\\0\end{pmatrix} + s \cdot \begin{pmatrix}\frac{1}{4}\\0\\1\end{pmatrix}; \quad r, s \in \mathbb{R}$$

b) $x_1 = 1 + 2x_2 - 8x_3$
$x_2 = 0 + x_2 + 0 \cdot x_3$
$x_3 = 0 + 0 \cdot x_2 + x_3$

Setzt man $x_2 = r$; $x_3 = s$ ergibt sich:

$$\vec{x} = \begin{pmatrix}1\\0\\0\end{pmatrix} + r \cdot \begin{pmatrix}2\\1\\0\end{pmatrix} + s \cdot \begin{pmatrix}-8\\0\\1\end{pmatrix}; \quad r, s \in \mathbb{R}.$$

Bestimmung einer Koordinatengleichung mit dem GTR

Aufgabe 1

a)
Aus $r \cdot \begin{pmatrix} -1 \\ 3 \\ 2 \end{pmatrix} + s \cdot \begin{pmatrix} 3 \\ -1 \\ 1 \end{pmatrix} - \begin{pmatrix} x_1 \\ x_2 \\ x_3 \end{pmatrix} = \begin{pmatrix} -1 \\ -2 \\ -1 \end{pmatrix}$ folgt $\begin{cases} -r + 3s - x_1 = -1 \\ 3r - s - x_2 = -2 \\ 2r + s - x_3 = -1 \end{cases}$.

Letzte Gleichung der reduzierten Stufenform:

$x_1 + \frac{7}{5}x_2 - \frac{8}{5}x_3 = \frac{11}{5}$ bzw. $5x_1 + 7x_2 - 8x_3 = 11$.

b)
Aus $r \cdot \begin{pmatrix} -2 \\ 4 \\ 3 \end{pmatrix} + s \cdot \begin{pmatrix} -5 \\ 8 \\ -9 \end{pmatrix} - \begin{pmatrix} x_1 \\ x_2 \\ x_3 \end{pmatrix} = \begin{pmatrix} -3 \\ -5 \\ 1 \end{pmatrix}$ folgt $\begin{cases} -2r - 5s - x_1 = -3 \\ 4r + 8s - x_2 = -5 \\ 3r - 9s - x_3 = 1 \end{cases}$.

Letzte Gleichung der reduzierten Stufenform:

$x_1 + \frac{11}{20}x_2 - \frac{1}{15}x_3 = \frac{349}{60}$ bzw. $60x_1 + 33x_2 - 4x_3 = 349$.

Aufgabe 2

a) 1. Möglichkeit

$\vec{x} = \begin{pmatrix} 3 \\ 5 \\ 7 \end{pmatrix} + r \cdot \begin{pmatrix} -4 \\ -1 \\ -9 \end{pmatrix} + s \cdot \begin{pmatrix} 2 \\ -3 \\ -6 \end{pmatrix}$; $3x_1 + 6x_2 - 2x_3 = 25$

2. Möglichkeit

Punktprobe: $a_1x_1 + a_2x_2 + a_3x_3 = b$; $\begin{cases} 3a_1 + 5a_2 + 7a_3 = b \\ -a_1 + 4a_2 - 2a_3 = b; \\ 5a_1 + 2a_2 + a_3 = b \end{cases}$ $a_3 + \frac{2}{25}b = 0$

Mit $b = 25$ folgt $a_3 = -2$; $a_2 = 6$; $a_1 = 3$; $3x_1 + 6x_2 - 2x_3 = 25$.

b) 1. Möglichkeit:

$\vec{x} = \begin{pmatrix} 1 \\ 2 \\ 0 \end{pmatrix} + r \cdot \begin{pmatrix} 1 \\ -2 \\ -2 \end{pmatrix} + s \cdot \begin{pmatrix} 4 \\ 4 \\ -4 \end{pmatrix}$; $4x_1 - x_2 + 3x_3 = 2$

2. Möglichkeit:

$\begin{cases} a_1 + 2a_2 = b \\ 2a_1 - 2a_3 = b; \\ 5a_1 + 6a_2 - 4a_3 = b \end{cases}$ $a_3 - \frac{3}{2}b = 0$

Mit $b = 2$ folgt $a_3 = 3$; $a_2 = -1$; $a_1 = 4$; $4x_1 - x_2 + 3x_3 = 2$.

Zeichnerische Darstellung einer Ebene

Aufgabe 1

a) $S_1(3|0|0)$; $S_2(0|2|0)$; $S_3\left(0\middle|0\middle|\frac{8}{3}\right)$

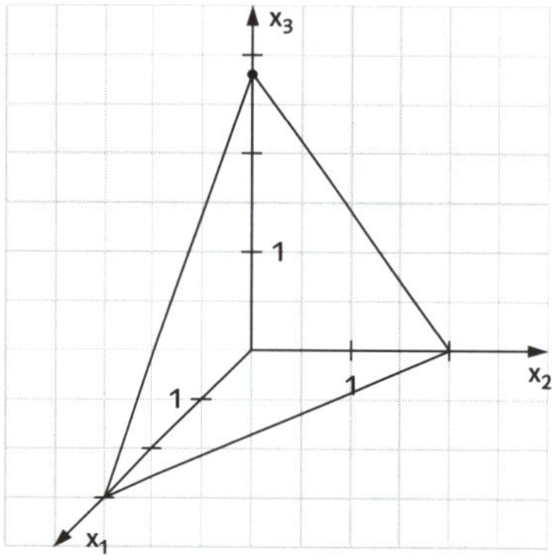

b) $S_1(3|0|0)$; $S_2(0|-3|0)$; $S_3(0|0|3)$

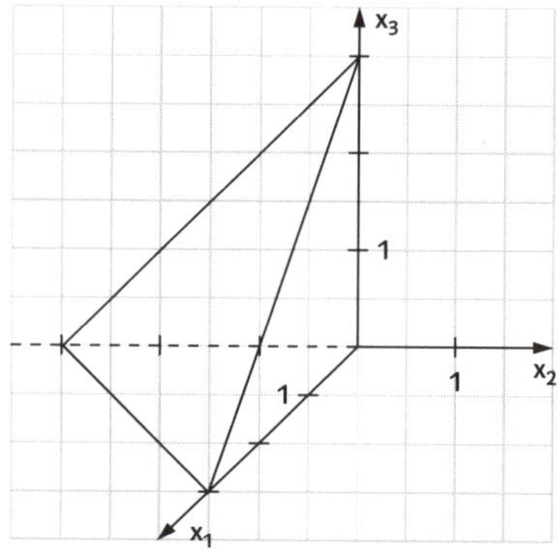

c) $15x_1 + 20x_2 + 12x_3 = 60$

$S_1(4|0|0)$; $S_2(0|3|0)$; $S_3(0|0|5)$

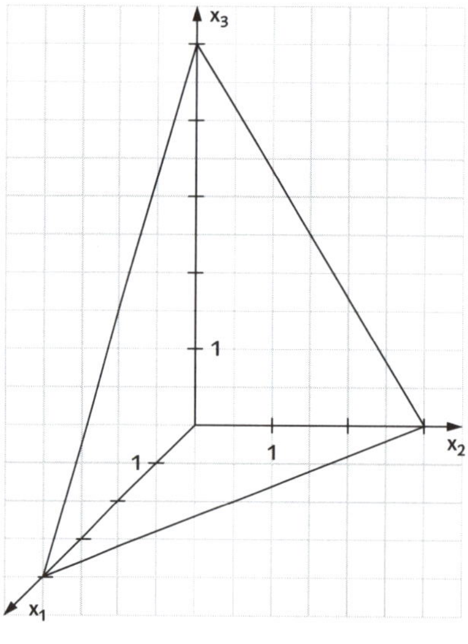

d) $3x_1 - 2x_2 + 3x_3 = -12$

$S_1(-4|0|0)$; $S_2(0|6|0)$; $S_3(0|0|-4)$

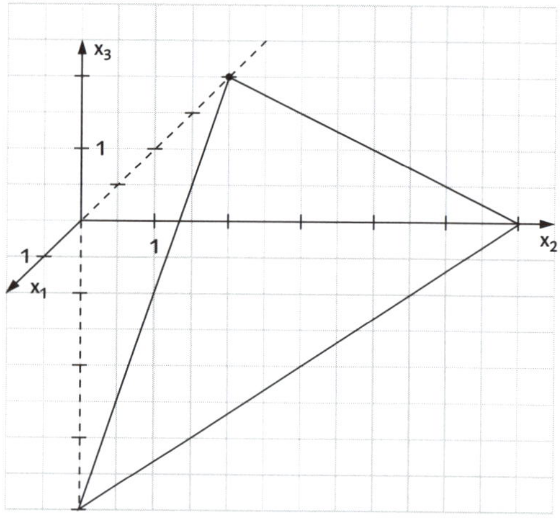

Aufgabe 2

$S_1(4|0|0)$; $S_2(0|6|0)$; $S_3(0|0|8)$

Gerade durch S_1 und S_2: $\vec{x} = \begin{pmatrix}4\\0\\0\end{pmatrix} + r \cdot \begin{pmatrix}-2\\3\\0\end{pmatrix}$

Gerade durch S_2 und S_3: $\vec{x} = \begin{pmatrix}0\\6\\0\end{pmatrix} + r \cdot \begin{pmatrix}0\\-3\\4\end{pmatrix}$

Gerade durch S_1 und S_3: $\vec{x} = \begin{pmatrix}0\\0\\8\end{pmatrix} + r \cdot \begin{pmatrix}-1\\0\\2\end{pmatrix}$

Aufgabe 3

Fig. 2: $3x_1 + 2x_2 + 3x_3 = 6$ Fig. 3: $2x_1 - 3x_2 + 2x_3 = 6$

Aufgabe 4

a) $x_1 + 4x_2 + 10x_3 = 16$; $S_1(16|0|0)$; $S_2(0|4|0)$; $S_3(0|0|1{,}6)$

b) Gerade durch S_1 und S_2: $\vec{x} = \begin{pmatrix}16\\0\\0\end{pmatrix} + r \cdot \begin{pmatrix}-4\\1\\0\end{pmatrix}$

Gerade durch S_2 und S_3: $\vec{x} = \begin{pmatrix}0\\4\\0\end{pmatrix} + r \cdot \begin{pmatrix}0\\-4\\1{,}6\end{pmatrix}$

Gerade durch S_1 und S_3: $\vec{x} = \begin{pmatrix}16\\0\\0\end{pmatrix} + r \cdot \begin{pmatrix}-16\\0\\1{,}6\end{pmatrix}$

c) $V = \frac{1}{3} \cdot G \cdot h = \frac{1}{3} \cdot \frac{1}{2} \cdot 16 \cdot 4 \cdot 1{,}6 = \frac{256}{15} \approx 85{,}3$

Besondere Lagen von Geraden und Ebenen

Aufgabe 1

a) Eine der Winkelhalbierenden zwischen der x_1-Achse und der x_2-Achse.
b) Parallele zur x_3-Achse durch den Punkt $P(1|0|0)$.
c) Parallele zu einer der Winkelhalbierenden zwischen der x_1-Achse und der x_2-Achse durch den Punkt $Q(0|0|1)$.

Aufgabe 2

g: $\vec{x} = r\begin{pmatrix}1\\1\end{pmatrix}$; $r \in \mathbb{R}$ h: $\vec{x} = s\begin{pmatrix}1\\-1\end{pmatrix}$; $s \in \mathbb{R}$

Aufgabe 3

a) Die Ebene ist parallel zur x_3-Achse.

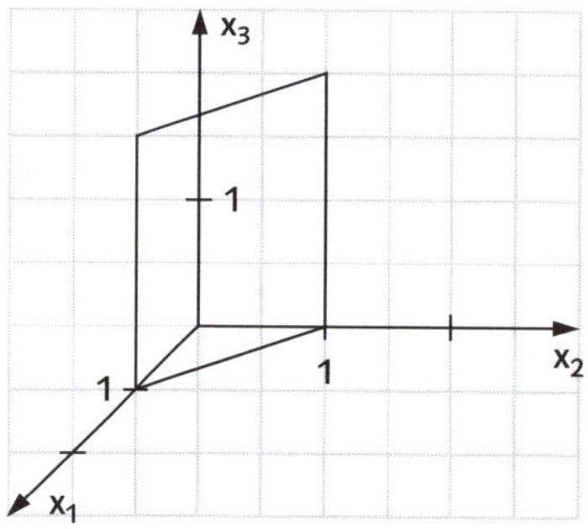

b) Die Ebene ist parallel zur x_1-Achse.

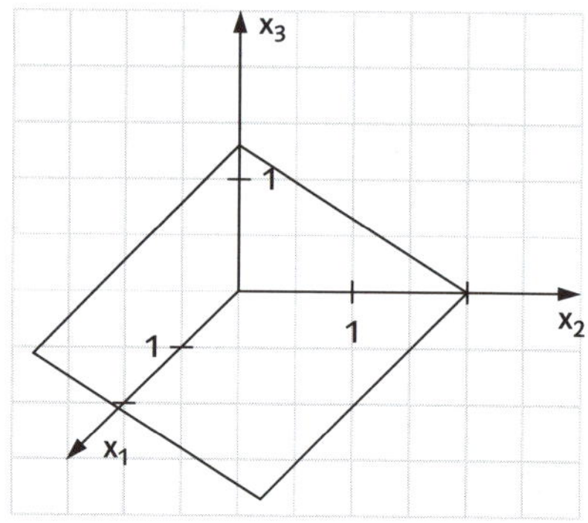

c) Die Ebene ist parallel zur x_1-Achse und zur x_3-Achse.

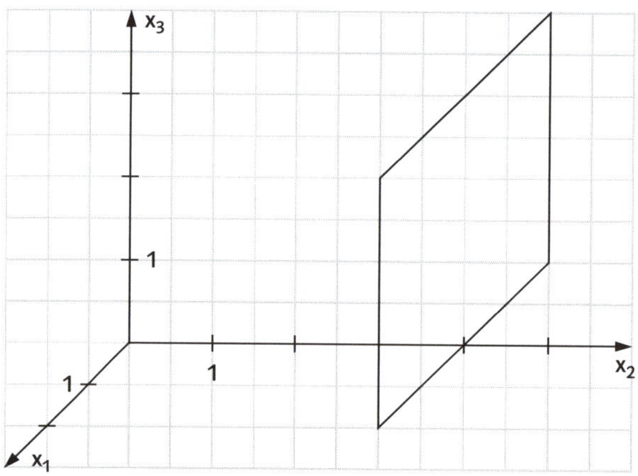

d) Die Ebene ist die x_1x_2-Ebene.

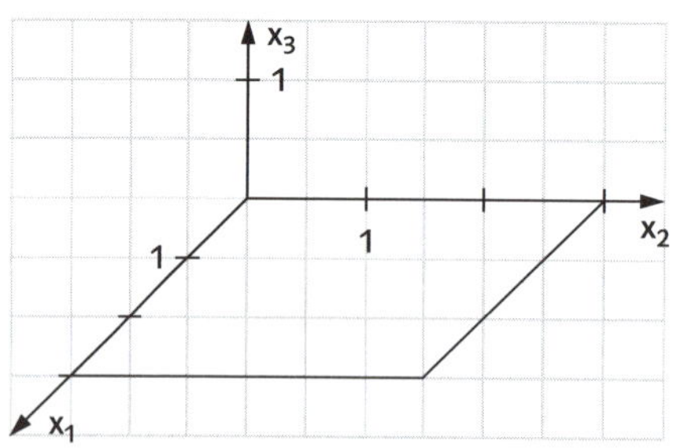

Aufgabe 4

a) $\vec{x} = \begin{pmatrix} 3 \\ 0 \\ 0 \end{pmatrix} + r \cdot \begin{pmatrix} -3 \\ 2 \\ 0 \end{pmatrix} + s \cdot \begin{pmatrix} 0 \\ 0 \\ 1 \end{pmatrix}$

$2x_1 + 3x_2 = 6$

b) $\vec{x} = \begin{pmatrix} 0 \\ 0 \\ 2 \end{pmatrix} + r \cdot \begin{pmatrix} 1 \\ 0 \\ 0 \end{pmatrix} + s \cdot \begin{pmatrix} 0 \\ 3 \\ -2 \end{pmatrix}$

$2x_2 + 3x_3 = 6$

Ebenengleichung in Normalenform

Aufgabe 1

$$\left[\vec{x} - \begin{pmatrix}2\\1\\3\end{pmatrix}\right] \cdot \begin{pmatrix}2\\3\\-12\end{pmatrix} = 0$$

Aufgabe 2

$$\left[\vec{x} - \begin{pmatrix}4\\3\\-7\end{pmatrix}\right] \cdot \begin{pmatrix}-1\\2\\1\end{pmatrix} = 0; \quad x_1 - 2x_2 - x_3 - 5 = 0$$

Aufgabe 3

Mit $\overrightarrow{AB} = \vec{u} = \begin{pmatrix}-3\\-18\\-1\end{pmatrix}$ und $\overrightarrow{AC} = \vec{v} = \begin{pmatrix}1\\-7\\-4\end{pmatrix}$ ist $\vec{n} = \vec{u} \times \vec{v} = \begin{pmatrix}65\\-13\\39\end{pmatrix}$.

$$E\colon \left[\vec{x} - \begin{pmatrix}2\\12\\2\end{pmatrix}\right] \cdot \begin{pmatrix}65\\-13\\39\end{pmatrix} = 0$$

Aufgabe 4

$$\left[\vec{x} - \begin{pmatrix}1\\0\\3\end{pmatrix}\right] \cdot \begin{pmatrix}1\\1\\-1\end{pmatrix} = 0; \quad x_1 + x_2 - x_3 + 2 = 0$$

Aufgabe 5

Die Mitte $M(3\,|\,4\,|\,5)$ liegt in E; $\overrightarrow{AM} = \begin{pmatrix}1\\-1\\2\end{pmatrix}$ ist ein Normalenvektor.

$$E\colon \left[\vec{x} - \begin{pmatrix}3\\4\\5\end{pmatrix}\right] \cdot \begin{pmatrix}1\\-1\\2\end{pmatrix} = 0$$

Ebenengleichung in HESSE-Form

Aufgabe 1

a) $|\vec{n}| = \sqrt{25} = 5; \vec{n}_0 = \frac{1}{5} \cdot \begin{pmatrix}-4\\3\\0\end{pmatrix}$

b) $|\vec{n}| = \sqrt{3}; \quad \vec{n}_0 = \frac{1}{\sqrt{3}} \cdot \begin{pmatrix}1\\1\\1\end{pmatrix}$

c) $|\vec{n}| = \sqrt{9} = 3; \quad \vec{n}_0 = \frac{1}{3} \cdot \begin{pmatrix}2\\1\\2\end{pmatrix}$

d) $|\vec{n}| = \sqrt{50}; \quad \vec{n}_0 = \frac{1}{\sqrt{50}} \cdot \begin{pmatrix}3\\-4\\5\end{pmatrix}$

Aufgabe 2

a) $\frac{2x_1 + 3x_2 - x_1 - 5}{\sqrt{4+9+1}} = 0;\qquad \frac{2x_1 + 3x_2 - x_1 - 5}{\sqrt{14}} = 0$

b) $\frac{3x_1 - 4x_2 + 7x_3 - 1}{\sqrt{9+16+49}} = 0;\qquad \frac{3x_1 - 4x_2 + 7x_3 - 1}{\sqrt{74}} = 0$

c) $\frac{x_1 + 7x_3 - 4}{\sqrt{1+49}} = 0;\qquad \frac{x_1 + 7x_3 - 4}{\sqrt{50}} = 0$

Aufgabe 3

a) $\overrightarrow{AB} = \vec{u} = \begin{pmatrix}1\\2\\2\end{pmatrix};\quad \overrightarrow{AC} = \vec{v} = \begin{pmatrix}-2\\-3\\-1\end{pmatrix};\quad \vec{n} = \vec{u} \times \vec{v} = \begin{pmatrix}4\\-3\\1\end{pmatrix}$

E: $\left[\vec{x} - \begin{pmatrix}1\\1\\9\end{pmatrix}\right] \cdot \begin{pmatrix}4\\-3\\1\end{pmatrix} = 0$

b) $|\vec{n}| = \sqrt{16+9+1} = \sqrt{26};\quad$ E: $\frac{1}{\sqrt{26}} \cdot \begin{pmatrix}4\\-3\\1\end{pmatrix} \cdot \left[\vec{x} - \begin{pmatrix}1\\1\\9\end{pmatrix}\right] = 0$

$4(x_1-1) - 3(x_2-1) + x_3 - 9 = 0;$

$4x_1 - 3x_2 + x_3 - 10 = 0$

E: $\frac{4x_1 - 3x_2 + x_3 - 10}{\sqrt{26}} = 0$

Aufgabe 4

a) $\vec{u} = \begin{pmatrix}3\\1\\5\end{pmatrix};\quad \vec{v} = \begin{pmatrix}3\\3\\-2\end{pmatrix};\quad \vec{n} = \vec{u} \times \vec{v} = \begin{pmatrix}-17\\21\\6\end{pmatrix};\quad |\vec{n}| = \sqrt{766}$

Normalengleichung:

E: $\left[\vec{x} - \begin{pmatrix}-2\\1\\4\end{pmatrix}\right] \cdot \begin{pmatrix}-17\\21\\6\end{pmatrix} = 0$

HESSE-Form in Vektordarstellung:

E: $\frac{1}{\sqrt{766}} \cdot \begin{pmatrix}-17\\21\\6\end{pmatrix} \cdot \left[\vec{x} - \begin{pmatrix}-2\\1\\4\end{pmatrix}\right] = 0$

HESSE-Form in Koordinatendarstellung:

$-17(x_1+2) + 21(x_2-1) + 6(x_3-4) = 0$

$17x_1 - 21x_2 - 6x_3 + 79 = 0$

E: $\frac{17x_1 - 21x_2 - 6x_3 + 79}{\sqrt{766}} = 0$

b) $\vec{u} = \begin{pmatrix} 2 \\ -6 \\ 1 \end{pmatrix}$; $\vec{v} = \begin{pmatrix} 2 \\ 2 \\ 3 \end{pmatrix}$; $\vec{n} = \vec{u} \times \vec{v} = \begin{pmatrix} -20 \\ -4 \\ 16 \end{pmatrix}$; $|\vec{n}| = \sqrt{672}$

Normalengleichung:

$$E\colon \left[\vec{x} - \begin{pmatrix} 8 \\ 3 \\ -2 \end{pmatrix}\right] \cdot \begin{pmatrix} -20 \\ -4 \\ 16 \end{pmatrix} = 0$$

HESSE-Form in Vektordarstellung:

$$E\colon \frac{1}{\sqrt{672}} \cdot \begin{pmatrix} -20 \\ -4 \\ 16 \end{pmatrix} \cdot \left[\vec{x} - \begin{pmatrix} 8 \\ 3 \\ -2 \end{pmatrix}\right] = 0$$

HESSE-Form in Koordinatendarstellung:

$$-20(x_1 - 8) - 4(x_2 - 3) + 16(x_3 + 2) = 0$$

$$5x_1 + x_2 - 4x_3 - 51 = 0$$

$$E\colon \frac{5x_1 + x_2 - 4x_3 - 51}{\sqrt{42}} = 0$$

Aufgabe 5

a) $\vec{u} = \begin{pmatrix} 2 \\ -3 \\ 1 \end{pmatrix}$; $\vec{v} = \begin{pmatrix} 1 \\ 0 \\ 2 \end{pmatrix}$; $\vec{n} = \vec{u} \times \vec{v} = \begin{pmatrix} -6 \\ -3 \\ 3 \end{pmatrix}$

$$\left[\vec{x} - \begin{pmatrix} 1 \\ 9 \\ -2 \end{pmatrix}\right] \cdot \begin{pmatrix} 2 \\ 1 \\ -1 \end{pmatrix} = 0$$

$$2(x_1 - 1) + x_2 - 9 - (x_3 + 2) = 0$$

$$2x_1 + x_2 - x_3 - 13 = 0$$

$$\frac{2x_1 + x_2 - x_3 - 13}{\sqrt{6}} = 0$$

b) $\vec{u} = \begin{pmatrix} 1 \\ -1 \\ 1 \end{pmatrix}$; $\vec{v} = \begin{pmatrix} 4 \\ 1 \\ 2 \end{pmatrix}$; $\vec{n} = \vec{u} \times \vec{v} = \begin{pmatrix} -3 \\ 2 \\ 5 \end{pmatrix}$

$$\left[\vec{x} - \begin{pmatrix} -2 \\ 0 \\ 3 \end{pmatrix}\right] \cdot \begin{pmatrix} -3 \\ 2 \\ 5 \end{pmatrix} = 0$$

$$-3(x_1 + 2) + 2(x_2) + 5(x_3 - 3) = 0$$

$$3x_1 - 2x_2 - 5x_3 + 21 = 0$$

$$\frac{3x_1 - 2x_2 - 5x_3 + 21}{\sqrt{38}} = 0$$

Gegenseitige Lage einer Geraden und einer Ebene

Aufgabe 1

a) g und E schneiden sich; S(4 | 1 | −2)
b) g liegt in E.
c) g und E sind echt parallel.

Aufgabe 2

Aus $\begin{cases} 2t - r - 2s = -1 \\ -2t + 3r = 1 \\ r - 5s = -2 \end{cases}$ folgt $t = \frac{1}{4}$;

g und E schneiden sich; S(−0,5 | −0,5 | 5).

Aufgabe 3

a) $\begin{pmatrix} 1 \\ -2 \\ -3 \end{pmatrix} = r \cdot \begin{pmatrix} 1 \\ -2 \\ 3 \end{pmatrix}$ ist nicht erfüllbar; g ist nicht orthogonal zu E.

b) $\begin{pmatrix} 1 \\ -2 \\ -3 \end{pmatrix} = r \cdot \begin{pmatrix} 2 \\ -4 \\ -6 \end{pmatrix}$; $r = \frac{1}{2}$; g ist orthogonal zu E; der Schnittpunkt ist S(2,5 | 0 | 1,5).

c) $\begin{pmatrix} 1 \\ -2 \\ -3 \end{pmatrix} = r \cdot \begin{pmatrix} -1 \\ 2 \\ 4 \end{pmatrix}$ ist nicht erfüllbar; g ist nicht orthogonal zu E.

Aufgabe 4

a) g: $\vec{x} = \begin{pmatrix} 2 \\ -1 \\ 4 \end{pmatrix} + r \cdot \begin{pmatrix} 3 \\ 2 \\ -1 \end{pmatrix}$; $r \in \mathbb{R}$

b) g: $\vec{x} = \begin{pmatrix} 2 \\ -1 \\ 4 \end{pmatrix} + s \cdot \begin{pmatrix} 1 \\ 1 \\ -6 \end{pmatrix}$; $s \in \mathbb{R}$

c) g: $\vec{x} = \begin{pmatrix} 2 \\ -1 \\ 4 \end{pmatrix} + t \cdot \begin{pmatrix} 0 \\ 1 \\ -4 \end{pmatrix}$; $t \in \mathbb{R}$

Gegenseitige Lage zweier Ebenen

Aufgabe 1

a) E_1 und E_2 sind identisch.

b) E_1 und E_2 sind echt parallel.

c) E_1 und E_2 schneiden sich in g: $\vec{x} = \begin{pmatrix} -1 \\ 0 \\ 4 \end{pmatrix} + t \cdot \begin{pmatrix} -1{,}5 \\ 1 \\ 0 \end{pmatrix}$; $t \in \mathbb{R}$

d) E_1 und E_2 schneiden sich in g: $\vec{x} = \begin{pmatrix} 1 \\ 2 \\ 5 \end{pmatrix} + t \cdot \begin{pmatrix} 2 \\ -2 \\ -1 \end{pmatrix}$; $t \in \mathbb{R}$

e) E_1 und E_2 schneiden sich in g: $\vec{x} = \begin{pmatrix} 4 \\ 5 \\ 2 \end{pmatrix} + t \cdot \begin{pmatrix} 3 \\ 4 \\ -5 \end{pmatrix}$; $t \in \mathbb{R}$

Aufgabe 2

Wegen $\begin{pmatrix} 1 \\ 2 \\ -2 \end{pmatrix} \cdot \begin{pmatrix} 2 \\ 2 \\ 3 \end{pmatrix} = 0$ sind E_1 und E_2 orthogonal; $\vec{x} = \begin{pmatrix} -3 \\ 3{,}5 \\ 0 \end{pmatrix} + r \cdot \begin{pmatrix} -5 \\ 3{,}5 \\ 1 \end{pmatrix}$; $r \in \mathbb{R}$

Aufgabe 3

a) $\vec{x} = \begin{pmatrix} 0 \\ 4 \\ 0 \end{pmatrix} + t \cdot \begin{pmatrix} 1 \\ 0 \\ 0 \end{pmatrix}$; $t \in \mathbb{R}$

b) $\vec{x} = \begin{pmatrix} 0 \\ 0 \\ 2 \end{pmatrix} + t \cdot \begin{pmatrix} 1 \\ 0 \\ 0 \end{pmatrix}$; $t \in \mathbb{R}$

c) $\vec{x} = \begin{pmatrix} 0 \\ 4 \\ 0 \end{pmatrix} + t \cdot \begin{pmatrix} 0 \\ -2 \\ 1 \end{pmatrix}$; $t \in \mathbb{R}$

Gegenseitige Lage von Geraden und Ebenen mit dem GTR

Aufgabe 1

a) Die Geraden sind windschief.

b) g und E schneiden sich; $S\left(2 \middle| \frac{5}{3} \middle| \frac{1}{3}\right)$

c) Die Ebenen schneiden sich in g: $\vec{x} = \begin{pmatrix} -\frac{19}{9} \\ -5 \\ -\frac{80}{9} \end{pmatrix} + t \cdot \begin{pmatrix} 17 \\ 36 \\ 37 \end{pmatrix}$; $t \in \mathbb{R}$

Aufgabe 2

a) g: $\vec{x} = \begin{pmatrix} 1 \\ -2 \\ 5 \end{pmatrix} + r \cdot \begin{pmatrix} -1 \\ 1 \\ 0 \end{pmatrix}$; $r \in \mathbb{R}$

b) g: $\vec{x} = \begin{pmatrix} 1 \\ 0 \\ 0 \end{pmatrix} + r \cdot \begin{pmatrix} 2 \\ 3 \\ 1 \end{pmatrix}$; $r \in \mathbb{R}$

c) g: $\vec{x} = \begin{pmatrix} 1 \\ -2 \\ 5 \end{pmatrix} + r \cdot \begin{pmatrix} 2 \\ 3 \\ 1 \end{pmatrix}$; $r \in \mathbb{R}$

Winkelberechnungen bei Geraden und Ebenen

Aufgabe 1

a) $\alpha \approx 139{,}6°$; $\beta \approx 10{,}2°$; $\gamma \approx 30{,}2°$

b) $\alpha \approx 54{,}7°$; $\beta \approx 54{,}7°$; $\gamma \approx 70{,}5°$

Aufgabe 2

a) g: $\vec{x} = \begin{pmatrix} 2 \\ 1 \\ 3 \end{pmatrix} + r \cdot \begin{pmatrix} -1 \\ 2 \\ 2 \end{pmatrix}$; $\vec{n} = \begin{pmatrix} 0 \\ 0 \\ 1 \end{pmatrix}$; $\sin(\alpha) \approx \frac{2}{3}$; $\alpha \approx 41{,}8°$

b) g: $\vec{x} = \begin{pmatrix} 1 \\ -4 \\ 1 \end{pmatrix} + r \cdot \begin{pmatrix} -4 \\ 8 \\ 7 \end{pmatrix}$; $\vec{n} = \begin{pmatrix} 0 \\ 0 \\ 1 \end{pmatrix}$; $\sin(\alpha) = \frac{7}{\sqrt{129}}$; $\alpha \approx 38{,}0°$

Aufgabe 3

a) $\cos(\alpha) = \frac{1}{2}$; $\alpha = 60{,}0°$

b) $\alpha \approx 133{,}8°$; Schnittwinkel $\alpha' \approx 46{,}2°$

Aufgabe 4

a) $\alpha \approx 37{,}1°$;

b) $\tan\beta \approx \frac{4}{2{,}5}$; $\beta \approx 58{,}0°$

c) $\tan\gamma \approx \frac{4}{1{,}5}$; $\gamma \approx 69{,}4°$

d) $\delta \approx 81{,}0°$; Schnittwinkel $\delta' \approx 99{,}0°$

Abstand eines Punktes von einer Ebene

Aufgabe 1

a) $d = \left| \frac{2 - 2 \cdot 1 - 3 - 4}{\sqrt{6}} \right| = \frac{7}{\sqrt{6}} \approx 2{,}9$

b) $d = \left| \frac{6 + 2 \cdot 3 + 2 \cdot 12 - 6}{\sqrt{9}} \right| = \frac{30}{3} = 10$

Aufgabe 2

a) g: $\vec{x} = \begin{pmatrix}1\\1\\0\end{pmatrix} + r \cdot \begin{pmatrix}1\\2\\-1\end{pmatrix}$; $r \in \mathbb{R}$; $F(2|3|-1)$; $d = \sqrt{6}$

b) g: $\vec{x} = \begin{pmatrix}2\\-1\\3\end{pmatrix} + r \cdot \begin{pmatrix}3\\-4\\5\end{pmatrix}$; $r \in \mathbb{R}$; $F(3{,}5|-3|5{,}5)$; $d = \sqrt{12{,}5}$

Aufgabe 3

E: $2x_1 + x_2 + 2x_3 - 6 = 0$; $D(3|3|3)$

h: $\vec{x} = \begin{pmatrix}3\\3\\3\end{pmatrix} + r \cdot \begin{pmatrix}2\\1\\2\end{pmatrix}$

$h \cap E$: $2(3+2r) + 3 + r + 2(3+2r) - 6 = 0$; $r = -1$; $F(1|2|1)$

$\overrightarrow{DF} = \begin{pmatrix}-2\\-1\\-2\end{pmatrix}$; $|\overrightarrow{DF}| = \sqrt{4+1+4} = 3$

Aufgabe 4

Ebene E durch A, B und C: $3x_1 + 2x_2 + 6x_3 - 18 = 0$

$h = \left|\frac{3\cdot 1 + 2\cdot 3 + 6\cdot 5 - 18}{\sqrt{9+4+36}}\right| = 3$

Abstand eines Punktes von einer Geraden

Aufgabe 1

a) H: $\left[\vec{x} - \begin{pmatrix}-2\\-1\\1\end{pmatrix}\right] \cdot \begin{pmatrix}1\\-1\\1\end{pmatrix} = 0$; $x_1 - x_2 + x_3 = 0$;

$x_1 = 1 + t$; $x_2 = 1 - t$; $x_3 = t$; $1 + t - 1 + t + t = 0$; $t = 0$

$F(1|1|0)$; $\overrightarrow{PF} = \begin{pmatrix}3\\2\\1\end{pmatrix}$; $d = |\overrightarrow{PF}| = \sqrt{9+4+1} = \sqrt{14}$

b) $F\left(\frac{8}{3}\middle|\frac{10}{3}\middle|\frac{5}{3}\right)$; $|\overrightarrow{PF}| = \frac{1}{3}\sqrt{237}$

Aufgabe 2

a) $F(1-t|2+t|3)$; $\overrightarrow{PF} = \begin{pmatrix}-3-t\\t\\-2\end{pmatrix}$; $\begin{pmatrix}-1\\1\\0\end{pmatrix} \cdot \begin{pmatrix}-3-t\\t\\-2\end{pmatrix} = 0$; $t = -\frac{3}{2}$; $\overrightarrow{PF} = \begin{pmatrix}-1{,}5\\-1{,}5\\-2\end{pmatrix}$; $|\overrightarrow{PF}| = \sqrt{8{,}5}$

b) $F(1|-2|-1)$; $|\overrightarrow{PF}| = 3$

Aufgabe 3

Aus $\begin{cases} 4 = 2 + t \\ 9 = -1 + 5t \\ 11 = 3 + 4t \end{cases}$ folgt $t = 2$; $\overrightarrow{AB} = \begin{pmatrix} 2 \\ 6 \\ -8 \end{pmatrix}$; $|\overrightarrow{AB}| = \sqrt{104}$.

Da $\overrightarrow{AB} \cdot \begin{pmatrix} 1 \\ 5 \\ 4 \end{pmatrix} = \begin{pmatrix} 2 \\ 6 \\ -8 \end{pmatrix} \cdot \begin{pmatrix} 1 \\ 5 \\ 4 \end{pmatrix} = 0$ ist, hat das Lot von A auf g den Punkt B als Lotfußpunkt.

„Umgekehrte“ Abstandsaufgaben

Aufgabe 1

$Q(2+6r\,|\,3+2r\,|\,-1+3r)$; $|\overrightarrow{PQ}| = 7|r-2|$; aus $7|r-2| = 14$ folgt $r_1 = 4$; $r_2 = 0$;
$Q_1(26\,|\,11\,|\,11)$; $Q_2(2\,|\,3\,|\,-1)$

Aufgabe 2

$Q_1(9\,|\,4\,|\,5)$; $Q_2(5\,|\,8\,|\,5)$

Aufgabe 3

g: $\vec{x} = \begin{pmatrix} 2 \\ 3 \\ 2 \end{pmatrix} + r \cdot \begin{pmatrix} 2 \\ -1 \\ 3 \end{pmatrix}$; $r \in \mathbb{R}$; $Q(2+2r\,|\,3-r\,|\,2+3r)$;

$|\overrightarrow{FQ}| = \sqrt{14} \cdot |r|$; $\sqrt{14} \cdot |r| = 7$; $r_1 = \frac{1}{2}\sqrt{14}$; $r_2 = -\frac{1}{2}\sqrt{14}$;

$Q_1\left(2 + \sqrt{14}\,\middle|\,3 - \frac{1}{2}\sqrt{14}\,\middle|\,2 + \frac{3}{2}\sqrt{14}\right)$; $Q_2\left(2 - \sqrt{14}\,\middle|\,3 + \frac{1}{2}\sqrt{14}\,\middle|\,2 - \frac{3}{2}\sqrt{14}\right)$

Aufgabe 4

$Q(3+2r\,|\,1+r\,|\,-4+r)$; HNF von E: $\frac{2x_1 + x_2 + 2x_3 - 4}{3} = 0$

$r_1 = \frac{17}{7}$; $r_2 = -1$; $Q_1\left(\frac{55}{7}\,\middle|\,\frac{24}{7}\,\middle|\,-\frac{11}{7}\right)$; $Q_2(1\,|\,0\,|\,-5)$

Geradenscharen

Aufgabe 1

Für $a = 1$ und $a = 2$ ergibt sich der Schnittpunkt $S(2\,|\,-4\,|\,3)$.
Die Koordinaten von S erfüllen für jedes $a \in \mathbb{R}$ die Geradengleichung.

Aufgabe 2

a) Aus $\begin{cases} x_1 = 1 + 2t \\ x_2 = a + t \\ x_3 = 2 - t \end{cases}$ folgt $x_1 + 2x_3 = 5$.

b) Aus $\begin{cases} x_1 = 1 + t \\ x_2 = -1 + at \\ x_3 = 2 + t(1-a) \end{cases}$ folgt $x_1 - x_2 - x_3 = 0$.

Aufgabe 3

Aus $\begin{pmatrix} 2 \\ 1 \\ 1 \end{pmatrix} \cdot \begin{pmatrix} 1 \\ a \\ 1-a \end{pmatrix} = 0$ folgt $2 + a + 1 - a = 0$. Diese Gleichung ist für kein a erfüllbar.

Aufgabe 4

a) $S\left(\frac{3}{8-a} \middle| 1 + \frac{3a}{8-a} \middle| 1 + \frac{6}{8-a}\right)$; für $a = 8$ gibt es keine Lösung; g_8 und E sind parallel.

b) Aus $1 + \frac{6}{8-a} = 0$ folgt $a = 14$.

Ebenenscharen

Aufgabe 1

1. Lösungsstrategie:

$P(2|1|0)$; $Q(0|2|1)$; g: $\vec{x} = \begin{pmatrix} 2 \\ 1 \\ 0 \end{pmatrix} + t \cdot \begin{pmatrix} -2 \\ 1 \\ 1 \end{pmatrix}$

$2 - 2t + a \cdot (1 + t) + (2 - a) \cdot t = a + 2$; $\quad 2 - 2t + a + at + 2t - at = a + 2$; $\quad 0 = 0$

2. Lösungsstrategie:

E_0: $x_1 + 2x_3 = 2$

E_1: $x_1 + x_2 + x_3 = 3$

Mit $x_1 = t$ folgt $x_3 = 1 - \frac{1}{2}t$; $x_2 = 2 - \frac{1}{2}t$;

$\begin{cases} x_1 = \phantom{2 - \frac{1}{2}}t \\ x_2 = 2 - \frac{1}{2}t \\ x_3 = 1 - \frac{1}{2}t \end{cases}$ liefert $\vec{x} = \begin{pmatrix} 0 \\ 2 \\ 1 \end{pmatrix} + t \cdot \begin{pmatrix} 1 \\ -0{,}5 \\ -0{,}5 \end{pmatrix}$;

$$\begin{aligned} t + a(2 - 0{,}5t) + (2 - a) \cdot (1 - 0{,}5t) &= a + 2 \\ t + 2a - 0{,}5at + 2 - t - a + 0{,}5at &= a + 2 \\ 0 &= 0 \end{aligned}$$

3. Lösungsstrategie:

$$\begin{array}{l} x_1 + a_1x_2 + (2-a_1)x_3 = a_1 + 2 \\ x_1 + a_2x_2 + (2-a_2)x_3 = a_2 + 2 \end{array}; \quad a_1 \neq a_2$$

$$\overline{(a_1-a_2)x_2 - (a_1-a_2)x_3 = a_1 - a_2}$$

$$x_2 - x_3 = 1$$

Mit $x_3 = t$ folgt $x_2 = 1 + t$; $x_1 = 2 - 2t$.

$$\begin{cases} x_1 = 2 - 2t \\ x_2 = 1 + t \\ x_3 = t \end{cases} \quad \text{liefert} \quad \vec{x} = \begin{pmatrix} 2 \\ 1 \\ 0 \end{pmatrix} + t \cdot \begin{pmatrix} -2 \\ 1 \\ 1 \end{pmatrix}.$$

Aufgabe 2

$$d = \left| \frac{-8}{\sqrt{5a^2+1}} \right| = \frac{8}{\sqrt{5a^2+1}}; \quad \text{aus} \quad \frac{8}{\sqrt{5a^2+1}} = 2 \text{ folgt } a^2 = 3;\ a = \pm\sqrt{3}.$$

Aufgabe 3

a) $P(0|0|0)$; $Q(0|1|2)$; $\quad g: \vec{x} = t \cdot \begin{pmatrix} 0 \\ 1 \\ 2 \end{pmatrix}$

b) $\begin{array}{ll} E_0: & -2x_2 + x_3 = 0 \\ E_1: & x_1 - 2x_2 + x_3 = 0 \end{array}; \quad g: \vec{x} = t \cdot \begin{pmatrix} 0 \\ 1 \\ 2 \end{pmatrix};$

$x_1 = 0$, $x_2 = t$, $x_3 = 2t$ in E_a eingesetzt, ergibt: $a \cdot 0 - 2t + 2t = 0$.

c) Alle Ebenen E_a gehen durch den Ursprung; $\vec{u}$ sei Richtungsvektor von g.

Aus $\begin{pmatrix} u_1 \\ u_2 \\ u_3 \end{pmatrix} \cdot \begin{pmatrix} a \\ -2 \\ 1 \end{pmatrix} = 0$ folgt $au_1 - 2u_2 + u_3 = 0$; $\quad g: \vec{x} = t \cdot \begin{pmatrix} 0 \\ 1 \\ 2 \end{pmatrix}$.

d) E_{a_1}: $a_1x_1 - 2x_2 + x_3 = 0$; $\quad E_{a_2}$: $a_2x_1 - 2x_2 + x_3 = 0$; $\quad a_1 \neq a_2$

Subtraktion ergibt $x_1(a_1 - a_2) = 0$. Wegen $a_1 \neq a_2$ ist $x_1 = 0$; mit $x_2 = t$ folgt $x_3 = 2t$;

$g: \vec{x} = t \cdot \begin{pmatrix} 0 \\ 1 \\ 2 \end{pmatrix}$.

Aufgabe 4

a) $2 - a = 0$; $\quad a = 2$ $\qquad$ b) $a - 1 = 0$; $\quad a = 1$

c) $\vec{n} = \begin{pmatrix} a-1 \\ 1 \\ a+1 \end{pmatrix}$; $\vec{u} = \begin{pmatrix} 1 \\ 0 \\ 0 \end{pmatrix}$; $r \cdot \begin{pmatrix} a-1 \\ 1 \\ a+1 \end{pmatrix} = \begin{pmatrix} 1 \\ 0 \\ 0 \end{pmatrix}$ ist nicht erfüllbar.

d) E_0: $-x_1 + x_2 + x_3 = 2$; $\quad E_1$: $x_2 + 2x_3 = 1$

Mit $x_3 = t$ folgt $x_2 = 1 - 2t$; $x_1 = -1 - t$;

$$\begin{cases} x_1 = -1 - t \\ x_2 = 1 - 2t \\ x_3 = t \end{cases} \quad \text{liefert } \vec{x} = \begin{pmatrix} -1 \\ 1 \\ 0 \end{pmatrix} + t \cdot \begin{pmatrix} -1 \\ -2 \\ 1 \end{pmatrix}.$$

Kreise

Aufgabe 1

a) $\left[\vec{x} - \begin{pmatrix} -1 \\ 2 \end{pmatrix}\right]^2 = 25;\ (x_1+1)^2 + (x_2-2)^2 = 25$

b) $\vec{x}^2 = 16;\ x_1^2 + x_2^2 = 16$

c) $\left[\vec{x} - \begin{pmatrix} 4 \\ -3 \end{pmatrix}\right]^2 = 3;\ (x_1-4)^2 + (x_2+3)^2 = 3$

d) $\left[\vec{x} - \begin{pmatrix} 1 \\ 0 \end{pmatrix}\right]^2 = 1;\ (x_1-1)^2 + x_2^2 = 1$

Aufgabe 2

a) $x_1^2 - 2x_1 + 1 + x_2^2 + 4x_2 + 4 - 1 - 4 - 4 = 0$ $\quad (x_1-1)^2 + (x_2+2)^2 = 9;\quad M(1\,|\,-2);\quad r = 3$

b) $x_1^2 + 4x_1 + 4 + x_2^2 + 4x_2 + 4 - 4 - 4 + 9 = 0$ $\quad x_1^2 + 4x_1 + 4 + x_2^2 + 4x_2 + 4 = -1;$ kein Kreis

c) $x_1^2 + x_2^2 - 2x_1 - x_2 - 3 = 0$ $\quad x_1^2 - 2x_1 + 1 + x_2^2 - x_2 + \left(\frac{1}{2}\right)^2 - 1 - \frac{1}{4} - 3 = 0$

$(x_1-1)^2 + \left(x_2-\frac{1}{2}\right)^2 = \frac{17}{4};\quad M\left(1\,\middle|\,\frac{1}{2}\right);\quad r = \frac{1}{2}\sqrt{17}$

d) $x_1^2 + x_2^2 + 4x_1 + 2x_2 + 1 = 0$ $\quad x_1^2 + 4x_1 + 4 + x_2^2 + 2x_2 + 1 - 4 - 1 + 1 = 0$

$(x_1+2)^2 + (x_2+1)^2 = 4;\quad M(-2\,|\,-1);\quad r = 2$

Aufgabe 3

a) $\overrightarrow{AM} = \begin{pmatrix} 3 \\ -2 \end{pmatrix};\quad |\overrightarrow{AM}| = \sqrt{13};$ A liegt außerhalb des Kreises.

b) $\overrightarrow{AM} = \begin{pmatrix} -9 \\ 0 \end{pmatrix};\quad |\overrightarrow{AM}| = 9;$ A liegt auf dem Kreis.

Aufgabe 4

a) g: $x_1 - 4x_2 + 16 = 0;$ h: Mittelsenkrechte von $\overline{AB}$ durch $M(5\,|\,3);$ h: $2x_1 + x_2 = 13$

$g \cap h$: Aus $\begin{cases} x_1 - 4x_2 + 16 = 0 \\ 2x_1 + x_2 - 13 = 0 \end{cases}$ folgt $x_1 = 4;\ x_2 = 5.$

Kreismittelpunkt: $M_1(4\,|\,5);\ \overrightarrow{M_1A} = \begin{pmatrix} -1 \\ -3 \end{pmatrix};\quad r = \sqrt{10}$ $\quad$ Kreisgleichung: $\left[\vec{x} - \begin{pmatrix} 4 \\ 5 \end{pmatrix}\right]^2 = 10$

b) g: $x_2 = 1;\quad M(0\,|\,3);\quad$ h: $-2x_1 + x_2 = 3;$

$M_1(1\,|\,1);\quad \overrightarrow{M_1A} = \begin{pmatrix} -3 \\ -1 \end{pmatrix};\quad r = \sqrt{10};\quad \left[\vec{x} - \begin{pmatrix} 1 \\ 1 \end{pmatrix}\right]^2 = 10$

Kugeln

Aufgabe 1

a) $\left[\vec{x} - \begin{pmatrix} 3 \\ -4 \\ 5 \end{pmatrix}\right]^2 = 49;\quad (x_1-3)^2 + (x_2+4)^2 + (x_3-5)^2 = 49$

b) $\vec{x}^2 = 1;\quad x_1^2 + x_2^2 + x_3^2 = 1$

c) $\left[\vec{x} - \begin{pmatrix} -4 \\ 3 \\ -1 \end{pmatrix}\right]^2 = 100;\quad (x_1+4)^2 + (x_2-3)^2 + (x_3+1)^2 = 100$

d) $\left[\vec{x} - \begin{pmatrix} 1 \\ 0 \\ 1 \end{pmatrix}\right]^2 = 2;\quad (x_1-1)^2 + x_2^2 + (x_3-1)^2 = 2$

Aufgabe 2

a) $x_1^2 - 6x_1 + 9 + x_2^2 + 2x_2 + 1 + x_3^2 - 8x_3 + 16 - 9 - 1 - 16 + 30 = 0$

$(x_1-3)^2 + (x_2+1)^2 + (x_3-4)^2 = -4;$ keine Kugel

b) Kugel; $M(1|-2|4);\quad r = 5$

c) $x_1^2 + x_2^2 + x_3^2 - 8x_1 + 4x_3 + 16 = 0$

$x_1^2 - 8x_1 + 16 + x_2^2 + x_3^2 + 4x_3 + 4 - 16 - 4 + 16 = 0$

$(x_1-4)^2 + x_2^2 + (x_3+2)^2 = 4;$ Kugel; $M(4|0|-2);\quad r = 2$

Aufgabe 3

a) $\overrightarrow{AM} = \begin{pmatrix} 1 \\ 3 \\ 4 \end{pmatrix};\quad |\overrightarrow{AM}| = \sqrt{26};$ A liegt innerhalb der Kugel

b) $\overrightarrow{AM} = \begin{pmatrix} -9 \\ 7 \\ 5 \end{pmatrix};\quad |\overrightarrow{AM}| = \sqrt{155};$ A liegt außerhalb der Kugel

Aufgabe 4

a) $g \cap K$: Aus $\left[\begin{pmatrix} 1 \\ 0 \\ 1 \end{pmatrix} + t \cdot \begin{pmatrix} -2 \\ 2 \\ 1 \end{pmatrix} - \begin{pmatrix} 1 \\ 0 \\ 1 \end{pmatrix}\right]^2 = 9$ folgt $t_1 = 1;\ t_2 = -1.$

Schnittpunkte: $S_1(-1|2|2);\ S_2(3|-2|0)$

b) $g \cap K$: Aus $\left[\begin{pmatrix} 3 \\ 3 \\ 3 \end{pmatrix} + t \cdot \begin{pmatrix} 1 \\ 2 \\ 2 \end{pmatrix} - \begin{pmatrix} 3 \\ 3 \\ 3 \end{pmatrix}\right]^2 = 4$ bzw. $\begin{pmatrix} t \\ 2t \\ 2t \end{pmatrix}^2 = 4$ folgt $t_1 = \frac{2}{3};\ t_2 = -\frac{2}{3}.$

Schnittpunkte: $S_1\left(\frac{11}{3}\middle|\frac{13}{3}\middle|\frac{13}{3}\right);\ S_2\left(\frac{7}{3}\middle|\frac{5}{3}\middle|\frac{5}{3}\right)$

Gegenseitige Lage einer Geraden und eines Kreises

Aufgabe 1

a) Aus $\left[\begin{pmatrix}-3\\-7\end{pmatrix} + t \cdot \begin{pmatrix}1\\2\end{pmatrix} + \begin{pmatrix}3\\2\end{pmatrix}\right]^2 = 9$ folgt $5t^2 - 48t + 108 = 0$

mit $t_1 = 6$; $t_2 = 3{,}6$. Es gibt also zwei Schnittpunkte; $A(3\,|\,5)$; $B(0{,}6\,|\,0{,}2)$.

b) Aus $\left[\begin{pmatrix}1\\1\end{pmatrix} + t \cdot \begin{pmatrix}0\\1\end{pmatrix} - \begin{pmatrix}4\\3\end{pmatrix}\right]^2 = 9$ folgt $(t-2)^2 = -5$. Es gibt also keine Schnittpunkte.

Aufgabe 2

a) Wegen $\begin{pmatrix}3\\4\end{pmatrix}^2 = 25$ liegt B auf k.

Gleichung der Tangente: $\begin{pmatrix}3\\4\end{pmatrix} \cdot \vec{x} = 25$ bzw. $3x_1 + 4x_2 = 25$

b) Wegen $\begin{pmatrix}-4\\0\end{pmatrix}^2 = 16$ liegt B auf k.

Gleichung der Tangente: $\begin{pmatrix}-4\\0\end{pmatrix} \cdot \left[\vec{x} - \begin{pmatrix}3\\1\end{pmatrix}\right] = 16$ bzw. $x_1 = -1$

Aufgabe 3

k: $\left[\vec{x} - \begin{pmatrix}3\\3\end{pmatrix}\right]^2 = 25$; g: $\vec{x} = t \cdot \begin{pmatrix}1\\0\end{pmatrix}$; h: $\vec{x} = t \cdot \begin{pmatrix}0\\1\end{pmatrix}$

g schneidet k in $A(7\,|\,0)$ und $B(-1\,|\,0)$; h schneidet k in $C(0\,|\,7)$ und $D(0\,|\,-1)$.

$\overline{AB} = 8$; $\overline{CD} = 8$

Aufgabe 4

a) $r = d(M;g) = \left|\frac{4 \cdot 2 + 3 \cdot 3 - 2}{\sqrt{16+9}}\right| = 3$

b) $r = d(M;g) = \left|\frac{12 \cdot (-4) + 5 \cdot 8 - 161}{\sqrt{144+25}}\right| = 13$

Gegenseitige Lage einer Ebene und einer Kugel

Aufgabe 1

a) $M(-2\,|\,5\,|\,8)$; $d(M;E) = \frac{38}{\sqrt{54}} \approx 5{,}2$; $r = 7$; E schneidet K.

b) $M(4\,|\,7\,|\,-1)$; $d(M;E) = \frac{18}{\sqrt{3}} = 6\sqrt{3}$; $r = \sqrt{108} = 6\sqrt{3}$; E berührt K.

c) $M(2\,|\,3\,|\,-5)$; $d(M;E) = \frac{39}{\sqrt{14}} \approx 10{,}4$; $r = 5$; E schneidet K nicht.

Aufgabe 2

a) $M(5|2|1)$; $r = 7$; $d(M; E) = 3$; E schneidet K.

$r' = \sqrt{40} = 2\sqrt{10}$; $M'(3|0|0)$

b) $M(3|-2|2)$; $r = 4$; $d(M; E) = \frac{8}{3}$; E schneidet K.

$r' = \sqrt{\frac{80}{9}} = \frac{4}{3}\sqrt{5}$; $M'\left(\frac{11}{9}\middle|-\frac{2}{9}\middle|\frac{10}{9}\right)$

Aufgabe 3

a) Wegen $(6-10)^2 + (2+6)^2 + 3^2 = 89$ liegt B auf K.

Tangentialebene: $\left[\vec{x} - \begin{pmatrix} 10 \\ -6 \\ -3 \end{pmatrix}\right] \cdot \begin{pmatrix} -4 \\ 8 \\ 3 \end{pmatrix} = 89$

b) Wegen $(2-2)^2 + (4-1)^2 + (-1-3)^2 = 25$ liegt B auf K.

Tangentialebene: $\left[\vec{x} - \begin{pmatrix} 2 \\ 1 \\ 3 \end{pmatrix}\right] \cdot \begin{pmatrix} 0 \\ 3 \\ -4 \end{pmatrix} = 25$

Aufgabe 4

$g\colon \vec{x} = \begin{pmatrix} 0 \\ 4 \\ -2 \end{pmatrix} + t \cdot \begin{pmatrix} 2 \\ 2 \\ 1 \end{pmatrix}$; $K\colon \left[\vec{x} - \begin{pmatrix} -4 \\ 3 \\ 5 \end{pmatrix}\right]^2 = 81$

$g \cap K$: Aus $\begin{pmatrix} 2t+4 \\ 2t+1 \\ t-7 \end{pmatrix}^2 = 81$ folgt $t_1 = 1$; $t_2 = -\frac{5}{3}$.

$S_1(2|6|-1)$; Tangentialebene: $2x_1 + x_2 - 2x_3 - 12 = 0$

$S_2\left(-\frac{10}{3}\middle|\frac{2}{3}\middle|-\frac{11}{3}\right)$; Tangentialebene: $2x_1 - 7x_2 - 26x_3 - 84 = 0$

Aufgabe 5

$M(-6|0|6)$; $r = \sqrt{180} = 6\sqrt{5}$; $d(M; E) = \frac{30}{\sqrt{5}} = 6 \cdot \sqrt{5}$;

also berührt die Ebene E die Kugel K. Berührpunkt $B(6|-6|6)$

Addition, Subtraktion und Vervielfachen von Matrizen

Aufgabe 1

a) $\begin{pmatrix} 10 & -6 \\ 1 & -10 \end{pmatrix}$ b) $\begin{pmatrix} -4 & -6 \\ 3 & -14 \end{pmatrix}$ c) $\begin{pmatrix} 55 & -12 \\ -3 & -10 \end{pmatrix}$

d) $\begin{pmatrix} 23 & 24 \\ -13 & 58 \end{pmatrix}$

Aufgabe 2

a) $\begin{pmatrix} 4 & 1 & -9 \\ 3 & 4 & 13 \\ 10 & 14 & -5 \end{pmatrix}$ b) $\begin{pmatrix} 8 & -1 & 3 \\ -7 & -2 & -5 \\ 12 & 4 & 3 \end{pmatrix}$ c) $\begin{pmatrix} -18 & 0 & 9 \\ 6 & -3 & -12 \\ -33 & -27 & 3 \end{pmatrix}$

d) $\begin{pmatrix} 4 & 7 & -51 \\ 29 & 24 & 75 \\ 26 & 62 & -31 \end{pmatrix}$ e) $\begin{pmatrix} 14 & -4 & 21 \\ -22 & -11 & -32 \\ 15 & -11 & 15 \end{pmatrix}$ f) $\begin{pmatrix} -10 & 2 & -9 \\ 12 & 5 & 14 \\ -13 & 1 & -7 \end{pmatrix}$

Multiplikation von Matrizen

Aufgabe 1

a) $\begin{pmatrix} 22 & -29 \\ 10 & -11 \end{pmatrix}$ b) $\begin{pmatrix} 7 & -5 \\ 3 & -2 \end{pmatrix}$ c) $\begin{pmatrix} 3 & 3 \\ -9 & 7 \end{pmatrix}$ d) $\begin{pmatrix} -1 & 0 \\ 0 & -1 \end{pmatrix}$

Aufgabe 2

a) $\begin{pmatrix} -10 & 13 & 7 \\ -12 & 36 & -29 \\ -2 & 53 & -91 \end{pmatrix}$ b) $\begin{pmatrix} 9 & 2 & -20 \\ -22 & -4 & 65 \\ 21 & 18 & -18 \end{pmatrix}$ c) $\begin{pmatrix} -1 & 3 & 4 \\ 12 & 3 & -36 \\ -1 & 3 & 4 \end{pmatrix}$

Aufgabe 3

a) $\begin{pmatrix} 11 \\ 19 \end{pmatrix}$ b) $\begin{pmatrix} 6 \\ -1 \end{pmatrix}$ c) $\begin{pmatrix} -4 \\ -6 \end{pmatrix}$ d) $\begin{pmatrix} -5 \\ -7 \end{pmatrix}$ e) $\begin{pmatrix} 7 \\ 5 \\ 10 \end{pmatrix}$ f) $\begin{pmatrix} -1 \\ 10 \\ -3 \end{pmatrix}$

Aufgabe 4

Assoziativgesetz der Multiplikation:

$(A \cdot B) \cdot C = A \cdot (B \cdot C)$

$\begin{pmatrix} 7 & 22 \\ 13 & -8 \end{pmatrix} \cdot C = A \cdot \begin{pmatrix} 37 & -75 \\ -65 & 27 \end{pmatrix}$

$\begin{pmatrix} 213 & -327 \\ -93 & -21 \end{pmatrix} = \begin{pmatrix} 213 & -327 \\ -93 & -21 \end{pmatrix}$

Distributivgesetz:

$A \cdot (B + C) = A \cdot B + A \cdot C$

$A \cdot \begin{pmatrix} 2 & -5 \\ 15 & -18 \end{pmatrix} = \begin{pmatrix} 7 & 22 \\ 13 & -8 \end{pmatrix} + \begin{pmatrix} -14 & -24 \\ 19 & -33 \end{pmatrix}$

$\begin{pmatrix} -7 & -2 \\ 32 & -41 \end{pmatrix} = \begin{pmatrix} -7 & -2 \\ 32 & -41 \end{pmatrix}$

Invertieren einer Matrix

Aufgabe 1

a) $\begin{pmatrix} -\frac{5}{3} & \frac{2}{3} \\ \frac{4}{3} & -\frac{1}{3} \end{pmatrix}$

b) Die inverse Matrix existiert nicht.

c) $\begin{pmatrix} \frac{1}{2} & 0 \\ \frac{1}{14} & \frac{1}{7} \end{pmatrix}$

Aufgabe 2

a) $\begin{pmatrix} -\frac{1}{6} & \frac{1}{24} & \frac{1}{6} \\ -\frac{1}{3} & -\frac{1}{6} & -\frac{1}{6} \\ \frac{1}{3} & \frac{1}{6} & -\frac{1}{3} \end{pmatrix}$

b) Die inverse Matrix existiert nicht.

c) $\begin{pmatrix} \frac{5}{8} & -\frac{5}{4} & \frac{7}{8} \\ -\frac{1}{4} & \frac{3}{2} & -\frac{3}{4} \\ \frac{1}{8} & -\frac{1}{4} & \frac{3}{8} \end{pmatrix}$

Aufgabe 3

$A^{-1} = \frac{1}{a \cdot d - b \cdot c} \cdot \begin{pmatrix} d & -b \\ -c & a \end{pmatrix}$

Matrizenrechnungen mit dem GTR

Aufgabe 1

a) $\begin{pmatrix} 5 & -5 \\ -9 & 11{,}6 \end{pmatrix}$

b) $\begin{pmatrix} 41 & -18 \\ 33 & 0{,}8 \end{pmatrix}$

c) $\begin{pmatrix} -31 & 0{,}7 \\ 79 & 4{,}9 \end{pmatrix}$

d) $\begin{pmatrix} 46 & -24 \\ 114 & -40 \end{pmatrix}$

e) $\begin{pmatrix} \frac{3}{14} & \frac{1}{14} \\ -\frac{5}{56} & \frac{3}{56} \end{pmatrix}$

f) $\begin{pmatrix} -\frac{16}{37} & \frac{40}{37} \\ \frac{560}{37} & \frac{80}{37} \end{pmatrix}$

g) $\begin{pmatrix} -11 & -60 \\ 75 & 124 \end{pmatrix}$

h) $\begin{pmatrix} -\frac{7}{296} & \frac{1}{296} \\ \frac{395}{1036} & \frac{155}{1036} \end{pmatrix}$

Aufgabe 2

a) $\begin{pmatrix} 48 & -9 & 1 \\ 26{,}5 & -13 & -16 \\ 23 & 0{,}3 & 39 \end{pmatrix}$

b) $\begin{pmatrix} \frac{3}{2} & -\frac{74}{5} & 14 \\ \frac{1}{2} & \frac{143}{10} & -13 \\ \frac{81}{20} & -\frac{23}{10} & \frac{54}{5} \end{pmatrix}$

c) $\begin{pmatrix} 633 & 0 & -167 \\ 205 & -125 & -104 \\ 668 & 0 & 132 \end{pmatrix}$

d) $\frac{1}{37} \cdot \begin{pmatrix} 122 & 92 & -20 \\ -35 & 10 & 30 \\ -79 & -31 & 55 \end{pmatrix}$

e) $\begin{pmatrix} -\frac{85}{267} & -\frac{9}{89} & \frac{4}{267} \\ \frac{15}{89} & \frac{10}{89} & \frac{15}{89} \\ -\frac{140}{267} & -\frac{41}{89} & \frac{38}{267} \end{pmatrix}$

f) $\begin{pmatrix} -\frac{500}{267} & -\frac{121}{89} & -\frac{55}{267} \\ \frac{835}{534} & \frac{235}{178} & \frac{106}{267} \\ -\frac{1001}{534} & -\frac{131}{89} & \frac{245}{534} \end{pmatrix}$

Aufgabe 3

a) Aus $\left(\begin{array}{ccc|c} 3 & -1 & -6 & 3 \\ 0 & 1 & 3 & 0 \\ -6 & 2 & 12 & -6 \end{array}\right)$ folgt $\left(\begin{array}{ccc|c} 3 & -1 & -6 & 3 \\ 0 & 1 & 3 & 0 \\ 0 & 0 & 0 & 0 \end{array}\right)$;

mit $x_3 = t$ folgt $x_2 = -3t$; $x_1 = 1 + t$; also $L = \{(1 + t; -3t; t) \mid t \in \mathbb{R}\}$.

b) Aus $\left(\begin{array}{ccc|c} 2 & -1 & -2 & -1 \\ 0 & 2 & 3 & 4 \\ -2 & 1 & 2 & -1 \end{array}\right)$ folgt $\left(\begin{array}{ccc|c} 2 & -1 & -2 & -1 \\ 0 & 2 & 3 & 4 \\ 0 & 0 & 0 & -2 \end{array}\right)$; also ist $L = \{\ \}$.

Aufgabe 4

a) $A = \begin{pmatrix} -2 & 4 & 3 \\ -3 & 6 & 2 \\ 1 & 0 & 2 \end{pmatrix}$; $\quad A^{-1} = \begin{pmatrix} -\frac{6}{5} & \frac{4}{5} & 1 \\ -\frac{4}{5} & \frac{7}{10} & \frac{1}{2} \\ \frac{3}{5} & -\frac{2}{5} & 0 \end{pmatrix}$; $\quad \vec{b} = \begin{pmatrix} 5 \\ 10 \\ 20 \end{pmatrix}$; $\quad \vec{x} = \begin{pmatrix} 22 \\ 13 \\ -1 \end{pmatrix}$

b) $A = \begin{pmatrix} 1 & 1 & 2 \\ -1 & 2 & 4 \\ 1 & 4 & 1 \end{pmatrix}$; $\quad A^{-1} = \begin{pmatrix} \frac{2}{3} & -\frac{1}{3} & 0 \\ -\frac{5}{21} & \frac{1}{21} & \frac{2}{7} \\ \frac{2}{7} & \frac{1}{7} & -\frac{1}{7} \end{pmatrix}$; $\quad \vec{b} = \begin{pmatrix} 3 \\ 21 \\ 7 \end{pmatrix}$; $\quad x = \begin{pmatrix} -5 \\ \frac{16}{7} \\ \frac{20}{7} \end{pmatrix}$

Matrizengleichungen

Aufgabe 1

a) $X = A^{-1} \cdot B$ $\qquad$ b) $X = C \cdot (A - B)^{-1}$ $\qquad$ c) $X = \frac{1}{4} E$

Aufgabe 2

a) $\vec{x} = A^{-1} \cdot \vec{b} = \frac{1}{43} \cdot \begin{pmatrix} 6 \\ -13 \\ 11 \end{pmatrix}$ $\qquad$ b) $\vec{x} = (A - B) \cdot \vec{b} = \begin{pmatrix} 10 \\ -11 \\ 12 \end{pmatrix}$ $\qquad$ c) $\vec{x} = 4 \cdot A \cdot \vec{b} = \begin{pmatrix} 20 \\ -4 \\ 52 \end{pmatrix}$

Aufgabe 3

a) $X = (E + A)^{-1} \cdot A^2 = \frac{1}{9} \cdot \begin{pmatrix} 11 & -8 \\ 24 & 3 \end{pmatrix}$ $\qquad$ b) $X = (A - E)^{-1} \cdot B^{-1} = \frac{1}{66} \cdot \begin{pmatrix} 5 & -1 \\ -1 & -13 \end{pmatrix}$

Aufgabe 4

$X = 3B - \frac{1}{2}A - 2E = \begin{pmatrix} 1{,}5 & -3 - 0{,}5\,a_{12} \\ 3\,b_{21} - 2 & 2{,}5 \end{pmatrix}$

$-3 - 0{,}5\,a_{12} = 3;\quad a_{12} = -12;\qquad 3\,b_{21} - 2 = 4;\quad b_{21} = 2$

Fixvektoren einer Matrix

Aufgabe 1

a) $\begin{cases} 2u_1 + u_2 = 0 \\ 2u_1 + u_2 = 0 \end{cases}$; $\qquad u_1 = r;\quad u_2 = -2r;\quad \vec{u} = r \cdot \begin{pmatrix} 1 \\ -2 \end{pmatrix}$

b) $\begin{cases} -u_1 - u_2 = 0 \\ 5u_1 - 2u_2 = 0 \end{cases}$; $\qquad$ keine Fixvektoren

c) $\begin{cases} -2u_1 + 2u_3 = 0 \\ 2u_1 + 2u_2 = 0 \\ -u_1 + u_3 = 0 \end{cases}$; $\qquad u_1 = r;\quad u_2 = -r;\quad u_3 = r;\quad \vec{u} = r \cdot \begin{pmatrix} 1 \\ -1 \\ 1 \end{pmatrix}$

d) $\begin{cases} -u_1 + u_2 = 0 \\ u_1 - u_2 = 0 \\ 0 \cdot u_3 = 0 \end{cases}$; $u_1 = r$; $u_2 = r$; u_3 beliebig; $\vec{u} = \begin{pmatrix} r \\ r \\ u_3 \end{pmatrix}$

Aufgabe 2

$\begin{cases} -2u_1 + t \cdot u_2 = 0 \\ -2u_1 + 3u_2 = 0 \end{cases}$; $(t-3) \cdot u_2 = 0$; Fixvektoren für $t = 3$; $\vec{u} = r \cdot \begin{pmatrix} 1{,}5 \\ 1 \end{pmatrix}$

Aufgabe 3

$u_1 = -3r$; $u_2 = r$; $u_1 + 3u_2 = 0$; mögliche Matrix: $A = \begin{pmatrix} 2 & 3 \\ 1 & 4 \end{pmatrix}$

Eigenwerte und Eigenvektoren einer Matrix

Aufgabe 1

a) $(1-\lambda) \cdot (2-\lambda) - 6 = 0$; zwei Eigenwerte;

$\lambda_1 = -1$: $\vec{u} = r\begin{pmatrix} -1 \\ 1 \end{pmatrix}$ $\quad \lambda_2 = 4$: $\vec{v} = s\begin{pmatrix} 1 \\ 1{,}5 \end{pmatrix}$

b) Die charakteristische Gleichung $(2{,}5-\lambda) \cdot (2{,}5-\lambda) + \frac{1}{4} = 0$ hat keine Lösungen.

c) $(3-\lambda) \cdot (-1-\lambda) + 4 = 0$; ein Eigenwert; $\lambda_1 = 1$: $\vec{u} = r\begin{pmatrix} 1 \\ -2 \end{pmatrix}$

d) Die charakteristische Gleichung $(2-\lambda) \cdot (2-\lambda) + 1 = 0$ hat keine Lösung.

Aufgabe 2

Aus der charakteristischen Gleichung

$(1-\lambda) \cdot (t-\lambda) + \frac{4}{3} = 0$ bzw. $\lambda^2 - (1+t) \cdot \lambda + t + \frac{4}{3} = 0$ folgt $\lambda_{1/2} = \dfrac{1 + t \pm \sqrt{t^2 - 2t - \frac{13}{3}}}{2}$.

Es ist $t^2 - 2t - \frac{13}{3} = 0$ für $t_{1/2} = 1 \pm \frac{4}{3}\sqrt{3}$.

a) keinen Eigenwert für $1 - \frac{4}{3}\sqrt{3} < t < 1 + \frac{4}{3}\sqrt{3}$;

genau einen Eigenwert für $t_1 = 1 - \frac{4}{3}\sqrt{3}$: $\lambda_1 = 1 - \frac{2}{3}\sqrt{3}$;

für $t_2 = 1 + \frac{4}{3}\sqrt{3}$: $\lambda_2 = 1 + \frac{2}{3}\sqrt{3}$;

zwei verschiedene Eigenwerte für $t < 1 - \frac{4}{3}\sqrt{3}$ und für $t > 1 + \frac{4}{3}\sqrt{3}$;

diese sind $\lambda_1 = \frac{1}{2}\left(1 + t + \sqrt{t^2 - 2t - \frac{13}{3}}\right)$, $\lambda_2 = \frac{1}{2}\left(1 + t - \sqrt{t^2 - 2t - \frac{13}{3}}\right)$.

b) Für $t = -\frac{5}{3}$ hat A_t die Eigenwerte -1 und $\frac{1}{3}$.

c) Für $t = -\frac{4}{3}$ hat A_t die Eigenwerte 0 und $-\frac{1}{3}$.

Aufgabe 3

Aus $\begin{cases} (a_1 - 2)\cdot 2 + b_1 \cdot 1 = 0 \\ a_2 \cdot 2 + (b_2 - 2)\cdot 1 = 0 \\ (a_1 - 3)\cdot 1 + b_1 \cdot 1 = 0 \\ a_2 \cdot 1 + (b_2 - 3)\cdot 1 = 0 \end{cases}$ folgt $a_1 = 1;\ a_2 = -1;\ b_1 = 2;\ b_2 = 4$ und damit $A = \begin{pmatrix} 1 & 2 \\ -1 & 4 \end{pmatrix}$.

Aufgabe 4

Die charakteristische Gleichung einer (2×2)-Matrix ist eine quadratische Gleichung. Eine solche Gleichung hat keine, eine oder zwei Lösungen.

Aufgabe 5

Charakteristische Gleichung:

Aus $\begin{vmatrix} 1-\lambda & 3 & 5 \\ 0 & -2-\lambda & 7 \\ 0 & 0 & 2-\lambda \end{vmatrix} = 0$ folgt $(1-\lambda)\cdot(-2-\lambda)\cdot(2-\lambda) = 0;\quad \lambda_1 = 1;\ \lambda_2 = 2;\ \lambda_3 = -2.$

Eigenvektoren zu $\lambda_1 = 1$:

$\begin{pmatrix} 0 & 3 & 5 \\ 0 & -3 & 7 \\ 0 & 0 & 1 \end{pmatrix} \cdot \begin{pmatrix} u_1 \\ u_2 \\ u_3 \end{pmatrix} = 0;\quad \begin{cases} 3u_2 + 5u_3 = 0 \\ -3u_2 + 7u_3 = 0 \\ u_3 = 0 \end{cases};\quad u_3 = 0;\ u_2 = 0;\ u_1 = r;\quad \vec{u} = r \cdot \begin{pmatrix} 1 \\ 0 \\ 0 \end{pmatrix}$

Eigenvektoren zu $\lambda_2 = 2$:

$\begin{pmatrix} -1 & 3 & 5 \\ 0 & -4 & 7 \\ 0 & 0 & 0 \end{pmatrix} \cdot \begin{pmatrix} u_1 \\ u_2 \\ u_3 \end{pmatrix} = 0;\quad \begin{cases} -u_1 + 3u_2 + 5u_3 = 0 \\ -4u_2 + 7u_3 = 0 \\ 0\cdot u_1 + 0\cdot u_2 + 0\cdot u_3 = 0 \end{cases};\quad u_3 = 4r;\ u_2 = 7r;\ u_1 = 41r;\ \vec{u} = r \cdot \begin{pmatrix} 41 \\ 7 \\ 4 \end{pmatrix}$

Eigenvektoren zu $\lambda_3 = -2$:

$\begin{pmatrix} 3 & 3 & 5 \\ 0 & 0 & 7 \\ 0 & 0 & 4 \end{pmatrix} \cdot \begin{pmatrix} u_1 \\ u_2 \\ u_3 \end{pmatrix} = 0;\quad \begin{cases} 3u_1 + 3u_2 + 5u_3 = 0 \\ 7u_3 = 0 \\ 4u_3 = 0 \end{cases};\quad u_3 = 0;\ u_2 = -r;\ u_1 = r;\quad \vec{u} = r \cdot \begin{pmatrix} 1 \\ -1 \\ 0 \end{pmatrix}$

Darstellung einer Abbildung

Aufgabe 1

a) $\overrightarrow{OO'} = \begin{pmatrix} 2 \\ -1 \end{pmatrix}$; $\overrightarrow{O'E_1'} = \begin{pmatrix} 2 \\ 3 \end{pmatrix}$; $\overrightarrow{O'E_2'} = \begin{pmatrix} 1 \\ 5 \end{pmatrix}$; $\alpha\colon \vec{x}' = \begin{pmatrix} 2 & 1 \\ 3 & 5 \end{pmatrix} \cdot \vec{x} + \begin{pmatrix} 2 \\ -1 \end{pmatrix}$

b) $\overrightarrow{OO'} = \begin{pmatrix} -3 \\ 5 \end{pmatrix}$; $\overrightarrow{O'E_1'} = \begin{pmatrix} 4 \\ 2 \end{pmatrix}$; $\overrightarrow{O'E_2'} = \begin{pmatrix} -2 \\ 4 \end{pmatrix}$; $\alpha\colon \vec{x}' = \begin{pmatrix} 4 & -2 \\ 2 & 4 \end{pmatrix} \cdot \vec{x} + \begin{pmatrix} -3 \\ 5 \end{pmatrix}$

Aufgabe 2

a) $x_1' = -x_1 + 4x_2 - 8$
$x_2' = x_1 - x_2 + 4$

$\begin{pmatrix} x_1' \\ x_2' \end{pmatrix} = x_1 \cdot \begin{pmatrix} -1 \\ 1 \end{pmatrix} + x_2 \cdot \begin{pmatrix} 4 \\ -1 \end{pmatrix} + \begin{pmatrix} -8 \\ 4 \end{pmatrix}$

$\vec{x}' = \begin{pmatrix} -1 & 4 \\ 1 & -1 \end{pmatrix} \cdot \vec{x} + \begin{pmatrix} -8 \\ 4 \end{pmatrix}$

b) $x_1' = 5x_1 + 2x_2$
$x_2' = -6x_1 - 2x_2$

$\begin{pmatrix} x_1' \\ x_2' \end{pmatrix} = x_1 \cdot \begin{pmatrix} 5 \\ -6 \end{pmatrix} + x_2 \cdot \begin{pmatrix} 2 \\ -2 \end{pmatrix}$

$\vec{x}' = \begin{pmatrix} 5 & 2 \\ -6 & -2 \end{pmatrix} \cdot \vec{x}$

Aufgabe 3

a) $\vec{x}' = \begin{pmatrix} -\frac{5}{7} & \frac{1}{7} \\ -\frac{17}{14} & \frac{15}{7} \end{pmatrix} \cdot \vec{x}$

b) $\vec{x}' = \begin{pmatrix} 4 & 1 \\ 8 & 4 \end{pmatrix} \cdot \vec{x} + \begin{pmatrix} -1 \\ -4 \end{pmatrix}$

Umkehrbare und nicht umkehrbare Abbildungen

Aufgabe 1

a) $\alpha^{-1}\colon \vec{x}' = \begin{pmatrix} -\frac{3}{14} & \frac{1}{14} \\ -\frac{1}{14} & \frac{5}{14} \end{pmatrix} \cdot \vec{x}$

b) $\alpha^{-1}\colon \vec{x}' = \begin{pmatrix} \frac{2}{5} & -\frac{3}{5} \\ \frac{1}{5} & \frac{1}{5} \end{pmatrix} \cdot \vec{x} + \begin{pmatrix} -\frac{7}{5} \\ -\frac{1}{5} \end{pmatrix}$

c) Da $D = 0$ ist, existiert α^{-1} nicht.

Aufgabe 2

α ist nicht umkehrbar, wenn gilt: $3b_2 - b_1 = 0$.

Aufgabe 3

a) $x_1' = x_1 - \frac{1}{2}x_2$
$x_2' = 0$; $\alpha\colon \vec{x}' = \begin{pmatrix} 1 & -\frac{1}{2} \\ 0 & 0 \end{pmatrix} \cdot \vec{x}$

b) $x_1' = \frac{1}{2}x_2$
$x_2' = x_2$; $\beta\colon \vec{x}' = \begin{pmatrix} 0 & \frac{1}{2} \\ 0 & 1 \end{pmatrix} \cdot \vec{x}$

Bilder von Punkten und Geraden

Aufgabe 1

a) P′(−8 | 21) b) P′(−16 | 15)

Aufgabe 2

a) g′: $\vec{x}' = t \cdot \begin{pmatrix} 8 \\ 18 \end{pmatrix}$ b) g′: $\vec{x}' = \begin{pmatrix} 45 \\ -15 \end{pmatrix} + t \cdot \begin{pmatrix} -89 \\ 3 \end{pmatrix}$ c) g′: $\vec{x}' = \begin{pmatrix} 32 \\ -37 \end{pmatrix} + t \cdot \begin{pmatrix} -5 \\ 13 \end{pmatrix}$

Aufgabe 3

P′(52 | 106); Q′(48 | 35) g′: $\vec{x}' = \begin{pmatrix} 39{,}5 \\ -174 \end{pmatrix} + t \cdot \begin{pmatrix} -1{,}5 \\ 78 \end{pmatrix}$; h′: $\vec{x}' = \begin{pmatrix} -70 \\ 33 \end{pmatrix} + t \cdot \begin{pmatrix} 65 \\ 154 \end{pmatrix}$

Verschiebungen, Streckungen, Drehungen

Aufgabe 1

a) $\vec{x}' = \begin{pmatrix} 1 & 0 \\ 0 & 1 \end{pmatrix} \cdot \vec{x} + \begin{pmatrix} 3 \\ -1 \end{pmatrix}$ b) $\vec{x}' = \begin{pmatrix} 1 & 0 \\ 0 & 1 \end{pmatrix} \cdot \vec{x} + \begin{pmatrix} -0{,}5 \\ 1{,}25 \end{pmatrix}$

c) $\vec{x}' = \begin{pmatrix} 1 & 0 \\ 0 & 1 \end{pmatrix} \cdot \vec{x} + \begin{pmatrix} 0{,}75 \\ 2{,}2 \end{pmatrix}$ d) $\vec{x}' = \begin{pmatrix} 1 & 0 \\ 0 & 1 \end{pmatrix} \cdot \vec{x} + \begin{pmatrix} -3 \\ -5{,}5 \end{pmatrix}$

Aufgabe 2

a) $\vec{x}' = \begin{pmatrix} 3 & 0 \\ 0 & 3 \end{pmatrix} \cdot \vec{x}$ b) $\vec{x}' = \begin{pmatrix} -4 & 0 \\ 0 & -4 \end{pmatrix} \cdot \vec{x}$

c) $\vec{x}' = \begin{pmatrix} 0{,}5 & 0 \\ 0 & 0{,}5 \end{pmatrix} \cdot \vec{x}$ d) $\vec{x}' = \begin{pmatrix} -2{,}5 & 0 \\ 0 & -2{,}5 \end{pmatrix} \cdot \vec{x}$

Aufgabe 3

a) $\vec{x}' = \begin{pmatrix} \frac{1}{2}\sqrt{3} & -\frac{1}{2} \\ \frac{1}{2} & \frac{1}{2}\sqrt{3} \end{pmatrix} \cdot \vec{x}$ b) $\vec{x}' = \begin{pmatrix} \frac{1}{2}\sqrt{2} & -\frac{1}{2}\sqrt{2} \\ \frac{1}{2}\sqrt{2} & \frac{1}{2}\sqrt{2} \end{pmatrix} \cdot \vec{x}$

c) $\vec{x}' = \begin{pmatrix} \frac{1}{2} & -\frac{1}{2}\sqrt{3} \\ \frac{1}{2}\sqrt{3} & \frac{1}{2} \end{pmatrix} \cdot \vec{x}$ d) $\vec{x}' = \begin{pmatrix} 0 & -1 \\ 1 & 0 \end{pmatrix} \cdot \vec{x}$

Aufgabe 4

Es handelt sich um eine Drehung, wenn sich ein Winkel φ bestimmen lässt, für den gilt: $\cos(\varphi) = \frac{2}{3}\sqrt{2}$ und $\sin(\varphi) = \frac{1}{3}$. Dies ist wegen $\cos^2(\varphi) + \sin^2(\varphi) = \frac{8}{9} + \frac{1}{9} = 1$ möglich. Es ist $\varphi \approx 19{,}47°$.

Aufgabe 5

$$\alpha\colon\ \vec{x}' = \begin{pmatrix} \frac{1}{2} & -\frac{1}{2}\sqrt{3} \\ \frac{1}{2}\sqrt{3} & \frac{1}{2} \end{pmatrix} \cdot \vec{x};\quad g'\colon\ \vec{x} = \begin{pmatrix} 1-\frac{1}{2}\sqrt{3} \\ \frac{1}{2}+\sqrt{3} \end{pmatrix} + t \cdot \begin{pmatrix} \frac{3}{2}-\sqrt{3} \\ \frac{3}{2}\sqrt{3}+1 \end{pmatrix}$$

Spiegelung an einer Geraden

Aufgabe 1

a) $g\colon\ \vec{x} = r \cdot \begin{pmatrix} 1 \\ 2 \end{pmatrix};\quad l\colon\ \vec{x} = \begin{pmatrix} p_1 \\ p_2 \end{pmatrix} + s \cdot \begin{pmatrix} 2 \\ -1 \end{pmatrix};\quad s = -\frac{2}{5}p_1 + \frac{1}{5}p_2$

$\vec{p}' = \begin{pmatrix} p_1 \\ p_2 \end{pmatrix} + 2 \cdot \left(-\frac{2}{5}p_1 + \frac{1}{5}p_2\right) \cdot \begin{pmatrix} 2 \\ -1 \end{pmatrix};\quad \vec{x}' = \frac{1}{5}\begin{pmatrix} -3 & 4 \\ 4 & 3 \end{pmatrix} \cdot \vec{x}$

b) $g\colon\ \vec{x} = r \cdot \begin{pmatrix} 2 \\ -1 \end{pmatrix};\quad l\colon\ \vec{x} = \begin{pmatrix} p_1 \\ p_2 \end{pmatrix} + s \cdot \begin{pmatrix} -1 \\ -2 \end{pmatrix};\quad s = \frac{1}{5}p_1 + \frac{2}{5}p_2$

$\vec{p}' = \begin{pmatrix} p_1 \\ p_2 \end{pmatrix} + 2 \cdot \left(\frac{1}{5}p_1 + \frac{2}{5}p_2\right) \cdot \begin{pmatrix} -1 \\ -2 \end{pmatrix};\quad \vec{x}' = \frac{1}{5}\begin{pmatrix} 3 & -4 \\ -4 & -3 \end{pmatrix} \cdot \vec{x}$

c) $h\colon\ \vec{x} = \begin{pmatrix} 2 \\ 3 \end{pmatrix} + r \cdot \begin{pmatrix} 2 \\ 1 \end{pmatrix};\quad l\colon\ \vec{x} = \begin{pmatrix} p_1 \\ p_2 \end{pmatrix} + s \cdot \begin{pmatrix} 1 \\ -2 \end{pmatrix};\quad s = -\frac{1}{5}p_1 + \frac{2}{5}p_2 - \frac{4}{5}$

$\vec{p}' = \begin{pmatrix} p_1 \\ p_2 \end{pmatrix} + 2 \cdot \left(-\frac{1}{5}p_1 + \frac{2}{5}p_2 - \frac{4}{5}\right) \cdot \begin{pmatrix} 1 \\ -2 \end{pmatrix};\quad \vec{x}' = \frac{1}{5} \cdot \begin{pmatrix} 3 & 4 \\ 4 & -3 \end{pmatrix} \cdot \vec{x} + \frac{1}{5} \cdot \begin{pmatrix} -8 \\ 16 \end{pmatrix}$

d) $h\colon\ \vec{x} = \begin{pmatrix} 1 \\ -2 \end{pmatrix} + r \cdot \begin{pmatrix} 4 \\ -1 \end{pmatrix};\quad l\colon\ \vec{x} = \begin{pmatrix} p_1 \\ p_2 \end{pmatrix} + s \cdot \begin{pmatrix} -1 \\ -4 \end{pmatrix};\quad s = \frac{1}{17}p_1 + \frac{4}{17}p_2 + \frac{7}{17}$

$\vec{p}' = \begin{pmatrix} p_1 \\ p_2 \end{pmatrix} + 2 \cdot \left(\frac{1}{17}p_1 + \frac{4}{17}p_2 + \frac{7}{17}\right) \cdot \begin{pmatrix} -1 \\ -4 \end{pmatrix};\quad \vec{x}' = \frac{1}{17} \cdot \begin{pmatrix} 15 & -8 \\ -8 & -15 \end{pmatrix} \cdot \vec{x} + \frac{1}{17} \cdot \begin{pmatrix} -14 \\ -56 \end{pmatrix}$

Aufgabe 2

$$\vec{x}' = \frac{1}{10}\begin{pmatrix} 8 & 6 \\ 6 & -8 \end{pmatrix} \cdot \vec{x};\quad g'\colon\ \vec{x} = \frac{1}{10}\begin{pmatrix} 8 & 6 \\ 6 & -8 \end{pmatrix} \cdot \left[\begin{pmatrix} 2 \\ 1 \end{pmatrix} + t \cdot \begin{pmatrix} 1 \\ 1 \end{pmatrix}\right] = \frac{1}{5}\begin{pmatrix} 11 \\ 2 \end{pmatrix} + \frac{1}{5} \cdot t \cdot \begin{pmatrix} 7 \\ -1 \end{pmatrix} = \frac{1}{5}\begin{pmatrix} 11 \\ 2 \end{pmatrix} + t^* \cdot \begin{pmatrix} 7 \\ -1 \end{pmatrix}$$

Aufgabe 3

$g\colon\ \vec{x} = r \cdot \begin{pmatrix} u \\ v \end{pmatrix};\quad l\colon\ \vec{x} = \begin{pmatrix} p_1 \\ p_2 \end{pmatrix} + s \cdot \begin{pmatrix} v \\ -u \end{pmatrix};\quad s = \frac{1}{u^2+v^2} \cdot (-v \cdot p_1 + u \cdot p_2)$

$\vec{p}' = \begin{pmatrix} p_1 \\ p_2 \end{pmatrix} + 2 \cdot \frac{1}{u^2+v^2} \cdot (-v \cdot p_1 + u \cdot p_2) \cdot \begin{pmatrix} v \\ -u \end{pmatrix}$

hieraus folgt: $p_1' = p_1 - \frac{2v^2}{u^2+v^2} \cdot p_1 + \frac{2u \cdot v}{u^2+v^2} \cdot p_2 = \frac{u^2-v^2}{u^2+v^2} \cdot p_1 + \frac{2uv}{u^2+v^2} \cdot p_2$

$p_2' = p_2 + \frac{2uv}{u^2+v^2}\, p_1 - \frac{2u^2}{u^2+v^2}\, p_2 = \frac{2uv}{u^2+v^2} \cdot p_1 + \frac{v^2-u^2}{u^2+v^2} \cdot p_2$

und damit $\vec{x}' = \frac{1}{u^2+v^2} \cdot \begin{pmatrix} u^2-v^2 & 2uv \\ 2uv & v^2-u^2 \end{pmatrix} \cdot \vec{x}.$

Aufgabe 4

Die zweimalige Durchführung einer Spiegelung ergibt die Identität.

Parallelprojektion auf eine Gerade

Aufgabe 1

a) g: $\vec{x} = r \cdot \begin{pmatrix} 2 \\ 1 \end{pmatrix}$; l: $\vec{x} = \begin{pmatrix} p_1 \\ p_2 \end{pmatrix} + s \cdot \begin{pmatrix} 1 \\ -1 \end{pmatrix}$; $s = \frac{1}{3}(-p_1 + 2p_2)$

$\vec{p}' = \begin{pmatrix} p_1 \\ p_2 \end{pmatrix} + \frac{1}{3}(-p_1 + 2p_2) \cdot \begin{pmatrix} 1 \\ -1 \end{pmatrix}$; $\vec{x}' = \frac{1}{3}\begin{pmatrix} 2 & 2 \\ 1 & 1 \end{pmatrix} \cdot \vec{x}$

b) g: $\vec{x} = r \cdot \begin{pmatrix} 1 \\ -1 \end{pmatrix}$; l: $\vec{x} = \begin{pmatrix} p_1 \\ p_2 \end{pmatrix} + s \cdot \begin{pmatrix} 1 \\ 0 \end{pmatrix}$; $s = -p_1 - p_2$

$\vec{p}' = \begin{pmatrix} p_1 \\ p_2 \end{pmatrix} + (-p_1 - p_2) \cdot \begin{pmatrix} 1 \\ 0 \end{pmatrix}$; $\vec{x}' = \begin{pmatrix} 0 & -1 \\ 0 & 1 \end{pmatrix} \cdot \vec{x}$

c) g: $\vec{x} = \begin{pmatrix} 0 \\ 2 \end{pmatrix} + r \cdot \begin{pmatrix} 3 \\ 1 \end{pmatrix}$; l: $\vec{x} = \begin{pmatrix} p_1 \\ p_2 \end{pmatrix} + s \cdot \begin{pmatrix} -1 \\ -2 \end{pmatrix}$; $s = \frac{1}{5}(-p_1 + 3p_2 - 6)$

$\vec{p}' = \begin{pmatrix} p_1 \\ p_2 \end{pmatrix} + \frac{1}{5}(-p_1 + 3p_2 - 6) \cdot \begin{pmatrix} -1 \\ -2 \end{pmatrix}$; $\vec{x}' = \frac{1}{5} \cdot \begin{pmatrix} 6 & -3 \\ 2 & -1 \end{pmatrix} \cdot \vec{x} + \frac{1}{5} \cdot \begin{pmatrix} 6 \\ 12 \end{pmatrix}$

d) g: $\vec{x} = \begin{pmatrix} 1 \\ 0{,}5 \end{pmatrix} + r \cdot \begin{pmatrix} 2 \\ -1 \end{pmatrix}$; l: $\vec{x} = \begin{pmatrix} p_1 \\ p_2 \end{pmatrix} + s \cdot \begin{pmatrix} 1 \\ 1 \end{pmatrix}$; $s = \frac{1}{3}(-p_1 - 2p_2 + 2)$

$\vec{p}' = \begin{pmatrix} p_1 \\ p_2 \end{pmatrix} + \frac{1}{3}(-p_1 - 2p_2 + 2) \cdot \begin{pmatrix} 1 \\ 1 \end{pmatrix}$; $\vec{x}' = \frac{1}{3}\begin{pmatrix} 2 & -2 \\ -1 & 1 \end{pmatrix} \cdot \vec{x} + \frac{1}{3} \cdot \begin{pmatrix} 2 \\ 2 \end{pmatrix}$

Aufgabe 2

a) $\vec{x}' = \frac{1}{9} \cdot \begin{pmatrix} 3 & -2 \\ -9 & 6 \end{pmatrix} \cdot \vec{x}$ b) $A'(0\,|\,0)$; $B'\left(\frac{2}{3}\,\middle|\,-2\right)$

c) $\begin{pmatrix} \frac{1}{3} & -\frac{2}{9} \\ -1 & \frac{2}{3} \end{pmatrix} \cdot \begin{pmatrix} \frac{1}{3} & -\frac{2}{9} \\ -1 & \frac{2}{3} \end{pmatrix} = \begin{pmatrix} \frac{1}{3} & -\frac{2}{9} \\ -1 & \frac{2}{3} \end{pmatrix}$

Alle Punkte der Ebene werden bei der Parallelprojektion mit der Matrix A auf die Fixpunktgerade g abgebildet. Bei einer zweiten Anwendung dieser Parallelprojektion bleiben die Punkte der Geraden g fest. Die Hintereinanderausführung hat also die gleiche Wirkung wie die einmalige Durchführung.

Fixpunkte und Fixpunktgeraden

Aufgabe 1

a) Aus $\begin{cases} 2x_1 + x_2 = -1 \\ x_1 + x_2 = 1 \end{cases}$ folgt $x_1 = -2$; $x_2 = 3$; $F(-2\,|\,3)$.

b) Das LGS $\begin{cases} 4x_1 - 4x_2 = -2 \\ -4x_1 + 4x_2 = 3 \end{cases}$ hat keine Lösung; die Abbildung hat keine Fixpunkte.

c) Aus $\begin{cases} 4x_1 - 2x_2 = -2 \\ 6x_1 - 3x_2 = -3 \end{cases}$ folgt die Fixpunktgerade $2x_1 - x_2 = -1$.

Aufgabe 2

a) Fixpunktgerade geht durch O(0 | 0); P(3 | 0) ↦ P′(6 | −3); Q(1 | −1) ↦ Q′(1 | −1)

Aus $\begin{cases} 6 = 3a_1 \\ -3 = 3a_2 \end{cases}$ und $\begin{cases} 1 = a_1 - b_1 \\ -1 = a_2 - b_2 \end{cases}$ folgt $a_1 = 2$; $a_2 = -1$; $b_1 = 1$; $b_2 = 0$;

α: $\vec{x}' = \begin{pmatrix} 2 & 1 \\ -1 & 0 \end{pmatrix} \cdot \vec{x}$.

b) Die Fixpunktgerade geht nicht durch O(0 | 0);
P(0 | 4) ↦ P′(6 | 1); Q(0 | 1) ↦ Q′(0 | 1); R(−1 | 0) ↦ R′(−1 | 0)

Aus $\begin{cases} 6 = 4b_1 + c_1 \\ 1 = 4b_2 + c_2 \end{cases}$ und $\begin{cases} 0 = b_1 + c_1 \\ 1 = b_2 + c_2 \end{cases}$ und $\begin{cases} -1 = -a_1 + c_1 \\ 0 = -a_2 + c_2 \end{cases}$

folgt $a_1 = -1$; $a_2 = 1$; $b_1 = 2$; $b_2 = 0$; $c_1 = -2$; $c_2 = 1$;

α: $\vec{x}' = \begin{pmatrix} -1 & 2 \\ 1 & 0 \end{pmatrix} \cdot \vec{x} + \begin{pmatrix} -2 \\ 1 \end{pmatrix}$

Aufgabe 3

a) Aus $\begin{cases} (4t-4)x_1 + (1-t)x_2 + 1 - t = 0 \\ (8t-4)x_1 + (1-2t)x_2 + 1 - 2t = 0 \end{cases}$ folgt die gemeinsame Fixpunktgerade

g: $4x_1 - x_2 - 1 = 0$.

b) $D = (4t-3) \cdot (2-2t) - (8t-4) \cdot (1-t) = 2t - 2$; aus $2t - 2 = 0$ folgt $t = 1$.

Für $t = 1$ ist $A = \begin{pmatrix} 1 & 0 \\ 4 & 0 \end{pmatrix}$ und $A^2 = A$ erfüllt.

P(0 | 3) ↦ P′(0 | −1); Q(1 | 0) ↦ Q′(1 | 3)

Vermutung: Die Abbildung α_1 ist eine Parallelprojektion auf g parallel zur x_2-Achse.

c) $\alpha_{0,5}$: $\vec{x}' = \begin{pmatrix} -1 & 0{,}5 \\ 0 & 1 \end{pmatrix} \vec{x} + \begin{pmatrix} 0{,}5 \\ 0 \end{pmatrix}$

P(0 | 3) ↦ P′(2 | 3); Q(1 | 0) ↦ Q′(−0,5 | 0); R(−1 | −1) ↦ R′(1 | −1)

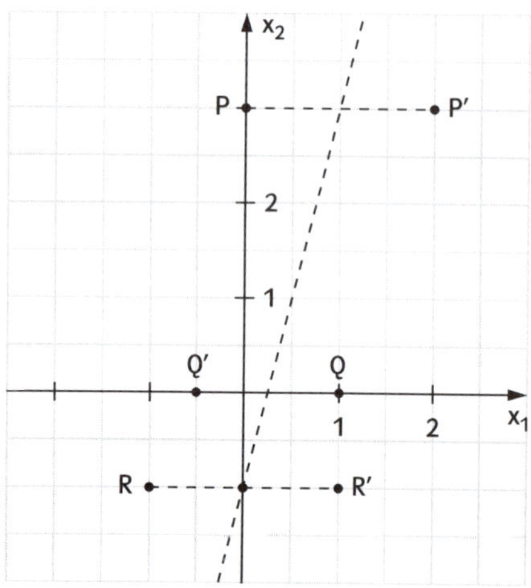

Für $A = \begin{pmatrix} -1 & 0{,}5 \\ 0 & 1 \end{pmatrix}$ ist $A^2 = E$ erfüllt.

Die Abbildung $\alpha_{0,5}$ ist vermutlich eine Schrägspiegelung.

Fixgeraden

Aufgabe 1

a) $F(-2\,|\,1)$; $\lambda^2 - \lambda - 2 = 0$; $\lambda_1 = -1$; $\lambda_2 = 2$

$\lambda_1 = -1$: $\vec{u} = r \cdot \begin{pmatrix} 1 \\ -1 \end{pmatrix}$; $\quad\lambda_2 = 2$: $\vec{u} = s \cdot \begin{pmatrix} 5 \\ -2 \end{pmatrix}$;

f_1: $\vec{x} = \begin{pmatrix} -2 \\ 1 \end{pmatrix} + r \cdot \begin{pmatrix} 1 \\ -1 \end{pmatrix}$; $r \in \mathbb{R}$ $\quad f_2$: $\vec{x} = \begin{pmatrix} -2 \\ 1 \end{pmatrix} + s \cdot \begin{pmatrix} 5 \\ -2 \end{pmatrix}$; $s \in \mathbb{R}$

b) Fixpunktgerade: $2x_1 - 2x_2 = 1$; $(-3 - \lambda)^2 - 16 = 0$; $\lambda_1 = -7$; $\lambda_2 = 1$

$\lambda_1 = -7$: $\vec{u} = r \cdot \begin{pmatrix} 1 \\ -1 \end{pmatrix}$; $\quad\lambda_2 = 1$; $\vec{u} = s \cdot \begin{pmatrix} 1 \\ 1 \end{pmatrix}$

Alle Geraden mit dem Richtungsvektor $\begin{pmatrix} 1 \\ -1 \end{pmatrix}$ sind Fixgeraden.

c) Fixpunktgerade: $x_1 + x_2 = 0$; $\lambda^2 - 2\lambda + 1 = 0$; $\lambda_1 = 1$

$\lambda_1 = 1$: $\vec{u} = r \cdot \begin{pmatrix} 1 \\ -1 \end{pmatrix}$

Alle Geraden mit dem Richtungsvektor $\begin{pmatrix} 1 \\ -1 \end{pmatrix}$ sind Fixgeraden.

d) keine Fixpunkte; $\lambda^2 - 5\lambda + 4 = 0$; $\lambda_1 = 1$; $\lambda_2 = 4$

$\lambda_1 = 1$: $\vec{u} = r \cdot \begin{pmatrix} 1 \\ 1 \end{pmatrix}$; $\quad\lambda_2 = 4$; $\vec{u} = s \cdot \begin{pmatrix} 2 \\ 1 \end{pmatrix}$

$$A \cdot \vec{p} + \vec{c} - \vec{p} = \begin{pmatrix} 7 & -6 \\ 3 & -2 \end{pmatrix} \cdot \begin{pmatrix} p_1 \\ p_2 \end{pmatrix} + \begin{pmatrix} 4 \\ 5 \end{pmatrix} - \begin{pmatrix} p_1 \\ p_2 \end{pmatrix} = \begin{pmatrix} 6p_1 - 6p_2 + 4 \\ 3p_1 - 3p_2 + 5 \end{pmatrix}$$

Aus $\begin{pmatrix} 6p_1 - 6p_2 + 4 \\ 3p_1 - 3p_2 + 5 \end{pmatrix} = r \cdot \begin{pmatrix} 1 \\ 1 \end{pmatrix}$ folgt $r = 6$; $p_2 = p_1 - \frac{1}{3}$;

Fixgerade:

$$x = \begin{pmatrix} p_1 \\ p_1 - \frac{1}{3} \end{pmatrix} + t \cdot \begin{pmatrix} 1 \\ 1 \end{pmatrix} = \begin{pmatrix} p_1 \\ p_2 \end{pmatrix} + \begin{pmatrix} 0 \\ -\frac{1}{3} \end{pmatrix} + t \cdot \begin{pmatrix} 1 \\ 1 \end{pmatrix} = \begin{pmatrix} 0 \\ -\frac{1}{3} \end{pmatrix} + t^* \cdot \begin{pmatrix} 1 \\ 1 \end{pmatrix}; \quad t^* \in \mathbb{R}$$

Die Bedingung $\begin{pmatrix} 6p_1 - 6p_2 + 4 \\ 3p_1 - 3p_2 + 5 \end{pmatrix} = s \cdot \begin{pmatrix} 2 \\ 1 \end{pmatrix}$ ist nicht erfüllbar;

es gibt keine weiteren Fixgeraden.

e) Fixpunkt $O(0\,|\,0)$; $\lambda^2 - 3\lambda + 6 = 0$ hat keine Lösungen; keine Fixgeraden

f) Fixpunktgerade: $x_1 - x_2 = -3$; $2\lambda^2 - \lambda - 1 = 0$; $\lambda_1 = -\frac{1}{2}$; $\lambda_2 = 1$

$\lambda_1 = -\frac{1}{2}$: $\vec{u} = r \cdot \begin{pmatrix} -1 \\ 2 \end{pmatrix}$; $\quad\lambda_2 = 1$: $\vec{u} = s \cdot \begin{pmatrix} 1 \\ 1 \end{pmatrix}$

Alle Geraden mit dem Richtungsvektor $\begin{pmatrix} 1 \\ 1 \end{pmatrix}$ sind Fixgeraden.

Aufgabe 2

a) Fixpunktgerade: $x_2 = x_1$; $\quad$ Fixgerade: $x_1 = 0$

b) Fixpunktgerade: $x_1 + x_2 = 0$; $\quad$ Fixgeraden: $x_1 + x_2 + t = 0$

Aufgabe 3

a) α_t: $\vec{x}' = \begin{pmatrix} 2-2t & -3+6t \\ 1-t & -2+3t \end{pmatrix} \cdot \vec{x}$; $t \neq 1$

b) $\lambda^2 - t\lambda + t - 1 = 0$; $\lambda_1 = 1$; $\lambda_2 = t - 1$

$\lambda_1 = 1$: $\vec{u} = r \cdot \begin{pmatrix} 3 \\ 1 \end{pmatrix}$; $\lambda_2 = t - 1$: $\vec{u} = s \cdot \begin{pmatrix} 1-2t \\ 1-t \end{pmatrix}$; Für $t = 2$ sind die Fixgeraden parallel.

Verkettung von Abbildungen

Aufgabe 1

$A \cdot B = \begin{pmatrix} 1+5\sqrt{3} & 2{,}5 \\ 5+2\sqrt{2} & \sqrt{3}-\sqrt{2} \end{pmatrix}$; $B \cdot A = \begin{pmatrix} 1-\sqrt{2} & 2\sqrt{3}-1 \\ 2{,}5+\sqrt{6} & 6\sqrt{3} \end{pmatrix}$

$A \cdot A = \begin{pmatrix} \frac{1}{4}+\sqrt{6} & \frac{3}{2}\sqrt{3} \\ \frac{3}{2}\sqrt{2} & 1+\sqrt{6} \end{pmatrix}$; $B \cdot B = \begin{pmatrix} -1 & -2-\sqrt{3} \\ 10+5\sqrt{3} & -2 \end{pmatrix}$

Aufgabe 2

$\alpha \circ \beta$: $\vec{x}' = \begin{pmatrix} 1 & 2 \\ -2 & -3 \end{pmatrix} \cdot \begin{pmatrix} 3 & 5 \\ 1 & 4 \end{pmatrix} \cdot \vec{x} = \begin{pmatrix} 5 & 13 \\ -9 & -22 \end{pmatrix} \cdot \vec{x}$

$\beta \circ \alpha$: $\vec{x}' = \begin{pmatrix} 3 & 5 \\ 1 & 4 \end{pmatrix} \cdot \begin{pmatrix} 1 & 2 \\ -2 & -3 \end{pmatrix} \cdot \vec{x} = \begin{pmatrix} -7 & -9 \\ -7 & -10 \end{pmatrix} \cdot \vec{x}$

$\alpha \circ \alpha$: $\vec{x}' = \begin{pmatrix} 1 & 2 \\ -2 & -3 \end{pmatrix} \cdot \begin{pmatrix} 1 & 2 \\ -2 & -3 \end{pmatrix} \cdot \vec{x} = \begin{pmatrix} -3 & -4 \\ 4 & 5 \end{pmatrix} \cdot \vec{x}$

$\beta \circ \beta$: $\vec{x}' = \begin{pmatrix} 3 & 5 \\ 1 & 4 \end{pmatrix} \cdot \begin{pmatrix} 3 & 5 \\ 1 & 4 \end{pmatrix} \cdot \vec{x} = \begin{pmatrix} 14 & 35 \\ 7 & 21 \end{pmatrix} \cdot \vec{x}$

Aufgabe 3

$\alpha \circ \beta$: $\vec{x}' = \begin{pmatrix} 0 & 1 \\ 2 & -5 \end{pmatrix} \cdot \left[\begin{pmatrix} 3 & 8 \\ 5 & -1 \end{pmatrix} \cdot \vec{x} + \begin{pmatrix} 1 \\ -9 \end{pmatrix}\right] + \begin{pmatrix} -6 \\ 1 \end{pmatrix}$

$= \begin{pmatrix} 5 & -1 \\ -19 & 21 \end{pmatrix} \cdot \vec{x} + \begin{pmatrix} -9 \\ 47 \end{pmatrix} + \begin{pmatrix} -6 \\ 1 \end{pmatrix} = \begin{pmatrix} 5 & -1 \\ -19 & 21 \end{pmatrix} \cdot \vec{x} + \begin{pmatrix} -15 \\ 48 \end{pmatrix}$

$\beta \circ \alpha$: $\vec{x}' = \begin{pmatrix} 3 & 8 \\ 5 & -1 \end{pmatrix} \cdot \left[\begin{pmatrix} 0 & 1 \\ 2 & -5 \end{pmatrix} \cdot \vec{x} + \begin{pmatrix} -6 \\ 1 \end{pmatrix}\right] + \begin{pmatrix} 1 \\ -9 \end{pmatrix}$

$= \begin{pmatrix} 16 & -37 \\ -2 & 10 \end{pmatrix} \cdot \vec{x} + \begin{pmatrix} -10 \\ -31 \end{pmatrix} + \begin{pmatrix} 1 \\ -9 \end{pmatrix} = \begin{pmatrix} 16 & -37 \\ -2 & 10 \end{pmatrix} \cdot \vec{x} + \begin{pmatrix} -9 \\ -40 \end{pmatrix}$

Aufgabe 4

a) $\beta\colon \vec{x}' = \begin{pmatrix} 2 & 0 \\ 0 & 2 \end{pmatrix} \cdot \vec{x};$

$$\alpha\colon \vec{x}' = \begin{pmatrix} -\frac{1}{2} & \frac{1}{2}\sqrt{3} \\ \frac{1}{2}\sqrt{3} & \frac{1}{2} \end{pmatrix} \cdot \vec{x}$$

$$\alpha \circ \beta\colon \vec{x}' = \begin{pmatrix} -\frac{1}{2} & \frac{1}{2}\sqrt{3} \\ \frac{1}{2}\sqrt{3} & \frac{1}{2} \end{pmatrix} \cdot \begin{pmatrix} 2 & 0 \\ 0 & 2 \end{pmatrix} \cdot \vec{x}$$

$$= \begin{pmatrix} -1 & \sqrt{3} \\ \sqrt{3} & 1 \end{pmatrix} \cdot \vec{x}$$

b) $\begin{pmatrix} -1 & \sqrt{3} \\ \sqrt{3} & 1 \end{pmatrix} \cdot \begin{pmatrix} 2{,}5 \\ 1 \end{pmatrix} = \begin{pmatrix} -2{,}5 + \sqrt{3} \\ 2{,}5 \cdot \sqrt{3} + 1 \end{pmatrix};$

P″(−0,77 | 5,33)

c)

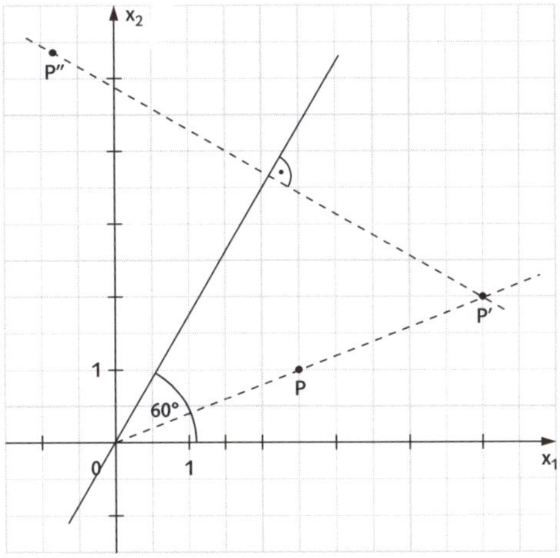

Aufgabe 5

$$\beta\colon \vec{x}' = \begin{pmatrix} -\frac{1}{2} & \frac{1}{2}\sqrt{3} \\ \frac{1}{2}\sqrt{3} & \frac{1}{2} \end{pmatrix} \cdot \vec{x}; \quad \alpha\colon \vec{x}' = \begin{pmatrix} \frac{1}{2}\sqrt{3} & -\frac{1}{2} \\ \frac{1}{2} & \frac{1}{2}\sqrt{3} \end{pmatrix} \cdot \vec{x}$$

$$\alpha \circ \beta\colon \vec{x}' = \begin{pmatrix} \frac{1}{2}\sqrt{3} & -\frac{1}{2} \\ \frac{1}{2} & \frac{1}{2}\sqrt{3} \end{pmatrix} \cdot \begin{pmatrix} -\frac{1}{2} & \frac{1}{2}\sqrt{3} \\ \frac{1}{2}\sqrt{3} & \frac{1}{2} \end{pmatrix} \cdot \vec{x} = \begin{pmatrix} -\frac{1}{2}\sqrt{3} & \frac{1}{2} \\ \frac{1}{2} & \frac{1}{2}\sqrt{3} \end{pmatrix} \cdot \vec{x}$$

$$g''\colon \vec{x}' = \begin{pmatrix} -\frac{1}{2}\sqrt{3} & \frac{1}{2} \\ \frac{1}{2} & \frac{1}{2}\sqrt{3} \end{pmatrix} \cdot t \begin{pmatrix} 2 \\ \frac{1}{2} \end{pmatrix} = t \begin{pmatrix} \frac{1}{4} - \sqrt{3} \\ 1 + \frac{1}{4}\sqrt{3} \end{pmatrix} \approx t \begin{pmatrix} -1{,}48 \\ 1{,}43 \end{pmatrix}$$

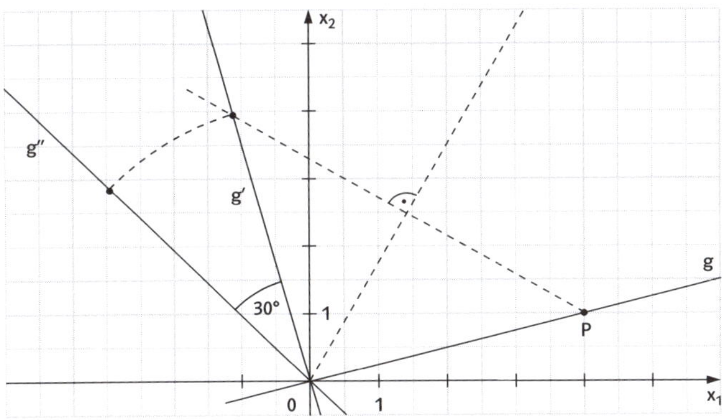

Parallelprojektion auf eine Koordinatenebene

Aufgabe 1

a) Die Punkte $E_2(0|1|0)$ und $E_3(0|0|1)$ liegen in der Projektionsebene. Daher gilt: $E_2'(0|1|0)$ und $E_3'(0|0|1)$. Der Bildpunkt E_1' des Punktes $E_1(1|0|0)$ ergibt sich als Schnittpunkt der Geraden g durch E_1 und dem Richtungsvektor $\vec{v}$ mit der x_2x_3-Ebene:

$$g: \vec{x} = \begin{pmatrix}1\\0\\0\end{pmatrix} + t \cdot \begin{pmatrix}1\\0,5\\0,5\end{pmatrix};\ t \in \mathbb{R}.$$

Aus $\begin{pmatrix}1\\0\\0\end{pmatrix} + t \cdot \begin{pmatrix}1\\0,5\\0,5\end{pmatrix} = \begin{pmatrix}0\\x_2\\x_3\end{pmatrix}$ erhält man das LGS $\begin{matrix}1 + t = 0\\0,5t = x_2\\0,5t = x_3\end{matrix}$

mit der Lösung $t = -1$; $x_2 = -0,5$; $x_3 = -0,5$. Also gilt: $E_1'(0|-0,5|-0,5)$.

Insgesamt ergibt sich als die Projektionsmatrix $A = \begin{pmatrix}0 & 0 & 0\\-0,5 & 1 & 0\\-0,5 & 0 & 1\end{pmatrix}$.

Die zugehörige Abbildungsgleichung lautet: $\vec{x}' = A \cdot \vec{x}$.

b) Die Punkte $O(0|0|0)$ und $C(0|3|0)$ werden auf sich selbst abgebildet.
Für den Ortsvektor des Bildpunktes von $A(3|0|0)$ ergibt sich:

$$\vec{x}' = \begin{pmatrix}0 & 0 & 0\\-0,5 & 1 & 0\\-0,5 & 0 & 1\end{pmatrix} \cdot \begin{pmatrix}3\\0\\0\end{pmatrix} = \begin{pmatrix}0\\-1,5\\-1,5\end{pmatrix},\quad \text{also } A'(0|-1,5|-1,5).$$

Entsprechend erhält man $B'(0|1,5|-1,5)$ und $S'(0|0,75|3,25)$.

c) Siehe Fig.

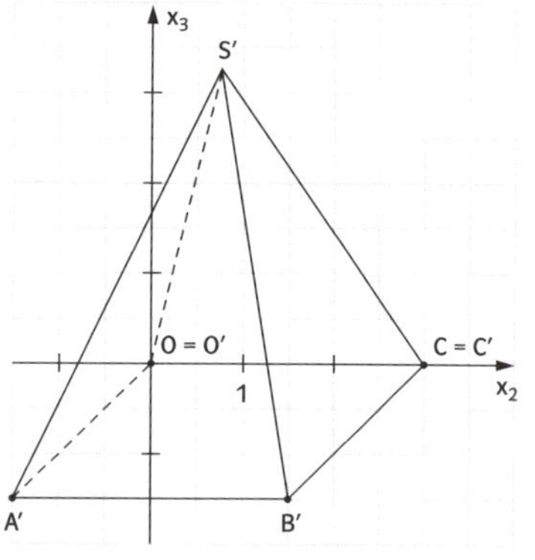

Aufgabe 2

a) $E_2(0|1|0) = E_2'$; $E_3(0|0|1) = E_3'$;

aus $\begin{pmatrix}1\\0\\0\end{pmatrix} + t \cdot \begin{pmatrix}-1\\-1\\-2\end{pmatrix} = \begin{pmatrix}0\\x_2\\x_3\end{pmatrix}$

folgt $t = 1$; $x_2 = -1$; $x_3 = -2$
und damit: $E_1'(0|-1|-2)$.

$$A = \begin{pmatrix}0 & 0 & 0\\-1 & 1 & 0\\-2 & 0 & 1\end{pmatrix};\quad \vec{x}' = A \cdot \vec{x}$$

b) $O = O'$; $C = C'$; $D = D'$; $G = G'$;
$A'(0|-2|-4)$; $B'(0|2|-4)$;
$E'(0|-2|-1)$; $F'(0|2|-1)$

c) Siehe Fig.

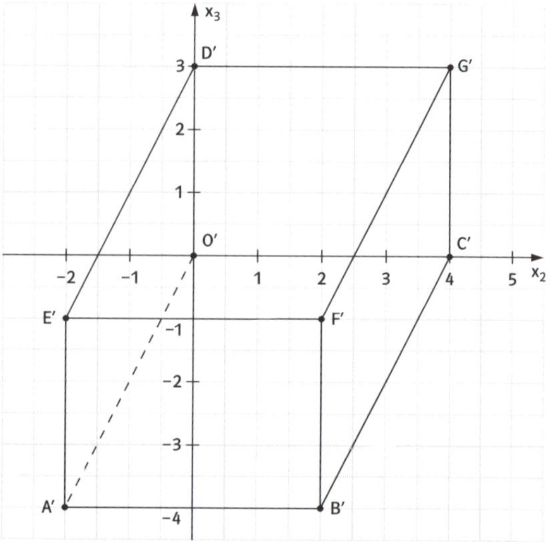

Aufgabe 3

$\vec{x}' = \begin{pmatrix} 0 & 0 & 0 \\ -1 & 1 & 0 \\ -1 & 0 & 1 \end{pmatrix} \cdot \vec{x}$

$O'(0|0|0)$; $A'(0|0|2)$;
$B'(0|1-\sqrt{3}|-\sqrt{3})$; $C'(0|-1-\sqrt{3}|-\sqrt{3})$

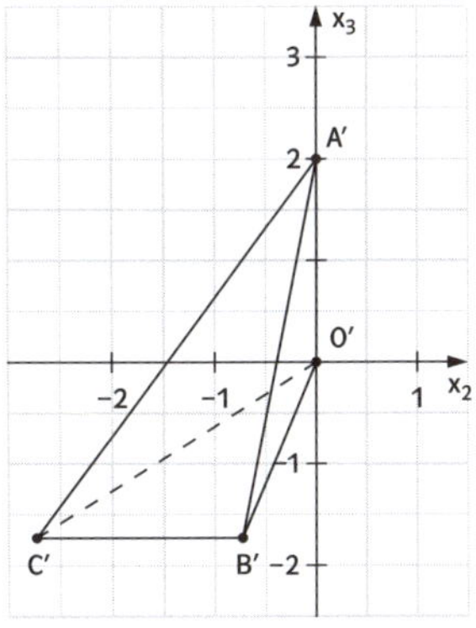

Parallelprojektion auf eine Ebene durch den Ursprung

Aufgabe 1

a) g: $\vec{x} = \vec{p} + s \cdot \begin{pmatrix} 6 \\ -2 \\ 1 \end{pmatrix}$; $s = -\frac{1}{2}p_1 - \frac{1}{2}p_2 + p_3$

$\vec{p}' = \vec{p} + \left(-\frac{1}{2}p_1 - \frac{1}{2}p_2 + p_3\right) \cdot \begin{pmatrix} 6 \\ -2 \\ 1 \end{pmatrix}$; $\vec{x}' = \begin{pmatrix} -2 & -3 & 6 \\ 1 & 2 & -2 \\ -\frac{1}{2} & -\frac{1}{2} & 2 \end{pmatrix} \cdot \vec{x}$

b) g: $\vec{x} = \vec{p} + s \cdot \begin{pmatrix} 2 \\ -1 \\ 5 \end{pmatrix}$; $s = -\frac{1}{5}p_1 + \frac{4}{15}p_2 - \frac{1}{15}p_3$

$\vec{p}' = \vec{p} + \left(-\frac{1}{5}p_1 + \frac{4}{15}p_2 - \frac{1}{15}p_3\right) \cdot \begin{pmatrix} 2 \\ -1 \\ 5 \end{pmatrix}$; $\vec{x}' = \begin{pmatrix} \frac{3}{5} & \frac{8}{15} & -\frac{2}{15} \\ \frac{1}{5} & \frac{11}{15} & \frac{1}{15} \\ -1 & \frac{4}{3} & \frac{2}{3} \end{pmatrix} \cdot \vec{x}$

Aufgabe 2

a) $\vec{v} = \begin{pmatrix} 2 \\ 3 \\ 1 \end{pmatrix}$; g: $\vec{x} = \vec{p} + s \cdot \begin{pmatrix} 2 \\ 3 \\ 1 \end{pmatrix}$; $s = -\frac{1}{7}p_1 - \frac{3}{14}p_2 - \frac{1}{14}p_3$; $\vec{x}' = \begin{pmatrix} \frac{5}{7} & -\frac{3}{7} & -\frac{1}{7} \\ -\frac{3}{7} & \frac{5}{14} & -\frac{3}{14} \\ -\frac{1}{7} & -\frac{3}{14} & \frac{13}{14} \end{pmatrix} \cdot \vec{x}$

b) $\vec{v} = \begin{pmatrix} 4 \\ -3 \\ 2 \end{pmatrix}$; g: $\vec{x} = \vec{p} + s \cdot \begin{pmatrix} 4 \\ -3 \\ 2 \end{pmatrix}$; $s = -\frac{4}{29}p_1 + \frac{3}{29}p_2 - \frac{2}{29}p_3$; $\vec{x}' = \frac{1}{29} \cdot \begin{pmatrix} 13 & 12 & -8 \\ 12 & 20 & 6 \\ -8 & 6 & 25 \end{pmatrix} \cdot \vec{x}$

Aufgabe 3

a) $\vec{x}' = \begin{pmatrix} 4 & -2 & 4 \\ -6 & 5 & -8 \\ -6 & 4 & -7 \end{pmatrix} \cdot \vec{x}$ b) Es ist $\begin{pmatrix} 4 & -2 & 4 \\ -6 & 5 & -8 \\ -6 & 4 & -7 \end{pmatrix} \cdot \begin{pmatrix} 4 & -2 & 4 \\ -6 & 5 & -8 \\ -6 & 4 & -7 \end{pmatrix} = \begin{pmatrix} 4 & -2 & 4 \\ -6 & 5 & -8 \\ -6 & 4 & -7 \end{pmatrix}$

c) $P'(-2|1|2)$; $Q'(18|-29|-28)$

d) $\vec{x}' = \begin{pmatrix} 4 & -2 & 4 \\ -6 & 5 & -8 \\ -6 & 4 & -7 \end{pmatrix} \cdot \left[\begin{pmatrix} -1 \\ -1 \\ 2 \end{pmatrix} + r \cdot \begin{pmatrix} 1 \\ -1 \\ 1 \end{pmatrix}\right] = \begin{pmatrix} 6 \\ -15 \\ -12 \end{pmatrix} + r \cdot \begin{pmatrix} 10 \\ -19 \\ -17 \end{pmatrix}$

Spiegelung an einer Ebene durch den Ursprung

Aufgabe 1

a) g: $\vec{x} = \vec{p} + s \cdot \begin{pmatrix} 3 \\ 1 \\ -2 \end{pmatrix}$; $s = -\frac{3}{14} p_1 - \frac{1}{14} p_2 + \frac{2}{14} p_3$

$\vec{p}' = \vec{p} + 2 \cdot \left(-\frac{3}{14} p_1 - \frac{1}{14} p_2 + \frac{2}{14} p_3\right) \cdot \begin{pmatrix} 3 \\ 1 \\ -2 \end{pmatrix}$; $\vec{x}' = \frac{1}{14} \cdot \begin{pmatrix} -4 & -6 & 12 \\ -6 & 12 & 4 \\ 12 & 4 & 6 \end{pmatrix} \cdot \vec{x}$

b) g: $\vec{x} = \vec{p} + s \cdot \begin{pmatrix} 1 \\ -1 \\ 2 \end{pmatrix}$; $s = -\frac{1}{6} p_1 + \frac{1}{6} p_2 - \frac{2}{6} p_3$

$\vec{p}' = \vec{p} + 2 \cdot \left(-\frac{1}{6} p_1 + \frac{1}{6} p_2 - \frac{2}{6} p_3\right) \cdot \begin{pmatrix} 3 \\ 1 \\ -2 \end{pmatrix}$; $\vec{x}' = \frac{1}{6} \cdot \begin{pmatrix} 4 & 2 & -4 \\ 2 & 4 & 4 \\ -4 & 4 & -2 \end{pmatrix} \cdot \vec{x}$

Aufgabe 2

a) g: $\vec{x} = \vec{p} + s \cdot \begin{pmatrix} 1 \\ 2 \\ 1 \end{pmatrix}$; $\vec{x}' = \frac{1}{6} \cdot \begin{pmatrix} 4 & -4 & -2 \\ -4 & -2 & -4 \\ -2 & -4 & 4 \end{pmatrix} \cdot \vec{x}$ b) $P'(1|-5|3)$; $Q'\left(-\frac{8}{3}\middle|-\frac{10}{3}\middle|\frac{4}{3}\right)$

c) h: $\vec{x} = \begin{pmatrix} 3 \\ -1 \\ 5 \end{pmatrix} + r \cdot \begin{pmatrix} -3 \\ 3 \\ -1 \end{pmatrix}$ h': $\vec{x} = \frac{1}{6} \cdot \begin{pmatrix} 4 & -4 & -2 \\ -4 & -2 & -4 \\ -2 & -4 & 4 \end{pmatrix} \cdot \left[\begin{pmatrix} 3 \\ -1 \\ 5 \end{pmatrix} + r \cdot \begin{pmatrix} -3 \\ 3 \\ -1 \end{pmatrix}\right] = \begin{pmatrix} 1 \\ -5 \\ 3 \end{pmatrix} + r^* \cdot \begin{pmatrix} -11 \\ 5 \\ -5 \end{pmatrix}$

Aufgabe 3

g: $\vec{x} = \vec{p} + s \cdot \begin{pmatrix} a \\ b \\ c \end{pmatrix}$; $a(p_1 + as) + b(p_2 + bs) + c(p_3 + cs) = 0$

$s = \frac{1}{a^2 + b^2 + c^2} \cdot (-ap_1 - bp_2 - cp_3)$

$\vec{p}' = \vec{p} + 2 \cdot \frac{1}{a^2 + b^2 + c^2} \cdot (-ap_1 - bp_2 - cp_3) \cdot \begin{pmatrix} a \\ b \\ c \end{pmatrix}$

$p_1' = p_1 + \frac{1}{a^2 + b^2 + c^2} \cdot (-2a^2 p_1 - 2abp_2 - 2acp_3)$

$p_2' = p_2 + \frac{1}{a^2 + b^2 + c^2} \cdot (-2abp_1 - 2b^2 p_2 - 2bcp_3)$

$p_3' = p_3 + \frac{1}{a^2 + b^2 + c^2} \cdot (-2acp_1 - 2bcp_2 - 2c^2 p_3)$

$$\vec{x}' = \frac{1}{a^2 + b^2 + c^2} \cdot \begin{pmatrix} -a^2 + b^2 + c^2 & -2ab & -2ac \\ -2ab & a^2 - b^2 + c^2 & -2bc \\ -2ac & -2bc & a^2 + b^2 - c^2 \end{pmatrix} \cdot \vec{x}$$

Aufgabe 4

g: $\vec{x} = r \cdot \begin{pmatrix} 1 \\ 1 \\ 1 \end{pmatrix}$; Hilfsebene H durch P orthogonal zu g;

H: $[\vec{x} - \vec{p}] \cdot \begin{pmatrix} 1 \\ 1 \\ 1 \end{pmatrix} = 0$ bzw. $x_1 - p_1 + x_2 - p_2 + x_3 - p_3 = 0$;

mit $x_1 = r$; $x_2 = r$; $x_3 = r$ folgt $r = \frac{1}{3}(p_1 + p_2 + p_3)$. Damit gilt für den Schnittpunkt S von g und H: $S\left(\frac{1}{3}(p_1 + p_2 + p_3)\middle|\frac{1}{3}(p_1 + p_2 + p_3)\middle|\frac{1}{3}(p_1 + p_2 + p_3)\right)$.

Es ist $\vec{p}' = \vec{p} + 2 \cdot \overrightarrow{PS} = \vec{p} + 2 \cdot \begin{pmatrix} \frac{1}{3}p_1 + \frac{1}{3}p_2 + \frac{1}{3}p_3 - p_1 \\ \frac{1}{3}p_1 + \frac{1}{3}p_2 + \frac{1}{3}p_3 - p_2 \\ \frac{1}{3}p_1 + \frac{1}{3}p_2 + \frac{1}{3}p_3 - p_3 \end{pmatrix}$;

$p_1' = p_1 + \frac{2}{3}p_1 + \frac{2}{3}p_2 + \frac{2}{3}p_3 - 2p_1 = -\frac{1}{3}p_1 + \frac{2}{3}p_2 + \frac{2}{3}p_3$;

$p_2' = p_2 + \frac{2}{3}p_1 + \frac{2}{3}p_2 + \frac{2}{3}p_3 - 2p_2 = \frac{2}{3}p_1 - \frac{1}{3}p_2 + \frac{2}{3}p_3$;

$p_3' = p_3 + \frac{2}{3}p_1 + \frac{2}{3}p_2 + \frac{2}{3}p_3 - 2p_3 = \frac{2}{3}p_1 + \frac{2}{3}p_2 - \frac{1}{3}p_3$;

$\vec{x}' = \frac{1}{3}\begin{pmatrix} -1 & 2 & 2 \\ 2 & -1 & 2 \\ 2 & 2 & -1 \end{pmatrix} \cdot \vec{x}$

Untersuchung einer Abbildung auf Parallelprojektion

Aufgabe 1

a) Mit $A = \begin{pmatrix} 1 & 0 & 0 \\ \frac{3}{2} & \frac{1}{2} & -\frac{1}{2} \\ \frac{3}{2} & -\frac{1}{2} & \frac{1}{2} \end{pmatrix}$ ist $A^2 = A$ erfüllt.

Aus $\begin{pmatrix} 0 & 0 & 0 \\ \frac{3}{2} & -\frac{1}{2} & -\frac{1}{2} \\ \frac{3}{2} & -\frac{1}{2} & -\frac{1}{2} \end{pmatrix} \cdot \vec{x} = \vec{0}$ folgt die Projektionsebene: $3x_1 - x_2 - x_3 = 0$.

Aus $\begin{pmatrix} 1 & 0 & 0 \\ \frac{3}{2} & \frac{1}{2} & -\frac{1}{2} \\ \frac{3}{2} & -\frac{1}{2} & -\frac{1}{2} \end{pmatrix} \cdot \vec{v} = \vec{0}$ folgt $\vec{v} = \begin{pmatrix} 0 \\ 1 \\ 1 \end{pmatrix}$.

b) Mit $A = \begin{pmatrix} \frac{3}{2} & 1 & -\frac{1}{2} \\ -1 & -1 & 1 \\ -\frac{1}{2} & -1 & \frac{3}{2} \end{pmatrix}$ ist $A^2 = A$ erfüllt.

Aus $\begin{pmatrix} \frac{1}{2} & 1 & -\frac{1}{2} \\ -1 & -2 & 1 \\ -\frac{1}{2} & -1 & \frac{1}{2} \end{pmatrix} \cdot \vec{x} = \vec{0}$ folgt die Projektionsebene: $x_1 + 2x_2 - x_3 = 0$.

Aus $\begin{pmatrix} \frac{3}{2} & 1 & -\frac{1}{2} \\ -1 & -1 & 1 \\ -\frac{1}{2} & -1 & \frac{3}{2} \end{pmatrix} \cdot \vec{v} = \vec{0}$ folgt $\vec{v} = \begin{pmatrix} -1 \\ 2 \\ 1 \end{pmatrix}$.

c) Mit $A = \begin{pmatrix} \frac{4}{3} & -\frac{2}{3} & 1 \\ 1 & 0 & 1 \\ -1 & 1 & \frac{4}{3} \end{pmatrix}$ ist $A^2 = A$ nicht erfüllt; keine Parallelprojektion.

Aufgabe 2

a) $2x_1 - 2x_2 + 3x_3 = 0;\ \vec{v} = \begin{pmatrix} 1 \\ 1 \\ -1 \end{pmatrix}$

b) $A'\left(\frac{17}{3} \middle| \frac{14}{3} \middle| -\frac{2}{3}\right);\ B'\left(\frac{1}{3} \middle| \frac{4}{3} \middle| \frac{2}{3}\right);\ C'\left(\frac{29}{3} \middle| \frac{17}{3} \middle| -\frac{8}{3}\right)$

Untersuchung einer Abbildung auf orthogonale Spiegelung

Aufgabe 1

a) Mit $A = \frac{1}{3}\begin{pmatrix} 1 & 2 & 2 \\ 2 & 1 & -2 \\ 2 & -2 & 1 \end{pmatrix}$ ist $A^2 = E$ erfüllt.

Aus $\frac{1}{3}\begin{pmatrix} -2 & 2 & 2 \\ 2 & -2 & -2 \\ 2 & -2 & -2 \end{pmatrix} \cdot \vec{x} = \vec{0}$ folgt für die Ebene: $x_1 - x_2 - x_3 = 0$.

$\vec{p} = \vec{s} + t \cdot \begin{pmatrix} 1 \\ -1 \\ -1 \end{pmatrix};\ A \cdot \vec{p} = A \cdot \left[\vec{s} + t \cdot \begin{pmatrix} 1 \\ -1 \\ -1 \end{pmatrix}\right] = \vec{s} + t \cdot A \cdot \begin{pmatrix} 1 \\ -1 \\ -1 \end{pmatrix} = \vec{s} + t \cdot \begin{pmatrix} -1 \\ 1 \\ 1 \end{pmatrix} = \vec{s} - t \cdot \begin{pmatrix} 1 \\ -1 \\ -1 \end{pmatrix}$

Damit ist die Abbildung eine orthogonale Spiegelung an der Ebene $x_1 - x_2 - x_3 = 0$.

b) Mit $A = \frac{1}{5}\begin{pmatrix} 3 & -4 & -6 \\ -1 & 3 & -3 \\ -2 & -4 & -1 \end{pmatrix}$ ist $A^2 = E$ erfüllt.

Aus $\frac{1}{5}\begin{pmatrix} -2 & -4 & -6 \\ -1 & -2 & -3 \\ -2 & -4 & -6 \end{pmatrix} \cdot \vec{x} = \vec{0}$ folgt für die Ebene: $x_1 + 2x_2 + 3x_3 = 0$.

$\vec{p} = \vec{s} + t \cdot \begin{pmatrix} 1 \\ 2 \\ 3 \end{pmatrix};\ A \cdot \vec{p} = A \cdot \left[\vec{s} + t \cdot \begin{pmatrix} 1 \\ 2 \\ 3 \end{pmatrix}\right] = \vec{s} + t \cdot A \cdot \begin{pmatrix} 1 \\ 2 \\ 3 \end{pmatrix} = \vec{s} + t \cdot \begin{pmatrix} -4{,}6 \\ -0{,}8 \\ -2{,}6 \end{pmatrix}$

Damit ist die Abbildung keine orthogonale Spiegelung an der Ebene $x_1 + 2x_2 + 3x_3 = 0$.
Weitere Untersuchungen ergeben, dass es sich um eine Schrägspiegelung handelt.

Aufgabe 2

Aus $\begin{pmatrix} -1 & -0{,}5 & 0{,}5 \\ -1 & -0{,}5 & 0{,}5 \\ 1 & 0{,}5 & -0{,}5 \end{pmatrix} \cdot \vec{x} = \vec{0}$ folgt für die Ebene: $2x_1 + x_2 - x_3 = 0$.

Aus $A \cdot \vec{v} = -\vec{v}$ folgt $(A + E) \cdot \vec{v} = \vec{0}$.

$\begin{pmatrix} 1 & -0{,}5 & 0{,}5 \\ -1 & 1{,}5 & 0{,}5 \\ 1 & 05 & 1{,}5 \end{pmatrix} \cdot \vec{v} = \vec{0}$ ergibt das LGS

$\begin{cases} 2v_1 - v_2 + v_3 = 0 \\ -2v_1 + 3v_2 + v_3 = 0 \\ 2v_1 + v_2 + 3v_3 = 0 \end{cases}$ bzw. $\begin{cases} v_1 + v_3 = 0 \\ v_2 + v_3 = 0 \\ 0 \cdot v_1 + 0 \cdot v_2 + 0 \cdot v_3 = 0 \end{cases}$;

mit $v_3 = t;\ v_2 = -t;\ v_1 = -t$ ergibt sich: $\vec{v} = t \cdot \begin{pmatrix} -1 \\ -1 \\ 1 \end{pmatrix}$.

Darstellungen von Prozessen

Aufgabe 1

a)

nach \ von	F	V
F	0,8	0,1
V	0,2	0,9

$$A = \begin{pmatrix} 0{,}8 & 0{,}1 \\ 0{,}2 & 0{,}9 \end{pmatrix}$$

b) $$\begin{pmatrix} 0{,}8 & 0{,}1 \\ 0{,}2 & 0{,}9 \end{pmatrix} \cdot \begin{pmatrix} 600 \\ 50 \end{pmatrix} = \begin{pmatrix} 485 \\ 165 \end{pmatrix}$$

485 Personen wählen F,
165 Personen wählen V.

Aufgabe 2

a)

nach \ von	A	B	C
A	0,6	0,1	0,15
B	0,2	0,7	0,05
C	0,2	0,2	0,8

$$A = \begin{pmatrix} 0{,}6 & 0{,}1 & 0{,}15 \\ 0{,}2 & 0{,}7 & 0{,}05 \\ 0{,}2 & 0{,}2 & 0{,}8 \end{pmatrix}$$

b) $$\begin{pmatrix} 0{,}6 & 0{,}1 & 0{,}15 \\ 0{,}2 & 0{,}7 & 0{,}05 \\ 0{,}2 & 0{,}2 & 0{,}8 \end{pmatrix} \cdot \begin{pmatrix} 3 \\ 4{,}5 \\ 2 \end{pmatrix} = \begin{pmatrix} 2{,}55 \\ 3{,}85 \\ 3{,}1 \end{pmatrix}$$

2,55 Mio. für A;
3,85 Mio. für B;
3,1 Mio für C

Zustandsvektoren nach k Zeitschritten

Aufgabe 1

a)

nach \ von	E	L_1	L_2	K
E	0	0	0	200
L_1	$\frac{1}{2}$	0	0	0
L_2	0	$\frac{1}{3}$	0	0
K	0	0	$\frac{1}{4}$	0

$$A = \begin{pmatrix} 0 & 0 & 0 & 200 \\ \frac{1}{2} & 0 & 0 & 0 \\ 0 & \frac{1}{3} & 0 & 0 \\ 0 & 0 & \frac{1}{4} & 0 \end{pmatrix}$$

b) $$\begin{pmatrix} 0 & 0 & 0 & 200 \\ \frac{1}{2} & 0 & 0 & 0 \\ 0 & \frac{1}{3} & 0 & 0 \\ 0 & 0 & \frac{1}{4} & 0 \end{pmatrix} \cdot \begin{pmatrix} 10\,000 \\ 6000 \\ 3000 \\ 2000 \end{pmatrix} = \begin{pmatrix} 400\,000 \\ 5000 \\ 2000 \\ 750 \end{pmatrix}$$

Aufgabe 2

a)

nach \ von	A_1	A_2	A_3
A_1	0	50	100
A_2	0,8	0	0
A_3	0	0,6	0

$$A = \begin{pmatrix} 0 & 50 & 100 \\ 0{,}8 & 0 & 0 \\ 0 & 0{,}6 & 0 \end{pmatrix}$$

b) $$\begin{pmatrix} 0 & 50 & 100 \\ 0{,}8 & 0 & 0 \\ 0 & 0{,}6 & 0 \end{pmatrix}^4 \cdot \begin{pmatrix} 60 \\ 40 \\ 10 \end{pmatrix} = \begin{pmatrix} 336\,000 \\ 98\,304 \\ 2304 \end{pmatrix}$$

Aufgabe 3

a) $$A = \begin{pmatrix} 0{,}4 & 0{,}2 & 0{,}3 \\ 0{,}3 & 0{,}7 & 0{,}3 \\ 0{,}3 & 0{,}1 & 0{,}4 \end{pmatrix}$$

b) $$A \cdot \begin{pmatrix} 1800 \\ 1800 \\ 2000 \end{pmatrix} = \begin{pmatrix} 1680 \\ 2400 \\ 1520 \end{pmatrix}; \quad A^2 \cdot \begin{pmatrix} 1800 \\ 1800 \\ 2000 \end{pmatrix} = \begin{pmatrix} 1608 \\ 2640 \\ 1352 \end{pmatrix}$$

c) $$A^{-1} \cdot \begin{pmatrix} 1800 \\ 1800 \\ 2000 \end{pmatrix} = \begin{pmatrix} 1500 \\ 300 \\ 3800 \end{pmatrix}$$

Zyklisches Verhalten bei mehrstufigen Prozessen

Aufgabe 1

a)

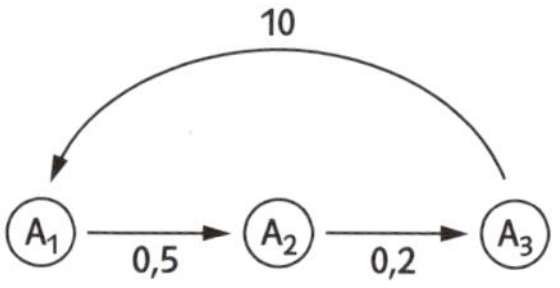

b) Es ist $A^3 = E$. Also ist die Entwicklung zyklisch.

c) Mit $B = \begin{pmatrix} 200 \\ 100 \\ 50 \end{pmatrix}$ ist $A \cdot B = \begin{pmatrix} 500 \\ 100 \\ 20 \end{pmatrix}$;

$A^2 \cdot B = \begin{pmatrix} 200 \\ 250 \\ 20 \end{pmatrix}$; $A^3 \cdot B = \begin{pmatrix} 200 \\ 100 \\ 50 \end{pmatrix}$.

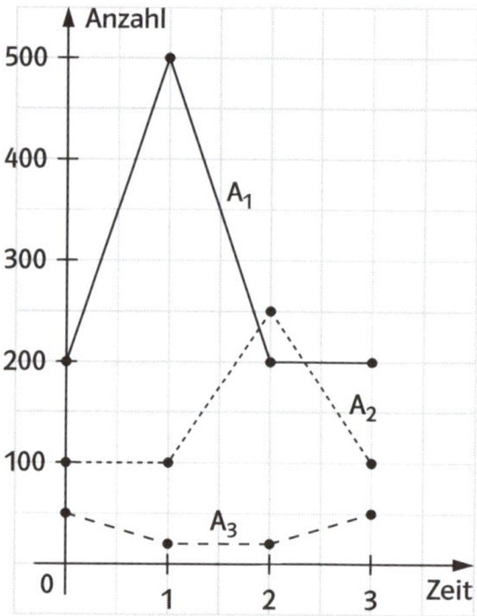

d) Es gilt $B^2 = \begin{pmatrix} 0 & 2{,}4 & 0 \\ 0 & 0 & 6 \\ 0{,}1 & 0 & 0 \end{pmatrix}$; $B^3 = \begin{pmatrix} 1{,}2 & 0 & 0 \\ 0 & 1{,}2 & 0 \\ 0 & 0 & 1{,}2 \end{pmatrix} = 1{,}2 \cdot E$

Zunahme nach jeweils 3 Jahren um das 1,2-fache.

Es gilt $C^2 = \begin{pmatrix} 0 & 1{,}6 & 0 \\ 0 & 0 & 4 \\ 0{,}1 & 0 & 0 \end{pmatrix}$; $C^3 = \begin{pmatrix} 0{,}8 & 0 & 0 \\ 0 & 0{,}8 & 0 \\ 0 & 0 & 0{,}8 \end{pmatrix} = 0{,}8 \cdot E$

Abnahme nach jeweils 3 Jahren um das 0,8-fache.

e) Mit $D = \begin{pmatrix} 0 & 0 & a \\ b & 0 & 0 \\ 0 & c & 0 \end{pmatrix}$ ist $D^2 = \begin{pmatrix} 0 & ac & 0 \\ 0 & 0 & ab \\ bc & 0 & 0 \end{pmatrix}$

und $D^3 = \begin{pmatrix} abc & 0 & 0 \\ 0 & abc & 0 \\ 0 & 0 & abc \end{pmatrix}$. Es ist $D^3 = E$ für $a \cdot b \cdot c = 1$.

Aufgabe 2

a) $A = \begin{pmatrix} 0 & 0 & 0 & 24 \\ \frac{1}{2} & 0 & 0 & 0 \\ 0 & \frac{1}{3} & 0 & 0 \\ 0 & 0 & \frac{1}{4} & 0 \end{pmatrix}$; $A^2 = \begin{pmatrix} 0 & 0 & 6 & 0 \\ 0 & 0 & 0 & 12 \\ \frac{1}{6} & 0 & 0 & 0 \\ 0 & \frac{1}{12} & 0 & 0 \end{pmatrix}$; $A^3 = \begin{pmatrix} 0 & 2 & 0 & 0 \\ 0 & 0 & 3 & 0 \\ 0 & 0 & 0 & 4 \\ \frac{1}{24} & 0 & 0 & 0 \end{pmatrix}$; $A^4 = E$

Für $a = 24$, $b = \frac{1}{2}$, $c = \frac{1}{3}$ und $d = \frac{1}{4}$ ist die Matrix A zyklisch.

b) Mit $A = \begin{pmatrix} 0 & 0 & 0 & a \\ b & 0 & 0 & 0 \\ 0 & c & 0 & 0 \\ 0 & 0 & d & 0 \end{pmatrix}$ ist $A^2 = \begin{pmatrix} 0 & 0 & ad & 0 \\ 0 & 0 & 0 & ab \\ bc & 0 & 0 & 0 \\ 0 & cd & d & 0 \end{pmatrix}$ und $A^4 = \begin{pmatrix} abcd & 0 & 0 & 0 \\ 0 & abcd & 0 & 0 \\ 0 & 0 & abcd & 0 \\ 0 & 0 & 0 & abcd \end{pmatrix}$

Bedingung: $a \cdot b \cdot c \cdot d = 1$

Stationäre Verteilungen bei mehrstufigen Prozessen

Aufgabe 1

a)

nach \ von	M_1	M_2
M_1	0,8	0,3
M_2	0,2	0,7

$A = \begin{pmatrix} 0,8 & 0,3 \\ 0,2 & 0,7 \end{pmatrix}$; $A^2 = \begin{pmatrix} 0,7 & 0,45 \\ 0,3 & 0,55 \end{pmatrix}$; $A^3 = A^2 \cdot A = \begin{pmatrix} 0,65 & 0,525 \\ 0,35 & 0,475 \end{pmatrix}$

b) $\begin{pmatrix} 0,65 & 0,525 \\ 0,35 & 0,475 \end{pmatrix} \cdot \begin{pmatrix} 0,7 \\ 0,3 \end{pmatrix} = \begin{pmatrix} 0,6125 \\ 0,3875 \end{pmatrix}$

c) $0,8x_1 + 0,3x_2 = x_1$; $\quad -0,2x_1 + 0,3x_2 = 0$

$0,2x_1 + 0,7x_2 = x_2$; $\quad 0,2x_1 - 0,3x_2 = 0$; mit $x_1 = t$ folgt $x_2 = \frac{2}{3}t$.

Gleichgewichtsverteilung: $x_1 = \frac{3}{5} = 0,6$; $x_2 = \frac{2}{3} \cdot \frac{3}{5} = \frac{2}{5} = 0,4$.

Auf lange Sicht ist die Verteilung von M_1 und M_2 0,6 bzw. 0,4.

Aufgabe 2

a)

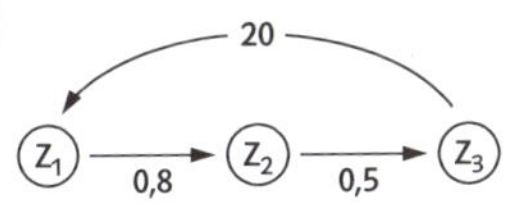

b) $A^2 = \begin{pmatrix} 0 & 10 & 0 \\ 0 & 0 & 16 \\ 0,4 & 0 & 0 \end{pmatrix}$; $A^4 = \begin{pmatrix} 0 & 0 & 160 \\ 6,4 & 0 & 0 \\ 0 & 4 & 0 \end{pmatrix}$

$\begin{pmatrix} 0 & 0 & 160 \\ 6,4 & 0 & 0 \\ 0 & 4 & 0 \end{pmatrix} \cdot \begin{pmatrix} 40 \\ 20 \\ 10 \end{pmatrix} = \begin{pmatrix} 1600 \\ 256 \\ 80 \end{pmatrix}$

c)

$$\begin{aligned} 20x_3 &= x_1 \\ 0,8x_1 &= x_2 \\ 0,5x_2 &= x_3 \end{aligned}$$

aus $0,5 \cdot 0,8 \cdot 20x_3 = x_3$ folgt, dass es keine stabile Verteilung gibt.

Aufgabe 3

a) $A = \begin{pmatrix} 0,5 & 0,4 & 0,2 \\ 0,4 & 0,4 & 0,4 \\ 0,1 & 0,2 & 0,4 \end{pmatrix}$

b) $A^2 = \begin{pmatrix} 0,43 & 0,40 & 0,34 \\ 0,40 & 0,40 & 0,40 \\ 0,17 & 0,20 & 0,26 \end{pmatrix}$; $A^3 = A^2 \cdot A = \begin{pmatrix} 0,409 & 0,4 & 0,382 \\ 0,4 & 0,4 & 0,4 \\ 0,191 & 0,2 & 0,218 \end{pmatrix}$

$A \cdot \begin{pmatrix} 0,3 \\ 0,3 \\ 0,4 \end{pmatrix} = \begin{pmatrix} 0,35 \\ 0,40 \\ 0,25 \end{pmatrix}$; $A^2 \cdot \begin{pmatrix} 0,3 \\ 0,3 \\ 0,4 \end{pmatrix} = \begin{pmatrix} 0,385 \\ 0,4 \\ 0,215 \end{pmatrix}$; $A^3 \cdot \begin{pmatrix} 0,3 \\ 0,3 \\ 0,4 \end{pmatrix} = \begin{pmatrix} 0,3955 \\ 0,4 \\ 0,2045 \end{pmatrix}$

c) Aus

$$\begin{aligned} 0,5x_1 + 0,4x_2 + 0,2x_3 &= x_1 \\ 0,4x_1 + 0,4x_2 + 0,4x_3 &= x_2 \\ 0,1x_1 + 0,2x_2 + 0,4x_3 &= x_3 \end{aligned}$$

folgt

$$\begin{aligned} -0,5x_1 + 0,4x_2 + 0,2x_3 &= 0 \\ 0,4x_1 - 0,6x_2 + 0,4x_3 &= 0 \\ 0,1x_1 + 0,2x_2 - 0,6x_3 &= 0 \end{aligned}$$

und hieraus

$$\begin{aligned} -0,5x_1 + 0,4x_2 + 0,2x_3 &= 0 \\ x_2 - 2x_3 &= 0 \\ 0 &= 0 \end{aligned}$$

; mit $x_3 = t$ folgt $x_2 = 2t$; $x_1 = 2t$;

$x_1 + x_2 + x_3 = 1$; $2t + 2t + t = 1$, also $t = \frac{1}{5}$. Gleichverteilung: 0,4; 0,4; 0,2.

Langfristig wird sich diese Verteilung auf die Energiezustände einstellen.

Produktionsprozesse

Aufgabe 1

a) Die Daten des Diagramms kann man in eine Tabelle übertragen.

	E_1	E_2
R_1	3	7
R_2	2	4
R_3	5	2

Ist y_1, y_2, y_3 der Bedarf an Rohstoffen R_1, R_2, R_3 (in Einheiten) für x_1 Einheiten von E_1 und x_2 Einheiten von E_2, so ergibt sich:

$$y_1 = 3x_1 + 7x_2 \quad y_2 = 2x_1 + 4x_2 \quad y_3 = 5x_1 + 2x_2 \quad \text{bzw.} \quad \begin{pmatrix} y_1 \\ y_2 \\ y_3 \end{pmatrix} = \begin{pmatrix} 3 & 7 \\ 2 & 4 \\ 5 & 2 \end{pmatrix} \cdot \begin{pmatrix} x_1 \\ x_2 \end{pmatrix}.$$

b) Für $x_1 = 20$ und $x_2 = 35$ ergibt sich:

$$\begin{pmatrix} y_1 \\ y_2 \\ y_3 \end{pmatrix} = \begin{pmatrix} 3 & 7 \\ 2 & 4 \\ 5 & 2 \end{pmatrix} \cdot \begin{pmatrix} 20 \\ 35 \end{pmatrix} = \begin{pmatrix} 60 + 245 \\ 40 + 140 \\ 100 + 75 \end{pmatrix} = \begin{pmatrix} 305 \\ 180 \\ 175 \end{pmatrix}.$$

Der Rohstoffbedarf ist also 305 Einheiten von R_1, 180 Einheiten von R_2 und 175 Einheiten von R_3.

Aufgabe 2

a) $$y_1 = 4x_1 + 2x_2 \quad y_2 = 5x_1 + 3x_2 \quad y_3 = x_1 + 7x_2; \quad \begin{pmatrix} y_1 \\ y_2 \\ y_3 \end{pmatrix} = \begin{pmatrix} 4 & 2 \\ 5 & 3 \\ 1 & 7 \end{pmatrix} \cdot \begin{pmatrix} x_1 \\ x_2 \end{pmatrix}; \quad A = \begin{pmatrix} 4 & 2 \\ 5 & 3 \\ 1 & 7 \end{pmatrix}$$

$$z_1 = 2y_1 + 4y_2 + 6y_3 \quad z_2 = 2y_1 + 5y_2 + 3y_3; \quad \begin{pmatrix} z_1 \\ z_2 \end{pmatrix} = \begin{pmatrix} 2 & 4 & 6 \\ 2 & 5 & 3 \end{pmatrix} \cdot \begin{pmatrix} y_1 \\ y_2 \\ y_3 \end{pmatrix}; \quad B = \begin{pmatrix} 2 & 4 & 6 \\ 2 & 5 & 3 \end{pmatrix}$$

$$C = A \cdot B = \begin{pmatrix} 4 & 3 \\ 5 & 3 \\ 1 & 7 \end{pmatrix} \cdot \begin{pmatrix} 2 & 4 & 6 \\ 2 & 5 & 3 \end{pmatrix} = \begin{pmatrix} 12 & 26 & 30 \\ 16 & 35 & 39 \\ 16 & 39 & 27 \end{pmatrix}$$

b) $$\begin{pmatrix} 12 & 26 & 30 \\ 16 & 35 & 39 \\ 16 & 39 & 27 \end{pmatrix} \cdot \begin{pmatrix} 10 \\ 15 \\ 30 \end{pmatrix} = \begin{pmatrix} 1410 \\ 1855 \\ 1555 \end{pmatrix}$$

Benötigt werden 1410 Einheiten von R_1, 1855 Einheiten von R_2 und 1555 Einheiten von R_3.

Register